반도체공학

(반도체공학과 공정실무)

공학박사
엄금용 저

Semiconductor Engineering & Processing

기전연구사

Introduce | 머리말

반도체 관련 기술은 인류문명의 시작 이후 급속한 산업사회의 발전과 과학기술의 변천으로 컴퓨터와 통신, 유비쿼터스 & 센서네트워크 및 디스플레이분야 등의 산업사회와 일반 생활영역에서 필수적으로 적용되고 있다. 반도체 집적회로 기술은 바이폴라 트랜지스터의 집적 이후 1960년 벨 연구소에서 MOS(Metal Oxide Semiconductor) 구조를 가지는 트랜지스터(MOSFET)가 발표되면서 1970년과 1980년대 초까지 nMOS와 LSI(Large Scale Integration) 및 한 개의 칩 내에 트랜지스터의 수가 10^5~10^7개인 VLSI(Very Large Scale Integration)의 주요 기술로 반도체공정기술의 발전에 초석이 되었으며, 1990년대에는 CMOS(Complemenyary MOS) 기술로 전환되어 소자 수가 천만 개($>10^7$) 이상인 ULSI(Ultra LSI) 시대로 발전하였다.

반도체 산업은 인텔사의 공동창업자인 고든 무어(Gordon Moore)가 1965년 4월 19일에 일렉트로닉스 잡지에 "Cramming more components onto integrated circuits" 통하여 마이크로칩의 용량이 매년 두 배가 될 것으로 보인다고 예고한 "무어의 법칙"이 적용되어 왔으나, 2002년 2월 미국 샌프란시스코에서 열린 국제반도체회로학술회의(ISSCC) 총회 기조연설에서 한국의 삼성반도체 메모리총괄사장인 황창규 사장의 "메모리반도체 신성장론"을 통하여 '반도체 집적도는 1년에 두 배씩 증가(99년 256Mb→2000년 512Mb→2001년 1Gb→2002년 2Gb→2003년 4Gb→2004년 8Gb→2005년 16Gb→2006년 32Gb→2007년 64Gb)한다'는 황의 법칙(Hwang's Law)으로 발전하였다.

본 교재는 미래정보화 사회에서 요구하는 반도체공학에 대한 기초이론과 반도체 관련 산업분야에서 실제 연구되거나 제조되는 데이터를 근거로 반도체공학 관련 전문지식을 집필하였으며, 이는 전문지식을 필요로 하는 대학(원) 및 산업사회의 전문지식인들에게 기초부터 전문지식에 이르기까지 상당한 도움이 되리라 확신하는 바이다.

끝으로 이 책의 편집을 위하여 주·야로 열심히 도왔던 사랑스런 제자들과 이 책을 엮음에 있어 국내외 여러 선행 연구자들의 귀중한 문헌이 바탕이 되었기에 이들 지은이들에게 감사를 드리며 기획에서 출판에 이르기까지 변덕스러운 필자의 수정을 감내해 주신 출판사 담당자에게 노고의 감사들 드린다.

내 삶의 항해의 끝이 되시는 주님께 감사드립니다.

2012. 07

저자 씀

Contents | 차 례

제1장 반도체공학의 기초 ■ 11

1. 원자와 전자 ·· 14
   - 1.1 원자와 전자   14
   - 1.2 전자 에너지   21

2. 반도체의 개요 ·· 26
   - 2.1 반도체의 정의   26
   - 2.2 반도체소자의 분류   27

3. 물질의 구조 ·· 31
   - 3.1 결정의 종류   31
   - 3.2 결정의 구조   32

4. 반도체 결정 ·· 45
   - 4.1 결정의 면   45
   - 4.2 결정의 방향   46
   - 4.3 결정의 결합   47

5. 에너지대역과 전하의 운동 ·· 53
   - 5.1 에너지대역   53
   - 5.2 전하의 운동   60

6. PN 접합 ·· 72
   - 6.1 PN 접합의 기본특성   72
   - 6.2 다이오드(Diode)   77
   - 6.3 트랜지스터(Transistor)   82

7. 반도체 공정 ·· 91
    7.1   반도체 기본공정   91
    7.2   반도체 제조공정   92
    7.3   CMOS 제조공정   98

제2장   산화공정 & 확산공정 ■ 109

1. 산화공정(Oxidation Process) ·· 111
    1.1   산화공정의 원리   111
    1.2   산화모델   114
    1.3   산화방법   127
    1.4   열처리(Thermal Annealing)공정   138
2. 확산공정(Diffusion Process) ··· 141
    2.1   확산소스   141
    2.2   확산의 분포   143
    2.3   확산공정   149

제3장   포토리소그래피(Photolithography) 공정 ■ 159

1. 기본특성 ··· 161
    1.1   사진석판기술의 발전   161
    1.2   이미지형성(Imaging)   164
    1.3   해상도(Resolution)   171
    1.4   광원(Light Source)   172
    1.5   초점심도(DOF, Depth of Focus)   174
    1.6   매스크(Mask)   176

2. 감광제 형성공정 ··· 181
　　2.1　기본특성　　　　　　　　　　　　　　　　　181
　　2.2　감광막 형성공정(Photoresist Processing)　　188

제4장　식각공정(Etch) 및 세정공정(Cleaning) ■ 195

1. 식각공정(Etch Process) ·· 197
　　1.1　식각원리　　　　　　　　　　　　　　　　　197
　　1.2　식각공정의 요구사항　　　　　　　　　　　204
　　1.3　식각방법　　　　　　　　　　　　　　　　　208
　　1.4　식각공정　　　　　　　　　　　　　　　　　218
2. 세정공정(Cleaning Process) ·· 229
　　2.1　세정공정 소스　　　　　　　　　　　　　　229
　　2.2　세정방법　　　　　　　　　　　　　　　　　230
　　2.3　세정공정　　　　　　　　　　　　　　　　　233

제5장　이온주입 공정(Ion Implantation) ■ 247

1. 기본특성 ·· 249
　　1.1　이온주입의 특성　　　　　　　　　　　　　249
　　1.2　이온주입의 원리　　　　　　　　　　　　　251
　　1.3　이온주입의 분포특성　　　　　　　　　　　253
　　1.4　결정결함(Lattice Defect)의 발생　　　　　258
　　1.5　이온주입기술의 변화　　　　　　　　　　　260
　　1.6　이온주입장치　　　　　　　　　　　　　　　261

2. 이온주입공정 ··· 268
   2.1 다결정 실리콘의 이온주입   268
   2.2 n 및 p 웰(Well)의 이온주입   269
   2.3 소오스 & 드레인의 이온주입   270

제6장 화학기상증착(CVD) 공정 ■ 273

1. 기본특성 ··· 275
   1.1 박막의 특성   275
   1.2 박막형성법의 분류   277
   1.3 박막형성 장치의 분류   278

2. 박막형성 공정 ··· 279
   2.1 화학기상증착(CVD)법   279
   2.2 상압 CVD(APCVD)법   287
   2.3 저압 CVD(LPCVD)법   290
   2.4 플라즈마 CVD(PECVD)법   292
   2.5 스핀코팅 CVD(Spin Coating)법   295
   2.6 도금(Plating)법   298

제7장 금속(Metalization) 공정 ■ 303

1. 기본특성 ··· 305
   1.1 금속층의 특성   305
   1.2 옴성접촉(Ohmic Contact) 형성   306
   1.3 비저항   308
   1.4 금속 CVD의 종류   309

1.5 금속 CVD의 특성　　　　　　　　　　　　　311
2. 금속공정의 특성 ··· 313
　　2.1 PVD 공정　　　　　　　　　　　　　　　　313
　　2.2 ALD 공정　　　　　　　　　　　　　　　　325
　　2.3 스텝커버리지(Step Coverage)　　　　　　　329
3. 금속공정 ·· 333
　　3.1 FEOL(Front End of Line) 공정 = 기판공정　　333
　　3.2 MEOL(Metal End of Line) 공정　　　　　　337
　　3.3 BEOL(Back End of Line) 공정 = 배선공정　　343

제8장 반도체 측정(Test) 및 분석(Analysis) ■ 359

1. 두께측정 - Ellipsometer(타원측정계) ································· 361
2. 프로브 스테이션(Probe Station) ··· 363
3. 면저항 측정(Sheet Resistance Measurement) ················· 364
4. 전자 분광법 Auger(Auger Electron Spectroscopy) ········· 366
5. 투과 전자현미경 TEM(Transmission Electron Microscopy) ········· 369
6. 원자력간 현미경 AFM(Atomic Force Microscope) ······················ 370

◆ 찾아보기 ·· 374

1 반도체공학의 기초

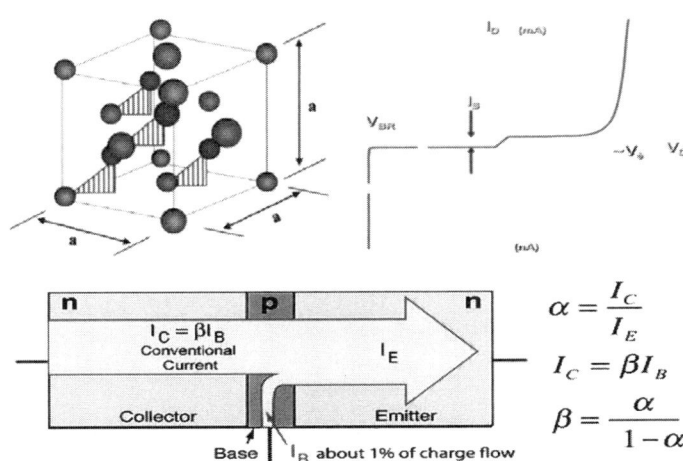

1. 원자와 전자
2. 반도체의 개요
3. 물질의 구조
4. 반도체 결정
5. 에너지대역과 전하의 운동
6. PN 접합
7. 반도체 공정

제1장 반도체공학의 기초

반도체공학은 인류문명의 시작이후 전자산업의 급속한 발전과 과학기술의 변화와 더불어 컴퓨터와 통신, 유비쿼터스 및 센서네트워크, 디스플레이분야 등의 산업사회에 필수학문으로 적용되고 있다. 반도체공학 기초는 전자공학 이론의 원자와 전자 및 에너지 단위와 전하의 이동도를 기초로 하여 반도체 개요와 물질의 구조 및 반도체 결정의 성장에 대한 기초지식을 필요로 하고 있다. 또한 반도체 결정의 성장을 바탕으로 결정의 결합에 대한 에너지대역의 구성과 여기(Excitation) 및 천이(Transition)를 통한 전하의 운동 등으로 설명된다.

반도체공학은 반도체공학의 기초이론을 바탕으로하여 전체적인 반도체공정의 원리와 반도체 디바이스 제조공정 등으로 설명된다. 반도체공정은 먼저 반도체공정의 기본이 되는 단결정 실리콘(Si) 위에 세정공정과 산화 및 확산공정, 이온주입과 박막형성공정, 평탄화공정 등이 포토리소그래피 형성공정과 반복되어 원하는 패턴을 형성하는 전반공정(FEOL)과 콘택홀(Contact Hole) 형성 및 배선패턴을 형성하는 후반공정(BEOL)으로 이루어 진다. 반도체 공정공학에 대한 지식습득은 이러한 반도체공학의 기초이론과 반도체 디바이스 제조공정에 대한 지식습득이 우선적으로 요구된다 하겠다.

1. 원자와 전자

1.1 원자와 전자

물질의 특성을 나타내는 최소단위를 분자(Molecule)라 하며 이를 화학적으로 분해하면 여러개의 원자(Atom)로 분류 된다. 이러한 원자는 물질을 구성하는 성분으로 현재 100여 종류로 나뉘어지며 그 종류명을 원소(Element)라 한다. 원소는 원자번호의 증가에 따라 핵 내의 양자, 중성자 및 핵 외 전자로 나뉘어지며 원자량에 가까운 정수를 질량수(Mass Number)로 나타내며 질량수는 원자핵 내의 중성자와 양자수의 합으로 표시한다.

원자의 지름은 약 10^{-10} [m] 정도이며 질량은 10^{-24}~10^{-27} [Kg] 정도이다.

※ 1[Å](Angsatrom) = 10^{-10} [m]

1) 원자의 구조

원자는 양(+)으로 대전된 원자핵과 그 주의를 돌고 있는 음(-)으로 대전된 전자로 구성되어 있다.

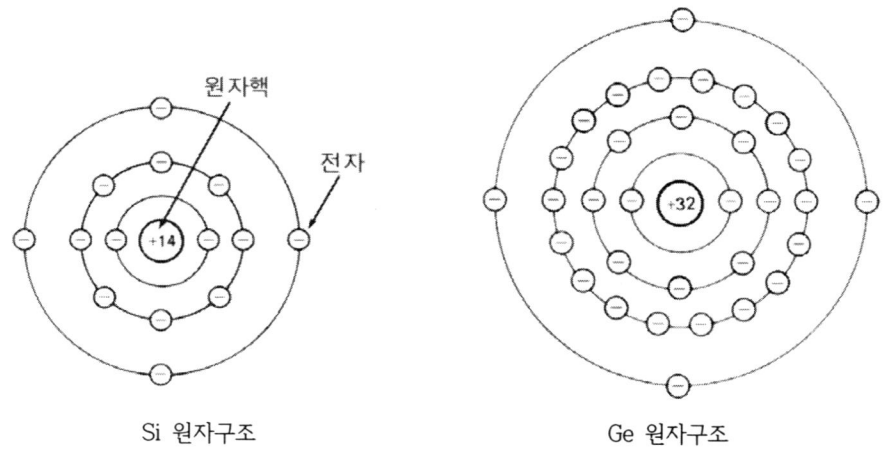

그림 1-1 원자구조 개념도

원자를 구성하는 원자핵과 전자간의 힘은 거리에 반비례하는 "쿨롱 힘(Coulomb Force)"으로 나타내며 전자의 운동이 원이나 타원궤도 상을 회전하게 되는 원리이기도 하다. 즉 쿨롱 힘과 같이 거리의 제곱에 반비례하는 만유인력에 의하여 태양주위를 공전하는 별들의 운동이 이와 유사하며 전자는 원자핵을 중심으로 원운동을 한다고 가정하면 다음과 같은 정전인력, F[N]으로 설명된다.

$$정전인력\ F = -\frac{1}{4\pi\varepsilon_0}\frac{e^2}{r^2}$$

이때 ε_0는 진공의 유전율로 다음과 같다.

$$\varepsilon_0 = \frac{10^7}{4\pi c^2} = 8.854 \times 10^{-12}\,[\text{F/m}]$$

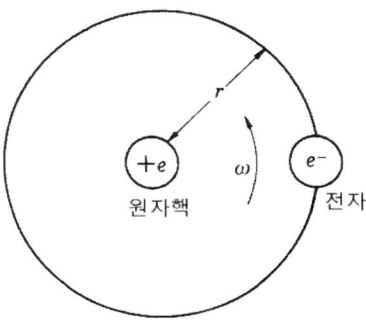

그림 1-2 정전인력(F)의 개념도

2) 전자

전자는 원자를 구성하는 입자로서 양(+)으로 대전된 원자핵 주의를 회전하고 음전하(-)를 지닌 입자이다. 음전하인 전자의 총합은 원자핵이 지닌 양전하와 같은 수이며, 이를 중성자라 한다.

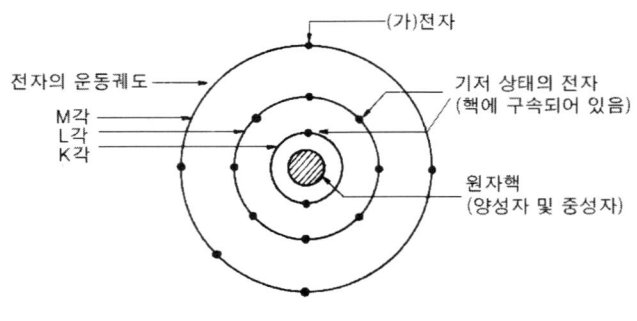

그림 1-3 전자의 개념도

원자를 구성하는 입자의 질량은 다음과 같다.

표 1-1 입자의 질량

입자	질량	전하
원자	1838 m	e^+
중성자	1838 m	0
전자	$m = 9.109 \times 10^{-31}$ [Kg]	e^-

(1) 보어(Bohr's) 가설

 분자를 구성하는 원자는 그 개스의 특유한 파장의 빛을 방출하게 되는데 이러한 방출되는 빛의 세기를 파장의 함수로 측정하며 1900년 발머(Balmer)는 수소 개스를 가열하여 복사되는 빛을 분광으로 스펙트럼선에서의 규칙성을 찾아낸바 있다. 보어(Bohr)는 이러한 빛의 파장들 간의 규칙성을 설명하였으며 이를 "보어의 가설"이라고 한다. 즉 보어의 가설이란 방출되는 빛의 세기를 파장의 함수로 측정한다면 파장에 대하여 연속적인 분포를 하기보다는 일련의 선(Line), 즉 스펙트럼(Spectrum)으로 분포한다는 논리이다. 이러한 빛의 파장에 대한 선(Line)은 초기 연구자들의 이름을 붙여 Lyman, Balmer, Paschen, Brackett, Pfund 계열이라 명칭하여 몇 개의 군(Group)으로 나누어 나타내게 되었다.

 원자핵 주위를 돌고 있는 전자는 원자구조내에서 역학적으로 가능한 임의의 에너지를 가지는 것이 아니고 이산적인 에너지값을 가지며 이는 복사하지 않는다. 이러한 상태를 정상상태(Stationary States)라 하며 다음에 수소원자의 전자궤도 스펙트럼을 나타내었다.

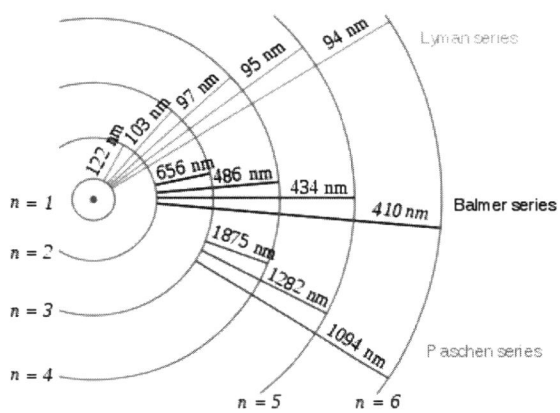

그림 1-4 수소원자(Hydrogen)의 전자궤도

스펙트럼 선들은 궤도(n')를 따라 그룹지어지며 선들은 묶음의 긴파장/작은 진동수로부터 순차적으로 각각 그리스 문자로 쓰여진다. 예를 들면 n->1 선은 "라이먼 알파(Ly-α)", n->3 선은 "파셴 델타(Pa-δ)" 등으로 불려지고 있다.

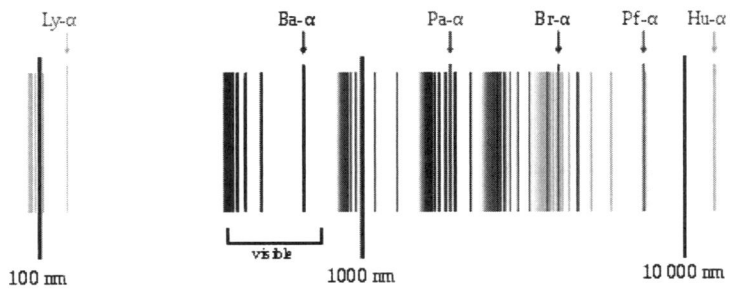

그림 1-5 수소원자(H)의 스펙트럼

스펙트럼으로 방출된 선들에 대한 파장은 다음과 같이 계산된다.

$$\lambda = \frac{C}{v} \, [\text{nm}]$$

where, 광속도 $C = 3 \times 10^8 \, [\text{m/sec}]$,

파의 진행속도 $v = \dfrac{\lambda}{T(주기)} = f(주기)\lambda$

$$\frac{1}{\lambda} = R\left(\frac{1}{(n')^2} - \frac{1}{n^2}\right)$$

where, 뤼드베리(Rydberg) 상수 $R = 109,678 \, [\text{cm}^{-1}]$

이때, n은 처음 에너지 레벨이고 n'는 마지막 에너지 레벨이다. 각 스펙트럼에 대한 파장의 속도(v)는 다음처럼 계산된다.

$$\text{Lyman 계열} : v = CR\left(\frac{1}{1^2} - \frac{1}{n^2}\right), \; n = 2, \, 3, \, 4, \, \cdots\cdots$$

$$\text{Balmer 계열} : v = CR\left(\frac{1}{2^2} - \frac{1}{n^2}\right), \; n = 3, \, 4, \, 5, \, \cdots\cdots$$

$$\text{Paschen 계열} : v = CR\left(\frac{1}{3^2} - \frac{1}{n^2}\right), \; n = 4, \, 5, \, 6, \, \cdots\cdots$$

이들 파장의 속도를 광(양)자의 에너지, $h\nu$를 정수 n의 계속되는 값으로 그려보면 각 에너지값은 스펙트럼에서 다른 광자의 에너지들의 합(Sum) 또는 차(Difference)에 의하여 다음과 같이 얻어지게 된다.

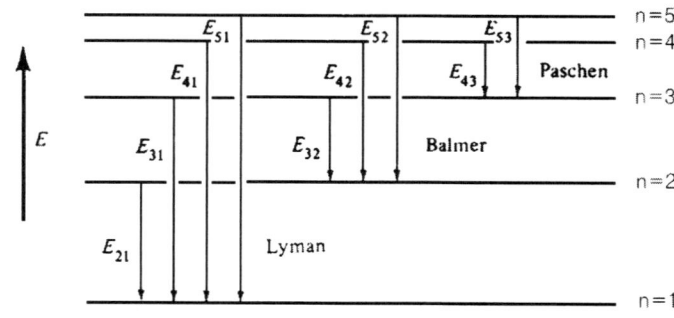

그림 1-6 스펙트럼과 에너지사이의 관계도

대표적으로 라이먼 계열(Lyman Series)은 전자의 전이가 n=2(이때 n은 주 양자 번호와 관련된 전자의 에너지 레벨이다)에서 n=1로 가는 라이먼 알파(Lyman-alpha)이며, 3에서 1로 가는 라이먼 베타(Lyman-beta), 4에서 1로 가는 라이먼 감마(Lyman-gamma) 등 수소 개스 전자의 자외선 스펙트럼을 1906년 발견하였다. 스펙트럼선의 그 밖의 것들은(모두 자외선 영역) 1906년부터 1914년 사이에 물리학자 시어도어 라이먼(Theodore Lyman)이 발견하게 되어 시어도어 라이먼으로 이름지어졌다. 라이먼 계열의 파장은 다음과 같다.

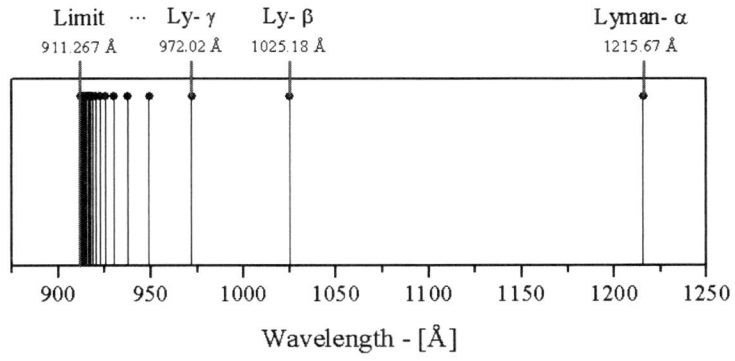

그림 1-7 라이먼 계열의 스펙트럼 분포도

표 1-2 라이먼 계열의 파장 분포

n	2	3	4	5	6	7	8	9	10	11	∞
파장 (nm)	121.6	102.5	97.2	94.9	93.7	93.0	92.6	92.3	92.1	91.9	91.15

(2) 원자의 전자적 구조

원자 핵으로부터 불연속적으로 떨어진 궤도는 특정 에너지준위(Level)와 일치하며, 원자 내에서의 궤도는 각(Shell)이라고 하는 에너지대(Band)로 분류된다. 각 원자는 한정된 수의 각인 K각, L각, M각, N각을 가지며 각각의 허용된 에너지준위에서 한정된 수의 최대 전자수를 가지게 된다.

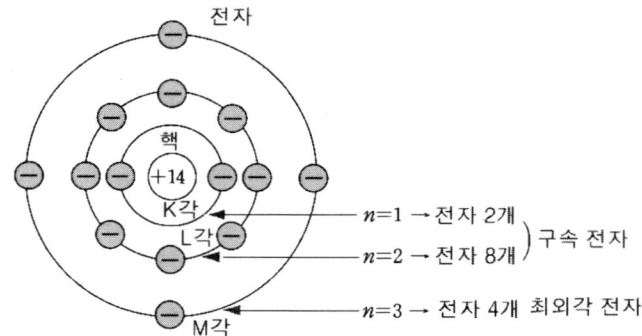

그림 1-8 실리콘(Si) 원자의 전자적 구조

(3) 에너지준위에서의 전자의 수용능력

전자는 허용된 궤도, 즉 에너지준위에만 존재할 수 있으며 각 준위(궤도)가 수용할 수 있는 전자의 수는 다음과 같이 계산된다.

$$N = 2n^2$$

where, 주양자수 $n = 1, 2, 3, 4, 5, \cdots\cdots$

n=1인 K 각에는 2개의 전자가 수용되게 되며, 각각은 같은 방법으로 존재할 수 있는 전자의 수가 정해지게 된다.

n=1인 K각 : $N = 2(1)^2 = 2$

n=2인 L각 : $N = 2(2)^2 = 8$

n=3인 M각 : $N = 2(3)^2 = 18$

n=4인 N각 : $N = 2(4)^2 = 32$

에너지준위에 대한 전자수용능력을 요약하면 다음과 같다.

표 1-3 에너지준위에 대한 전자수용능력

원자번호	1	2	3	4	5	6	7	8	9	10	11	12	13	14	15	16	17	18
원소기호	H	He	Li	Be	B	C	N	O	F	Ne	Na	Mg	Al	Si	P	S	Cl	Ar
K각	1	2	2	2	2	2	2	2	2	2	2	2	2	2	2	2	2	2
L각			1	2	3	4	5	6	7	8	8	8	8	8	8	8	8	8
M각											1	2	3	4	5	6	7	8

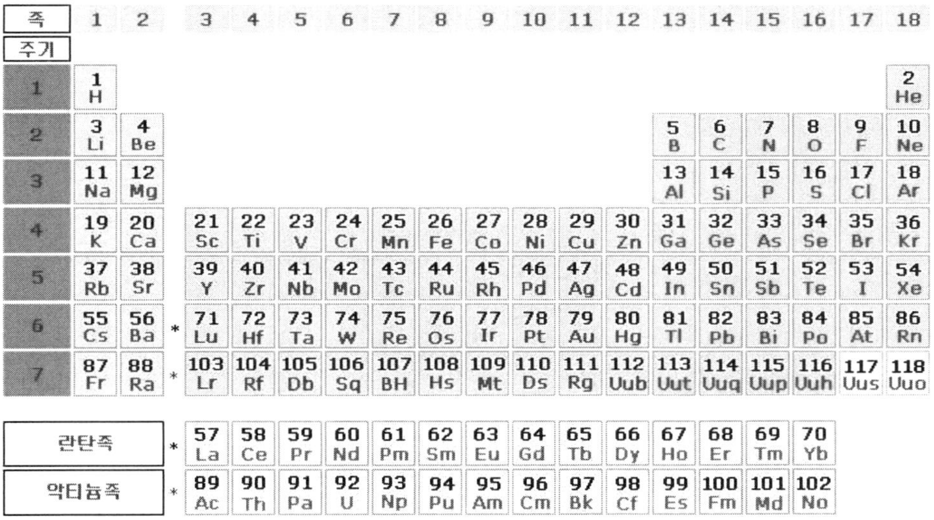

그림 1-9 주기율표

1.2 전자 에너지

MKS 단위계에서 에너지의 단위는 주울(Joule, J)을 사용하나 전력분야에서는 매우 큰 값, 즉 킬로와트(KW) 또는 메가와트(MW)를 사용한다. 그러나 전자공학에서의 에너지는 량이 매우 미소하다. 그러나 적은 전류에서도 많은 전자가 존재하며 에너지의 단위로는 전자볼트(Electron Volt, eV)를 사용하며 다음과 같이 정의된다.

$$1\,eV = 1.6 \times 10^{-19}\,[J]$$

1 eV는 하나의 전자가 1[V]의 전압을 가하여 가속시켰을 때 얻는 운동 에너지를 나타낸다.

$$qV = (1.602 \times 10^{-19}[C])(1[V]) = 1.60 \times 10^{-19}\,[J] = 1\,eV$$

1) 자유전자

원자에는 원자번호와 같은 수의 전자가 일정한 규칙에 따라 원자핵 주위에 분포하며, 이것이 그 원자의 화학적 성질을 결정짓는 근본이 된다. 그러나 금속 등에서는 모든 전자가 개개의 원자핵에 속박되어 있는 것은 아니며, 원자핵과의 결합을 이탈하여 대부분은 금속 내를 자유롭게 운동하는 전자, 즉 자유전자(Free Electron)를 가지게 된다.

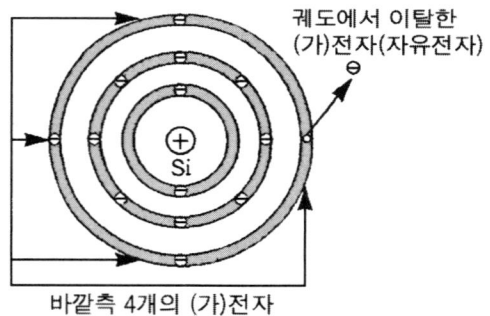

그림 1-10 자유전자

자유전자는 결합해 있지 않으므로 외부로부터의 에너지가 주어지면 원자의 구속으로부터 이탈하여 자유로운 운동을 할 수 있으며 자유전자의 전하량과 질량은 다음과 같다.

$$e = -1.602 \times 10^{-19}\,[C]$$
$$m_0 = 9.109534 \times 10^{-31}\,[Kg]$$

실리콘 결정의 경우 14개의 전자가 원자핵 내부에 존재하므로 외부에서 보면 원자는 마이너스 전하량과 플러스 전하량이 동일하므로 중성을 띠게 된다. 그러나 실리콘 결정에 열 또는 빛을 비추면 결정내에 있는 전자는 원자핵으로부터 이탈되어 자유전자가 된다. 따라서 전자가 이탈되어 자유전자로 된 자리부분은 전기적으로 중성상태였으나 음(-)전기를 띤 전자가 이탈한 상태가 되어 그 자리에 양(+)전기가 발생하며 이 양전기가 발생하는 자리를 정공(Hole)이라 한다. 정공이 발생하면 정공은 양전기를 띠므로 부근의 음전기를 띤 전자를 끌어당기고 당겨진 전자의 자리에는 다른 정공이 발생하게 되어 결국 시간이 경과하면 순차적으로 이어져 정공은 양의 전기를 운반하는 결과가 된다. 그러므로 자유전자는 음의 전기를 운반하고 정공은 양의 전기를 운반한다는 뜻에서 캐리어(Carrier)라 한다.

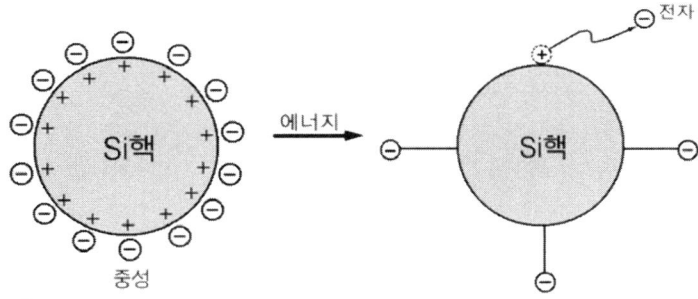

그림 1-11 전자와 정공

2) 드리프트속도

금속결정 내를 이동하는 자유전자들은 이온들과의 충돌로 인해 임의의 방향으로 운동을 하게 된다. 그러나 금속 내에서 일정한 전계 E [V/m]를 인가하면 전자는 전계에 의하여 가속되어 일부 에너지를 이온에 주어 전계와 반대방향으로 일정한 속도 v [m/s]로 주행하게 되어 전기도전현상이 나타난다. 이러한 정상상태에서의 전자의 평균속도를 드리프트 속도(Drift Velocity)라 한다.

전자의 속도 $v = \mu E$

where, μ는 금속내의 전자의 이동도(Mobility)

이동도(Mobility)는 단위전계에 대한 캐리어의 속도이다.

3) 전류밀도와 도전율

정상상태에서 전자의 드리프트속도는 불규칙한 열운동보다 훨씬 큰 효과를 나타내므로 전자는 어느 특정한 방향으로 이동하여 전류를 형성하게 된다. 이러한 전류의 밀도(Current Density)와 도전율(Conductivity)에 대하여 알아보도록 한다.

(1) 전류밀도

전류밀도란 단위면적당 흐르는 전류의 량을 의미한다. 즉 길이 L인도체에 N개의 자유전자가 통과하는데 필요한 시간을 T라 하면 단위시간당 이 도체의 단면적 A를 통과하는 전자의 수는 N/T 이며 이때의 전류 밀도는 다음과 같이 계산한다.

$$I \equiv \frac{Nq}{T} = \frac{Nqv}{L}$$

where, 전자의 드리프트 속도 $v = \frac{L}{T}$

여기서 단위면적당 흐르는 전류를 전류밀도라 정의하면 전류밀도는 다음과 같다.

$$전류밀도 \ J \equiv \frac{I}{A} \ [A/m^2]$$
$$= \frac{Nqv}{LA}$$

이때 LA는 N개의 전자를 가지고 있는 체적이므로 단위체적당 전자밀도(Electron Concentration)는 다음과 같다.

$$전자밀도 \ n = \frac{N}{LA} \ 이므로$$

전류밀도 $J = nqv = \rho v$

where, ρ 단위체적당의 전하량인 전하밀도

(2) 도전율(전도도)

도전율은 어떤물질이 전류의 흐름을 허락해주는 정도를 의미하며 전류의 흐름을 방해하는 고유저항(Specific Resistance)의 반대의 개념이다. 전류의 흐름을 방해하는 정도가 높은 물질은 높은 고유저항을 가지므로 낮은 도전성 특성을 가지게 되며 도전율은 물질을 구분(도체, 반도체, 절연체)하는 기준이 되기도 한다.

전류밀도 $J = nqv = nq\mu E = \sigma E$

where, 전자의 속도 $v = \mu E$
σ 도전율(Conductivity)

도전율 $\sigma \equiv nq\mu$

여기서 전류와 전류밀도의 수식으로부터 다음이 가능하다.

전류 $I = JA = \dfrac{\sigma ALE}{L} = \dfrac{\sigma AV}{L} = \dfrac{V}{R}$

where, $V = LE$ 는 도체의 양쪽에 인가되는 전압

도체의 저항 $R = \dfrac{L}{\sigma A}$

도체에 인가한 전계로부터 전자가 얻는 에너지는 전자가 충돌할 때 격자이온에 전달되는데 전자가 금속 안으로 이동할 때 전력을 소비하는 전력밀도 현상을 "주울 열(Joule Heat)"이라 한다.

주울열 $JE = \sigma E^2 \, [\text{W/m}^3]$

2. 반도체의 개요

2.1 반도체의 정의

일반적으로 물질의 구조에서 전기를 잘 통하는 물질을 도체라 하며 전기를 잘 통하지 못하는 물질을 부도체(절연체)라 한다. 반도체란 도체와 부도체의 중간적인 성질을 가지는 물질을 의미하며 빛이나 열 또는 특정 불순물을 넣어주면 전기가 잘 통하며 실리콘이나 게르마늄이 대표적인 예이다. 물질의 구조에서 저항율로 나타내면 반도체는 저항율이 약 $10^{-5} \sim 10^{+6} [\Omega \cdot Cm]$ 정도이다.

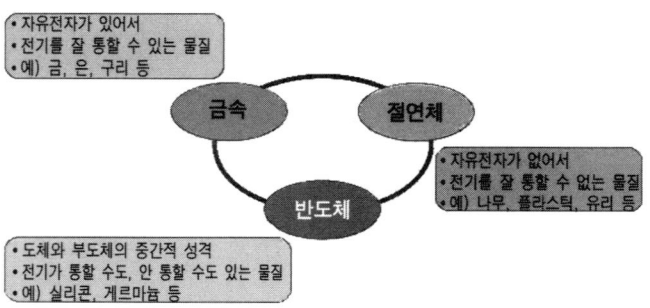

그림 1-12 반도체의 개념

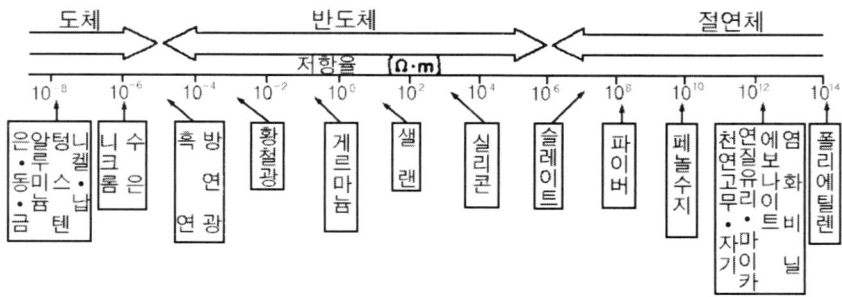

그림 1-13 물질의 분류

물질에서 전기 전도도가 주변의 온도, 불순물 함유상태, 여기상태에 따라 변화될 수 있다는 것은 매우 중요한 의미를 가진다. 이와 같은 전기적 성질로 인해 오늘날 전자산업의 대표적인 반도체분야가 크게 발전 할 수 있는 계기가 되었다. 반도체재료는 주기율표에서 주로 3족, 4족과 5족의 물질이 주로 화합물 형태로 사용되며 이들 원자들의 화합물은 금속간 또는 화합물 반도체를 만들어 사용하게 된다.

2.2 반도체소자의 분류

반도체는 Si, Ge과 같이 단일 원소로 되어 있어 전기적 특성의 제어가 용이한 원소반도체(Elemental Semiconductor)와 GaAs, GaP 등과 같이 서로 다른 두 가지 원자의 결합으로 이루어진 화합물 반도체(Compound Semiconductor)로 나눌 수 있다.
- 진성반도체(Intrinsic Semiconductor)
- 불순물반도체(Extrinsic Semiconductor)
  - N형 반도체
  - P형 반도체

1) 진성반도체(Intrinsic Semiconductor)

진성반도체란 불순물을 전혀 포함하지 않은 반도체를 의미하며 순수 반도체라고 한다. 이는 반도체 결정의 원자에서 공급되는 자유전자 및 정공에 의해서만 전기전도가 이루어 지는 반도체이며 불순물의 영향이 무시될수 있으며 일반적으로 10^{10}개의 반도체 원자에 대하여 1개 이하의 불순물을 가지게 된다. 실리콘(Si)의 경우 결정의 순도가 99.9999999999% 이상으로 순도가 매우 높다.

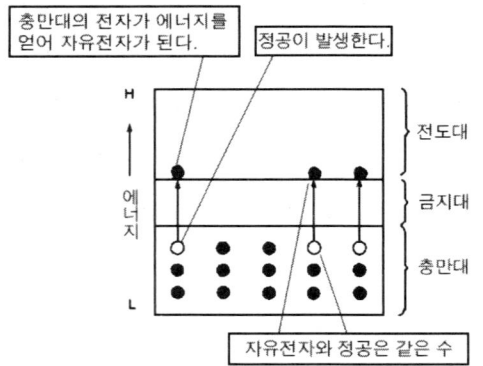

그림 1-14 진성반도체의 에너지대역

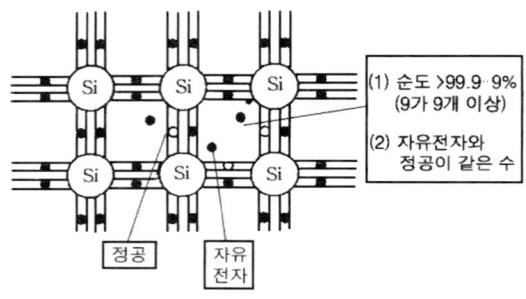

그림 1-15 진성반도체(Si)의 결정구조

2) 불순물반도체(Extrinsic Semiconductor)

진성반도체의 단결정에 특정원소를 미량 첨가한 반도체로, N형(N-type) 반도체와 P형(P-type) 반도체 두 가지가 있다.

(1) N형 반도체

전기전도 현상을 지배하는 다수반송자(Majority Carrier)가 전자, 소수반송자(Minority Carrier)가 정공인 반도체이다. 원자가 4가인 Si이나 Ge의 순수한 단결정에 원자가가 5가인 불순물 P(인), As(비소), Sb(안티몬), Bi(비스무스) 등을 넣어 결합하면 5가인 경우 결합할 수 없는 가전자가 1개 남게 되며 이 캐리어가 음전하(Negative)를 띤 전자이므로 Negative의 약자인 N형 반도체라 한다.

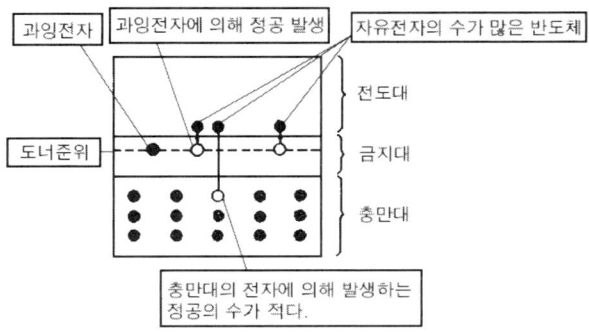

그림 1-16 N형 반도체의 에너지대역

n형 반도체의 에너지대를 보면 전도대(CB)의 바로 아래에 과잉전자에 의해서 형성된 에너지 준위, 즉 도너레벨(Donor Level)이 위치하고 있다.

대다수의 4족 원소에 5족의 불순물로 인하여 전자가 남는 상태가 되므로, 쉽게 자유전자가 만들어져 전기가 잘 흐른다. 따라서 전기저항이 작고, 에너지갭이 줄어들기 때문에 이 도너준위를 넘어 쉽게 전기 전도가 이루어진다.

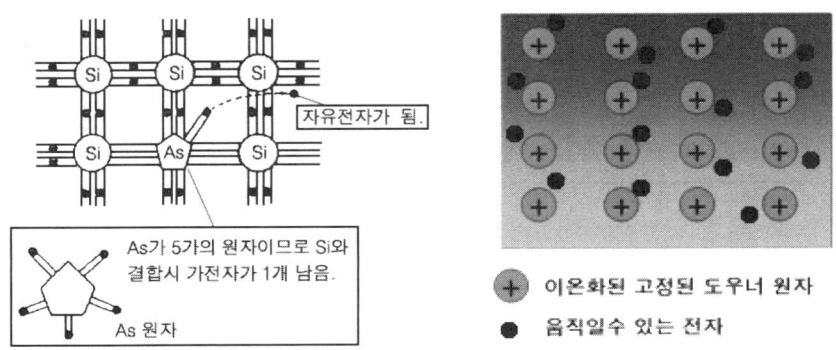

그림 1-17 N형 반도체의 결정구조

(2) P형 반도체

순수한 반도체 결정을 가지는 4가의 실리콘(Si)에 가전자 3개를 갖는 3가 원소, B(붕소), Al(알루미늄), Ga(갈륨), In(인듐) 불순물을 넣어 정공(Hole)의 수를 증가시킨 외인성(Extrinsic) 반도체. 즉 다수반송자(Majority Carrier)가 정공, 소수 반송자(Minority Carrier)가 전자인 반도체이다. 이때 P형이란 Positive의 약자로 자유전자보다 양(+)의 전기를 가진 정공의 수가 많기 때문에 붙여진 이름이다.

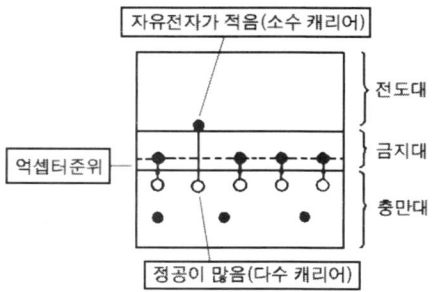

그림 1-18 P형 반도체의 에너지대역

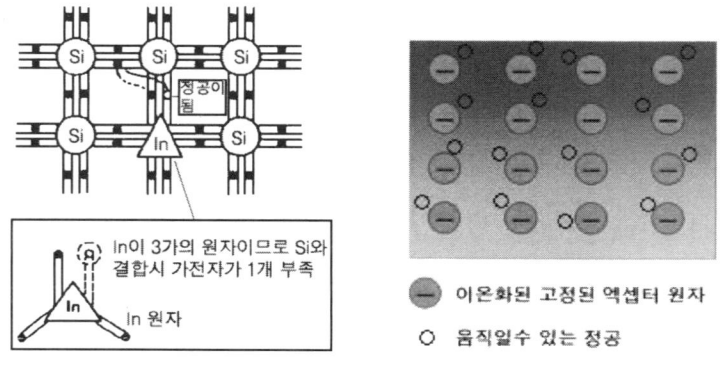

그림 1-19 P형 반도체의 결정구조

3. 물질의 구조

3.1 결정의 종류

고체에서 원자들은 재료를 형성하기 위하여 작은 군의 원자들이 단위 셀(Unit Cell)이라 불리는 반복적인 패턴으로 배열을 하여야 하며 결정은 크게 단결정, 다결정, 비정질 등으로 구분한다.

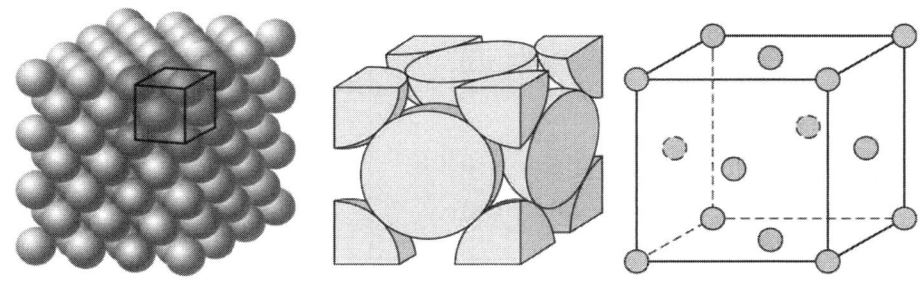

그림 1-20 단위 셀(cell)의 구조

결정(Crystal)이라함은 '원자의 배열이 규칙적인 고체'로 정의 할 수 있으며 원자의 규칙성과 반복성이 고체전체에 균일하게 이어진 고체를 단결정(Single Crystal)이라 한다.

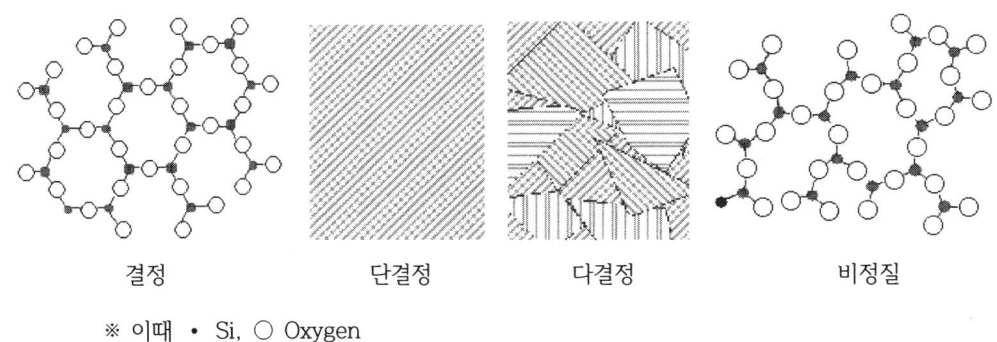

※ 이때 • Si, ○ Oxygen

그림 1-21 결정의 종류

다결정(Poly Crystal)이란 대부분의 금속이 이에 속하며 수많은 결정들의 집합으로 하나의 균일한 결정이 아닌 경우를 다결정이라 한다. 비정질(Amorphous)이란 분자가 무작위로 배열되어 규칙이 없는 고체를 나타낸다.

3.2 결정의 구조

자연상태에서 결정의 종류는 축의 기울어짐과 축의 길이 차이에 따라 다음과 같은 종류로 구분한다. 이러한 결정구조의 배열은 원자가 격자구조로 싸여져 있어 인접된 원자간의 거리는 그들이 서로 잡아 당기는 힘과 그들을 서로 떼어놓으려는 또 다른 힘 사이에 평형이 이루어짐으로써 정하여 지게 된다.

- 단순입방구조(SC, Simple Cubic)
- 면심입방구조(FCC, Face Centered Cubic)
- 체심입방구조(BCC, Body Centered Cubic)
- 육방조밀구조(HCP, Hexagonal Close-Packed)

1) 단순입방구조

단위세포의 각 8개 모서리에 $\frac{1}{8}$개의 원자가 위치하여 한개($\frac{1}{8} \times 8 = 1$)의 원자를 포함하는 구조이다. 즉 원자를 정사각형으로 아래 층에 배열하고 그 원자위에 다시 원자를 같은 형태로 쌓은 구조이다. 이는 자연계에서 불안정한 구조로 존재하기가 매우 어려운 구조이다.

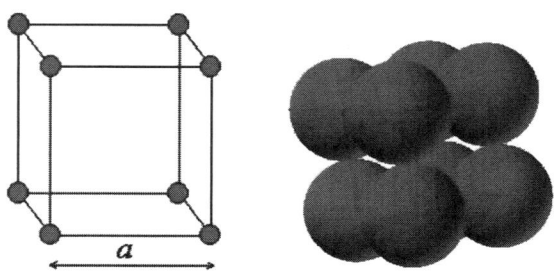

그림 1-22 단순입방(SC) 구조

단순입방구조에 대한 원자간의 조밀방향(Close-packed Direction)의 길이는 단위 셀의 화살표 방향, 즉 원자의 가장자리(Cube Edges)가 되고 단위 셀당 포함하고 있는 원자수(Contains=1 [atom/unit cell])는 1개가 된다. 또한 가장 가까이 있는 원자수(Nearestneighbors)의 정합면(Coordination)은 6개가 된다.

$$조밀방향의\ 길이 = 2R = a$$

where, a는 단위 셀의 변의 길이로 격자상수(Lattice Constant)

$$단위셀의\ 원자수 = \frac{1}{8} \times 8 = 1\ [\text{atoms/unit cell}]$$

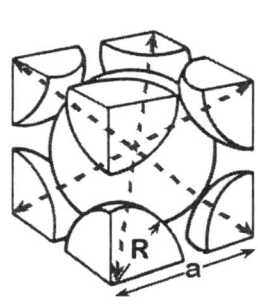 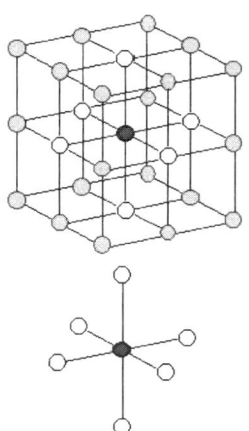

그림 1-23 단순입방구조의 원자수   그림 1-24 단순입방구조의 정합면 (Coordination)

일반적으로 결정구조에 대한 원자 충전율(Atomic Packing Factor)은 다음과 같이 계산한다.

$$원자충전율(APF) = \frac{단위셀내의\ 원자의\ 체적}{단위셀의\ 체적}$$

여기서 단순입방구조에 대한 원자 충전율(APF)은 다음과 같이 계산한다.

$$충전율(APF) = \frac{1 \overset{\text{atoms/unit cell}}{} \cdot \frac{4}{3}\pi(0.5a)^3 \overset{\text{volume/atom}}{}}{\underset{\text{volume/unit cell}}{a^3}} = 0.524$$

다음에 결정구조에 대한 특성을 요약 하였다.

표 1-4 결정구조에 따른 특성

단위세포 특성 \ 구분	단순입방(FC)	체심입방(BCC)	면심입방(FCC)
단위세포당 원자수	1	2	4
세포의 변(a)과 원자반경(R) 관계	$2R = a$	$4R = \sqrt{3}\,a$	$4R = \sqrt{2}\,a$
셀의 체적	a^3	$\frac{1}{2}a^3$	$\frac{1}{4}a^3$
가장 가까이있는 원자의 면	6	8	12
빈공간의 %	47.6	32.0	26.0

2) 체심입방구조

단위세포의 각 8개 모서리에 $\frac{1}{8}$개의 원자가 위치하고 가운데에 1개의 원자가 더 존재하여 2개($\frac{1}{8} \times 8) + 1 = 2$)의 원자를 포함하는 구조이다. 즉 원자를 정사각형으로 아래층에 배열하고 원자 4개 사이의 골 속의 윗층에 원자를 배열하는 형태로 쌓는 구조이다.

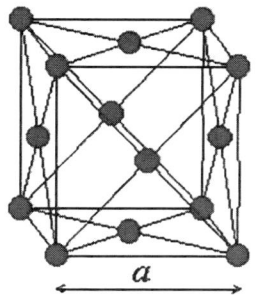 

그림 1-25 체심입방(BCC) 구조

체심입방구조에 대한 원자간의 조밀방향길이(Close-packed Direction Length)는 $4R = \sqrt{3}\,a$이 되고 조밀방향은 대각선(Cube Diagonals) 방향이 되며 단위 셀당 포함하고 있는 원자수(Contains=1 [atom/unit cell])는 2개가 된다. 또한 가장 가까이 있는 원자수(Nearestneighbors)의 정합면(Coordination)은 8개가 된다.

$$\text{조밀방향의 길이} = 4R = \sqrt{3}\,a$$

$$\text{단위셀의 원자수} = 1 + 8 \times \frac{1}{8} = 2\,[\text{atoms/unit cell}]$$

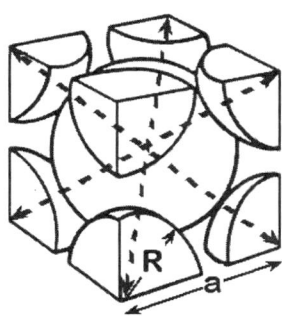 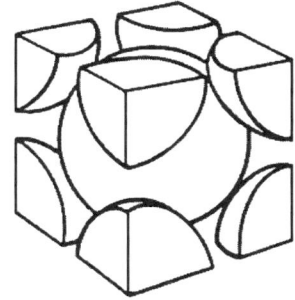

그림 1-26 체심입방구조의 원자수   그림 1-27 체심입방구조의 정합면 (Coordination)

여기서 체심입방구조에 대한 원자 충전율(APF)은 다음과 같이 계산한다.

$$충전율(APF) = \frac{2 \cdot \frac{4}{3}\pi(\sqrt{3}a/4)^3}{a^3} = 0.68$$

atoms/unit cell, volume/atom, volume/unit cell

3) 면심입방구조

단위세포의 각 8개 모서리에 $\frac{1}{8}$개의 원자가 위치하고 6개의 면에 $\frac{1}{2}$개의 원자가 존재하여 4개($(\frac{1}{8}\times 8)+(\frac{1}{2}\times 6)=1+3=4$)의 원자를 포함하는 구조이다. 즉 원자를 정사각형으로 아래층에 배열하고 원자 3개가 만나는 경계점에 다시 원자를 쌓아 아래층의 원자와 같은 배열을 가진 형태로 쌓는 구조이다.

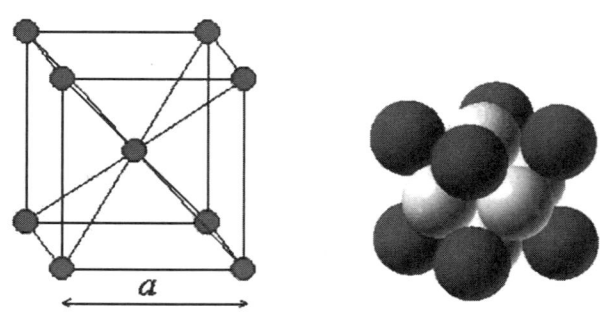

그림 1-28 그림 면심입방(FCC) 구조

면심입방구조에 대한 원자간의 조밀방향길이(Close-packed Direction Length)는 $4R=\sqrt{2}a$이 되고 조밀방향은 면의 대각선(Face Diagonals) 방향이 되며 단위 셀당 포함하고 있는 원자수(Contains=1 atom/unit cell)는 4개가 된다. 또한 가장 가까이 있는 원자수(Nearestneighbors)의 정합면(Coordination)은 12개가 된다.

$$조밀방향의\ 길이 = 4R = \sqrt{2}\,a$$

$$단위셀의\ 원자수 = 6 \times \frac{1}{2} + 8 \times \frac{1}{8} = 4\,[\text{atoms/unit cell}]$$

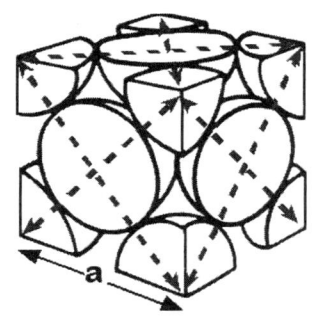 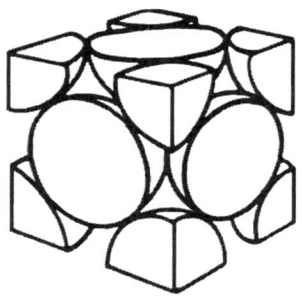

그림 1-29 면심입방구조의 원자수   그림 1-30 면심입방구조의 정합면(Coordination)

여기서 면심입방구조에 대한 원자 충전율(APF)은 다음과 같이 계산한다.

$$충전율(APF) = \frac{\overset{\text{atoms/unit cell}}{4}\,\overset{\text{volume/atom}}{\frac{4}{3}\pi(\sqrt{2}\,a/4)^3}}{\underset{\text{volume/unit cell}}{a^3}} = 0.74$$

4) 육방조밀구조

원자를 정사각형으로 아래 층에 배열하고 그 원자 위에 다시 원자를 같은 형태로 쌓은 구조로 단순입방(SC) 구조의 불안정한 구조를 개선하기 위한 구조가 육장조밀구조이다. 이는 정사각형으로 아래 층에 배열(SC구조)하고 4개 원자사이의 굴곡에 다시 두 번째 층 원자를 쌓아(FCC구조) 아래층의 원자와 같은 배열을 가진 형태로 쌓은 후 세 번째 층은 첫째 층과 같은 형대로 원자를 배열하는 구조이다.

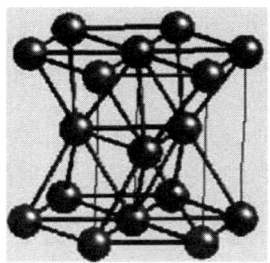

그림 1-31 육방조밀(HCP) 구조

그림 1-32 육방조밀(HCP) 구조의 층상구조

육방조밀구조에 대한 원자간의 조밀방향길이(Close-packed Direction Length)는 $2R=a$가 되고 가장 가까이 있는 원자수(Nearestneighbors)의 정합면(Coordination)은 12개가 된다.

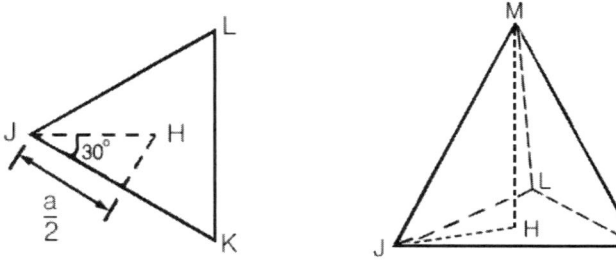

그림 1-33 육방조밀구조의 원자수

조밀방향의 길이 $\overline{JM} = \overline{JK} = 2R$
$= a$

단위셀의 원자수 $= 3 + \dfrac{1}{2} \times 2 + \dfrac{1}{6} \times 12 = 6$ [atoms/unit cell]

또한 육방조밀구조는 K, L, M각에서 모든 원자들이 서로 밀접하게 정합을 이루고 있어 조밀방향길이(Close-packed Direction Length)는 $2R = a$가 되며 육방조밀구조에 대한 원자 충전율(APF)은 다음과 같이 계산한다.

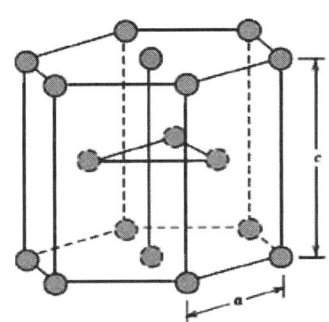 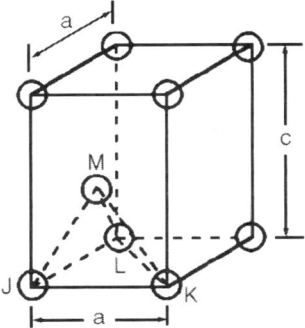

그림 1-34 육방조밀구조의 정합면(Coordination)

위의 삼각형에서 육방조밀구조에 대한 $\dfrac{c}{a}$는 다음과 같이 계산한다.

$$(\overline{JM})^2 = (\overline{JH})^2 + (\overline{MH})^2 \text{ or } \cos 30° = \dfrac{a/2}{\overline{JH}} = \dfrac{\sqrt{3}}{2}$$

and $\overline{JH} = \dfrac{a}{\sqrt{3}}$

그러므로 $a^2 = (\overline{JH})^2 + (\dfrac{c}{2})^2$
$= [\dfrac{a}{\sqrt{3}}]^2 + [\dfrac{c}{2}]^2 = \dfrac{a^2}{3} + \dfrac{c^2}{4}$

$$\frac{c}{a} = \sqrt{\frac{8}{3}} = 1.633$$

$$\therefore c = 1.633a = (1.633)2R$$

단위셀당 6개(Six Spheres per Unit Cell = 6)의 원자가 존재하므로 육방조밀구조의 원자 충전율은 다음과 같이 정리된다.

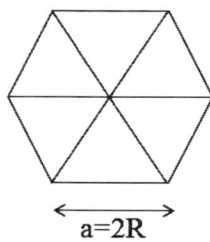

단위셀의 원자수 $= 3 + \frac{1}{2} \times 2 + \frac{1}{6} \times 12 = 6$ [atoms/unit cell]

$$V_s = 6[\frac{4\pi R^3}{3}] = 8\pi R^3$$

여기서 한 개의 삼각주의 밑면적 $= \frac{1}{2} \times a \sin 60°$

$$= \frac{1}{2} \times (2R)[\frac{\sqrt{3}}{2}] = R\sqrt{3}$$

한 개의 삼각주의 체적 $V = c \times R^2\sqrt{3} = 1.633a \times R^2\sqrt{3}$

$$= 1.633(2R) \times R^2\sqrt{3} = 3.266\, R^2\sqrt{3}$$

여기서 단위 셀당 6개의 원이 있으므로 다음이 된다.

$$= 6 \times 3.266\, R^2\sqrt{3} = 19.596\, R^2\sqrt{3}$$

$\therefore$ 육방조밀구조의 원자충전율(APF)

$$= \frac{V_s}{V_c} = \frac{8\pi R^3}{19.596\sqrt{3}\, R^3} = 0.74$$

다음에 참고적으로 육방조밀구조의 결정들에 대한 특성을 나타내었다.

표 1-5 육방조밀구조 결정들에 대한 특성

Crystal	a (Å)	Crystal	a (Å)	Crystal	a (Å)
He	4.08	Zn	5.77	Zr	1.594
Be	4.20	Cd	5.92	Cd	1.592
Mg	4.43	Co	6.29	Lu	1.586
Ti	5.63	Y	6.59		

5) 다이아몬드(Diamond)구조

다이아몬드 구조는 섬아연광(Zinc-blende) 구조와 동일한 구조이나, 두 종류의 원자 또는 같은 종류의 원자에 따라 나뉘어진다.

(1) 섬아연관구조

다른 두 종류의 원자가 서로 면심입방(FCC) 배열을 하고 있는 구조로 내부 $\frac{1}{2}$ 위치에는 특정 원자만이 존재하며 꼭지점의 원자 자릿수의 $\frac{1}{2}$ 을 서로 점유한 구조로 화학결합하고 있는 물질의 결정 구조이다.

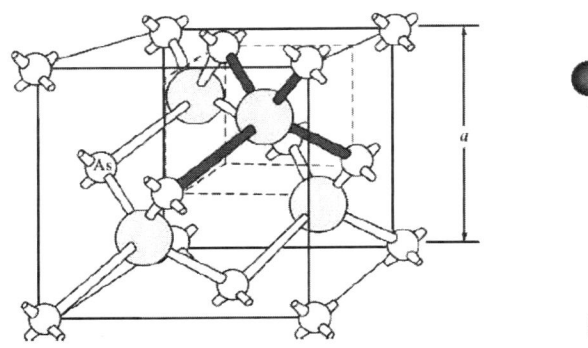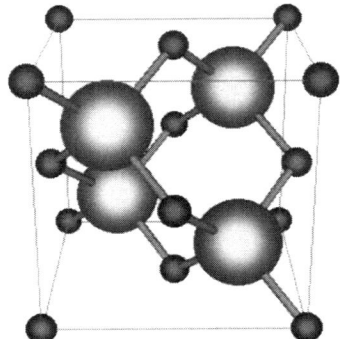

그림 1-35 섬아연광 구조

섬아연광구조의 대표적인 결정은 갈륨비소(GaAs)이며 결정 특성은 다음과 같다.

표 1-6 섬아연광 구조의 결정특성

Crystal	a (Å)	Crystal	a (Å)	Crystal	a (Å)
CuF	4.26	AlP	5.45	AlAs	5.66
SiC	4.35	GaP	5.45	CdS	5.82
CuCl	5.41	ZnSe	5.65	InSb	6.46
ZnS	5.41	GaAs	5.65	AgI	6.47

(2) 다이아몬드구조

같은 종류의 원자가 서로 면심입방(FCC) 배열을 하고 면심입방 구조의 각 원자로부터 $\frac{1}{4}$ 지점 내부에 하나의 원자가 있고 대각선 방향으로 또 하나의 원자가 배열하며 반대로 위에서부터 엇갈린 방향으로 $\frac{1}{4}$ 에 위치($x\frac{1}{4} + y\frac{1}{4} + z\frac{1}{4}$)하여 두 개의 원자가 대각선으로 위치하는 구조이다.

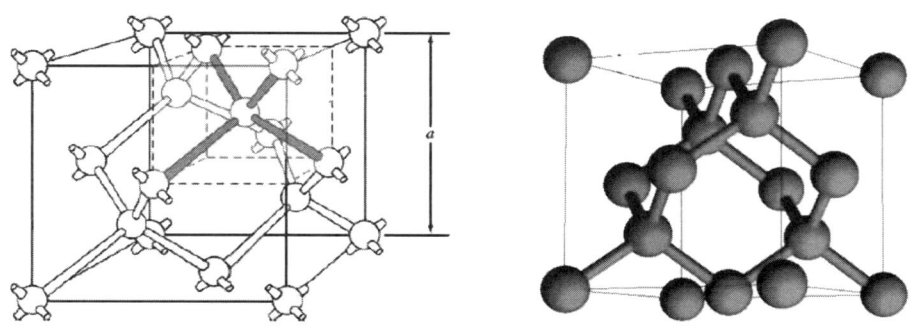

그림 1-36 다이아몬드구조

이상과 같은 다이아몬드 구조의 구성은 원래의 면심입방(FCC)에 대하여 제2의 면심입방(FCC) 구조가 각각 x, y, z 방향으로 $\frac{1}{4}$만큼 이동하여 처음것의 속으로 침투한 모양이 된다.

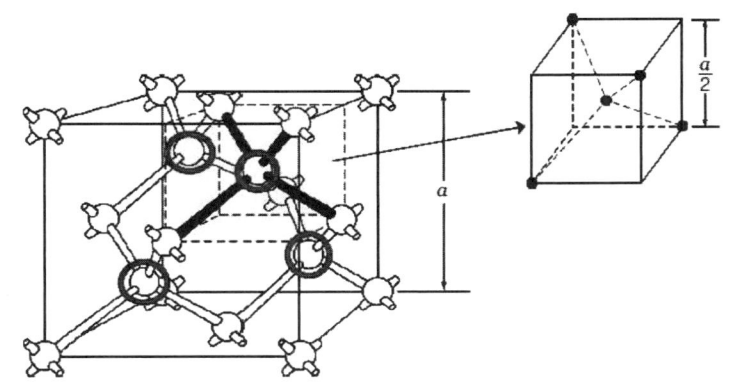

그림 1-37 다이아몬드구조의 단위 셀

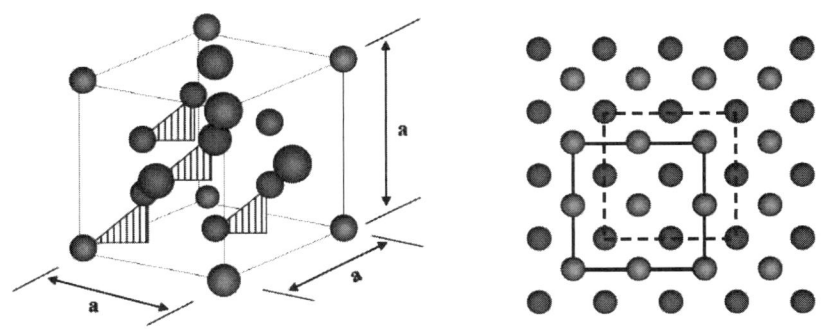

그림 1-38 다이아몬드구조의 격자구조

다이아몬드의 원자 충진률은 0.34이고 단위셀의 원자수는 8개가 된다.

$$충전율(APF) = \frac{\frac{3}{4}\pi \times (\frac{\sqrt[2]{3}}{8}a)^3 \times 8}{a^3} = 0.34$$

$$단위셀의\ 원자수 = 모서리(8 \times \frac{1}{8}) + 면(6 \times \frac{1}{2}) + 대각선(2개 \times 2) = 8$$

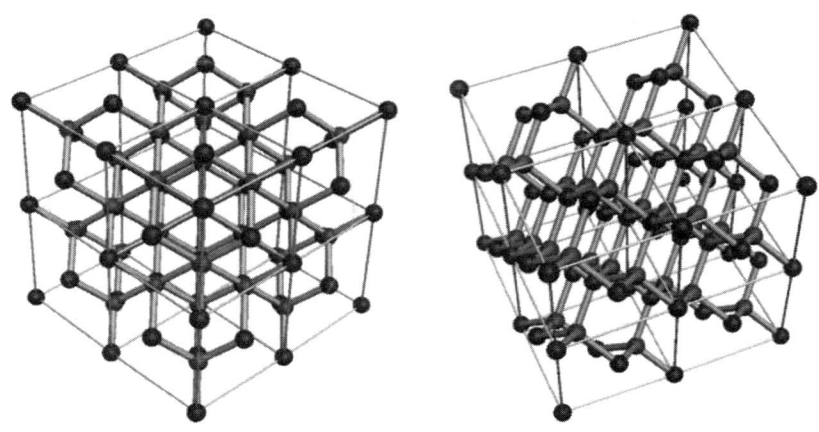

그림 1-39 다이아몬드구조의 원자수

다이아몬드구조의 대표적인 결정은 실리콘(Si), 게르마늄(Ge)이며 결정 특성은 다음과 같다.

표 1-7 다이아몬드 구조의 결정특성

Crystal	a (Å)	Crystal	a (Å)	Crystal	a (Å)
C	3.56	Si	5.43	Ge	5.65
Sn	6.46				

4. 반도체 결정

결정화(Crystallization)란 분리기술의 일종으로 액체 혹은 기체의 균일상으로부터 공정을 통하여 고체입자, 즉 결정(Crystal)을 얻는 것을 말한다. 반도체에서는 이러한 결정화는 실리콘 웨이퍼(Wafer)의 경우 성장속도 및 방법에 따라 전자의 이동특성이 달라지며 결정의 면과 방향에 따라 원자의 배열이 달라지게 되므로 반도체 결정의 결합특성이 다르게 나타나고 또한 결정을 이루는 결합의 형태에 따라 그 특성이 달라지게 된다. 여기에서는 결정의 특정한 면과 방향을 표현하는 방법과 결정의 결합특성에 대하여 학습하고자 한다.

4.1 결정의 면

반도체에서 결정구조를 나타내기 위해 단위셀을 이용하며 결정격자는 단위셀의 특징을 결정 하는데에 매우 중요한 요인이 된다. 따라서 물질의 결정구조를 이해하는 데 있어 결정 격자의 위치, 방향 그리고 결정 격자면 등은 가장 기본적인 정보가 된다. 결정면(Crystal Orientation)의 방향을 결정하는데 있어서 밀러지수(Miller Index)라는 격자좌표 시스템, 즉 격자내의 평면의 위치나 벡터의 방향을 나타내는 3개의 정수로 된 3축 좌표계(hkl)의 3가지 지수를 사용한다.

> ※ **밀러지수란?**
> 면이 x, y, z 축과 만나는 점을 표시하고 이것의 역수를 취하여 간단한 정수 형태로 만드는 표시법을 의미한다.

밀러지수를 사용하여 결정의 면을 표시하는 과정은 다음과 같다.
① 각 축(x, y, z)의 면과 결정축과의 만나는 지점을 정수배로 표시한다.
② 이들 세 값(정수)의 역수를 취하고 이들의 최소 공배수(3개 값의 공통수를 곱하거나 나누어 최소의 정수)로 바꾼다.

③ 정수를 면(hkl)(둥근 괄호 안에 콤머없이 표시)으로 표시한다.
④ 원점의 음(-)의 방향은 바(Bar)나 음의 부호를 지수에 붙여 표시한다.

※ 모든 지수값의 반대 부호는 평행하고 원점에서 반대 방향으로 같은 거리에 위치한 면을 의미한다. 결정면에서는 결정격자의 종류와 격자의 원점 위치에 따라 한 결정격자 내에서도 서로 동일 결정 격자면이 존재할 수 있으며 이와 같이 동일한 격자면을 **격자면군**(Family of Planes)이라 하고 중 괄호를 사용한다.
예) {1 0 0} = (1 0 0), (0 1 0), (0 0 1), (-1 0 0), (0 -1 0), (0 0 -1)

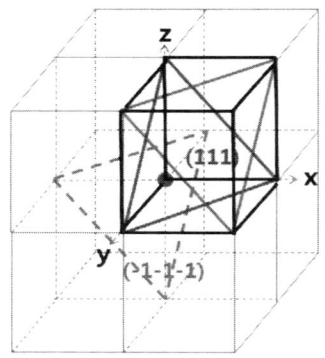 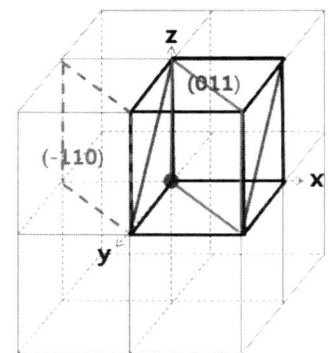

그림 1-40 (111)면, (-1-1-1)면과 (0110면, (-110)면

4.2 결정의 방향

결정의 방향을 나타내기 위해서는 원점으로부터 시작된 직선이 통과하는 가장 작은 정수 위치를 가진 격자점을 격자 방향으로 간주하며 격자 위치와 기호상의 혼돈을 피하기 위하여 격자 방향은 대괄호({ })를 사용하여 나타낸다.

여기서 두 격자 방향은 결정 격자의 종류 및 격자 좌표의 원점 위치에 따라 서로 호환될 수 있으며 구조적으로 동일한 방향을 **방향군**(Family of Direction)이라 하며 각괄호(Angular Bracket)로 표시한다.

<1 1 1> = [1 1 1], [-1 1 1], [1 -1 1], [1 1 -1], [-1 -1 1],
[-1 1 -1], [1 -1 -1], [-1 -1 -1]

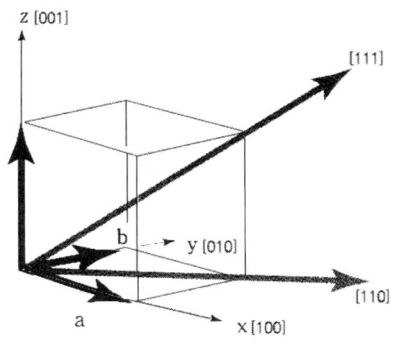

그림 1-41 결정의 방향

4.3 결정의 결합

결정이 규칙적인 모양을 하고 있는 것은 그것을 이루고 있는 입자(원자-분자-이온)가 규칙적으로 배열되어 있기 때문이며 이러한 결정의 결합은 복수의 결합이 혼재(공유성과 이온성 양쪽 모두를 나타내는 경우가 많음)하는 경우가 많다. 고체의 특성에 따라 결합하는 결정의 종류 특성에 대하여 학습하고자 한다.

- 공유결합(Covalent Bond)
- 이온결합(Ionic Bond)
- 금속결합(Metallic Bond)
- 반데르왈스결합(Van der Waals)

1) 공유결합

두 원자가 최외각의 가전자를 서로 공유함으로써 결합력이 생성되는 결합으로 결합에 너지는 공유한 전자들 사이에 양자역학적인 상호작용에 의하여 발생하며 공유결합의 경우 결정격자에서는 결합에 의한 자유전자가 발생하지 않는 특성이 있다.

◇ 정의 : 두 원자가 가 전자를 상호 공유함으로써 공유한 전자들 사이에 양자역학적인 상호작용에 의해 결합이 생성되는 결합

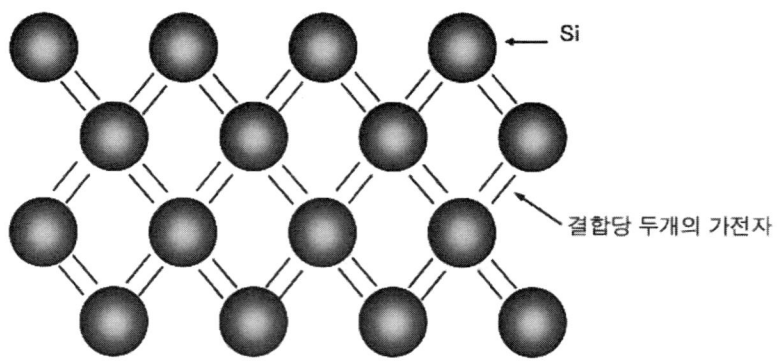

그림 1-42 Si(<100>)의 공유결합 개념도

공유결합은 인접 원자들간 가 전자의 공유에 의해 결합이 생성되므로 매우 단단하며 융점이 높고 저온에서의 전기전도도가 낮은 특성이 있다.

◇ 특성
- 0°[K]에서 전도에 기여 할수 있는 자유전자가 없음
- 전자는 열적 또는 광학적으로 여기(Excitation)되어 공유결합을 벗어나 전기전도도에 기여 가능
- 매우 단단한 고체로 고 융점
- 다이아몬드 격자구조를 가지는 반도체
  - Si, Ge, C 등

2) 이온결합

한 원자로부터 하나 또는 그 이상의 전자가 다른원자로 이동하여 발생하는 양(+)이온과 음(-)이온의 정전상호작용에 의해 발생되는 결합으로 양(+)이온이 되기 쉬운 1족의 알칼리 금속과 음(-)이온이 되기 쉬운 7족의 할로겐 원소들의 결합이 여기에 속하며 NaCl의 결합이 대표적인 결합이다.

◇ 정의 : 서로 반대되는 이온들 사이의 정전기적 인력에 의해 이루어지는 결합

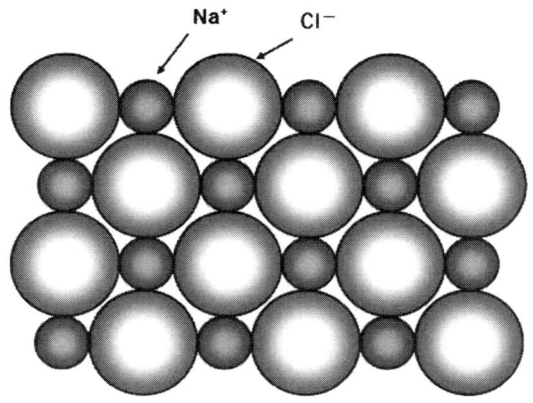

그림 1-43 NaCl의 이온결합 개념도

  NaCl에서 Na는 최외각 전자 하나를 Cl에게 내주어 Na^+가 되고 Cl은 전자를 받아 Cl^-로 되며 Na^+과 Cl^- 사이는 쿨롱의 힘(Coulomb's Force)이 작용하여 격자를 서로 잡아당겨 반발력과 평형을 이루어 결합을 하게 된다.

  NaCl의 경우 최외각 궤도가 모두 전자고 채워져 있어 전자의 흐름에 기여 할 수 있는 전자가 없으므로 절연체의 역할을 하며 고온에서는 전기전도도가 크고 전해액에 잘 녹는 특성이 있다.

◇ 특성
- 전기적, 열적 절연성이 우수하나 깨지기 쉬움
- 낮은 전기 전도도
- 금속보다 높은 용융점
- 알칼리 할로겐 화합물
  - NaBr, KI, LiF, $MgCl_2$ 등

3) 금속결합

  1, 2개 또는 3개 이하의 최외각 전자를 가지고 어느 한 원자에 속박되지 않거나 두 원자들 사이에 약하게 속박되어 금속을 자유롭게 이동할 수 있는 결합으로 외부에서의 약한 에너지원을 가하면 금속내부를 자유롭게 이동할 수 있는 자유전자로 인해 전기전도

도 및 열전도율이 매우 우수하다.

◇ 정의 : 두 원자들이 부분적인 전자들에 의하여 구속되지 않거나 약하게 속박되어 있는 결합

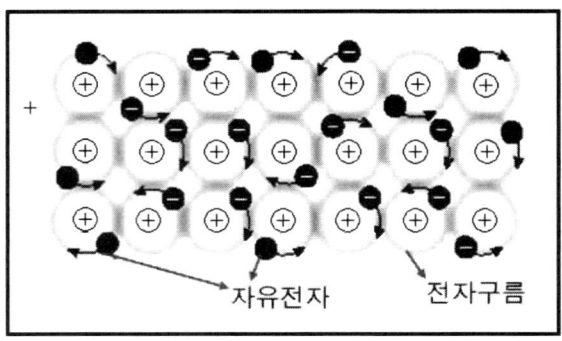

그림 1-44 금속결합 개념도

금속결합은 원자의 최외각 전자들이 금속을 자유롭게 이동 할 수 있는 결합으로 이러한 자유전자들은 무리를 지어(call "전자구름(Electron Cloud)") 금속내부를 이동하므로 전기전도도가 우수하고 열전도율이 높으며 공유결합이나 이온결합보다는 결합력이 약하나 반데르왈스 결합보다는 결합이 강한 특성이 있으며 금속의 결합력은 자유전자 수가 많을수록, 금속 원자 반지름이 작을수록 강해진다.

◇ 특성
- 높은 전기전도도와 우수한 열전도
- (+)이온인 금속이온이 규칙적으로 배열
- 자유전자의 이동이 자유로움
- 금속의 결합
  - Na, Fe, Cu, Al, Au, Ag, Li 등

4) 반데르왈스결합

원자가 갖는 전자의 운동으로 인해 전장의 변화가 발생하고, 근접해 있는 근접 분자와의 상호작용으로 인해 발생되는 분자간의 힘(반데르왈스 힘, Van der Walls Force)으로 결합하는 것을 의미한다. 결합 에너지는 보통 화학결합에 비해 매우 작고 결합거리도 보통 화학결합에 비해 크며 집합체의 구성 요소인 원자·분자의 수가 많은 경우에는 반데르왈스 클러스터라고 한다.

◇ 정의 : 원자를 둘러싸고 있는 전자의 변화에 의해 발생하는 약한 정전기적 인력에 의해 두 원자가 결합

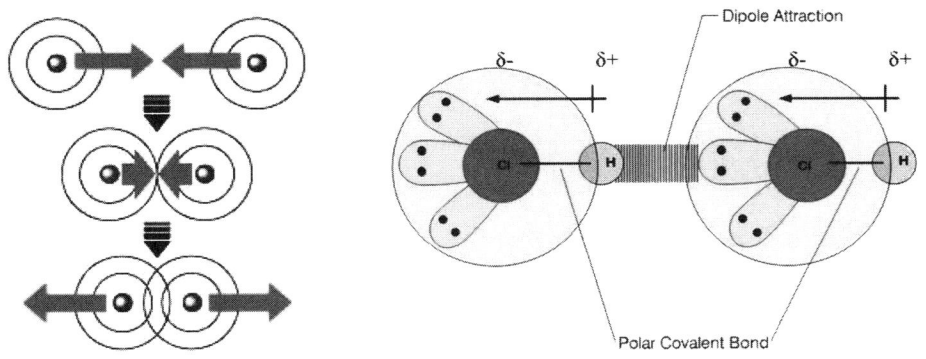

그림 1-45 반데르왈스결합 개념도

반데르왈스 힘은 원자나 분자에 있어서는 평균적으로 전기쌍극자 능률은 0(Zero)이지만 원자내 전자의 순간적인 위치변동에 의해 원자나 분자가 전기쌍극자를 형성하게 되며 이 쌍극자의 상호작용에 의하여 원자들의 인력에 의해 결합이 생성된다. 반데르왈스 결합 에너지는 보통 고체나 액체 상태일 때는 0.1~10 [KJ/mol] 정도이며 화학결합에 비해 매우 작고 결합거리도 보통 화학결합에 비해 크다. 집합체의 구성 요소인 원자·분자의 수가 많은 경우에는 반데르왈스 클러스터라고 한다.

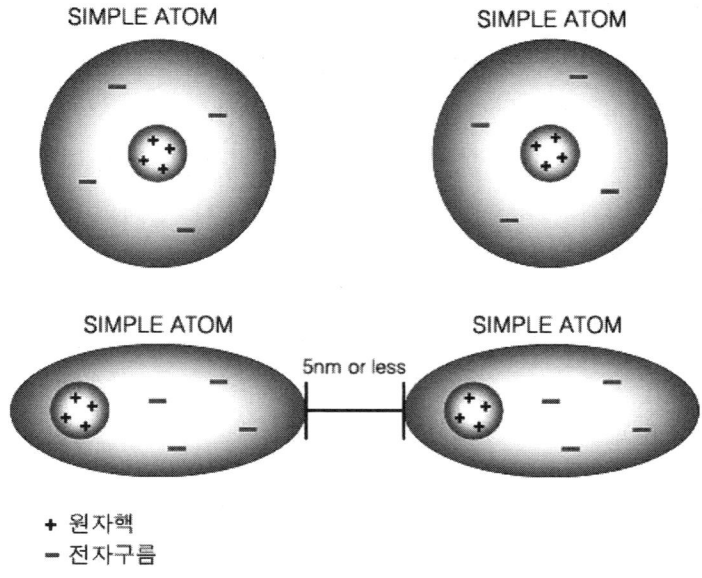

그림 1-46 반데르왈스 힘

대표적인 결합은 희귀개스 원자와 화학적으로 안정된 분자로 이루어진 Xe_2, $(CO_2)_2$ 등이 있다. 결합 에너지는 보통 화학결합에 비해 매우 작고 결합거리도 보통 화학결합에 비해 크다.

◇ 특성
- 최외각전자가 완전히 채워져 있어 안정된 전자이온화 에너지를 가짐
- 상온에서는 기체, 충분히 낮은 온도에서는 액체나 고체 상태
- 원자간 결합력은 약 0.1[eV]
- 비활성개스의 결합
  - He, Ne, Ar 등

5. 에너지대역과 전하의 운동

반도체 내에서 여러 가지의 현상을 이해하고 전기적인 계산을 하기 위하여는 고체 내에서의 전자의 불연속적인 에너지준위(에너지대역)와 에너지값 및 전하(Carrier)의 동작 특성에 대한 지식 습득이 필요하다. 여기에서는 에너지대역의 형성과 종류 및 일함수와 페르미레벨 등에 대하여 알아보고자 한다.

5.1 에너지대역

전자들은 원자 내에서 일련의 불연속적인 에너지준위(에너지값)을 가지고 있다. 이와 비슷하게 고체 내에서의 전자들도 전자가 취할 수 있는 특정된 에너지영역, 즉 에너지대역(Band)을 가지게 된다.

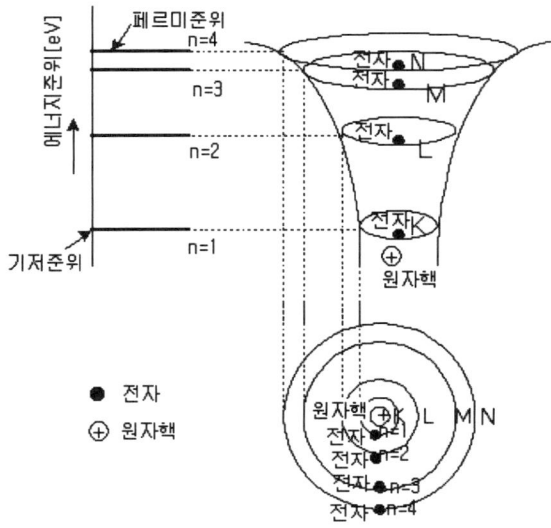

그림 1-47 전자의 에너지대역

1) 에너지대역의 형성

독립된 원자 내의 불연속적인 에너지준위는 서로 인접된 원자 내의 전자의 파동함수가 되어 이들이 퍼져서 에너지대역을 형성하게 된다. 전자는 특정 원자에 국한되지 않고 인접된 원자들의 영향을 받아 궤도를 변하시켜 에너지준위 배열에 변화를 발생하여 고체의 전기적 성질을 나타내게 된다.

> ※ **파울리의 배타율(Pauli Exclusion Principle)이란?**
> 1925년 볼프강 파울리(Wolfgang Pauli)가 제창한 양자역학적 원리로 "하나의 양자상태에 두 개의 동일한 전자가 같은 에너지를 가질 수 없다"라는 것으로 고체내의 전자는 동일한 양자수(n, l, m, s)를 가질수 없다는 의미로 전자를 낮은 에너지 궤도로부터 채워가면 각 원소의 전자배치를 얻을 수 있게 된다는 이론이다.
> - 주양자수(n), 부 양자수(l), 자기양자수(m), 스핀양자수(s)

2) 에너지대역의 종류

에너지준위는 결정 내에서 원자핵 뿐만 아니라 원자간의 간격에 따라 전자에게 허용되는 에너지가 여러 준위로 갈라져 넓은 띠, 즉 대역구조를 형성하게 된다.

- 충만대(Filled Band)
- 가전자대(Valence Band)
- 전도대(Conduction Band)
- 금지대(Forbidden Band)

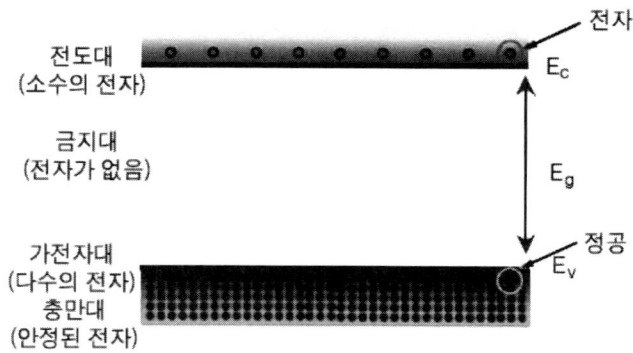

그림 1-48 에너지대역 구조

(1) 충만대(Filled Band)

허용된 에너지궤도가 완전히 채워진 에너지대로 전자가 이동할 여지가 없는 안정된 상태로 있어 전기전도에 참여할 수 없게 된다.

(2) 가전자대(Valence Band)

원자들의 결합이 결합에 직접 참여한 가전자들에 의해 형성된 에너지대로 연속적인 에너지를 가지는 전자들이 모원자 주위에 구속된 채로 다른 곳으로 이동을 할 수가 없는 상태 이다. 그러나 외부로부터 힘을 받으면 일부 비어있는 전자의 이동으로 쉽게 전기 전도도에 참여할 수 있는 에너지대역이다.

(3) 전도대(Conduction Band)

원자 바깥 쪽의 궤도들이 겹치면서 만들어진 것으로 연속적인 에너지를 가진 전자들이 자유롭게 이동할 수 있는 자유전자 상태로 존재하는 에너지대이다. 이 자유전자의 이동에 의하여 전류가 흐르게 된다.

(4) 금지대(Forbidden Band)

가전자대와 전도대 사이의 전자가 존재할 수 없는 에너지대로 에너지 갭(Energy gap)이라하며 금지대폭은 가전자가 원자간의 결합을 벗어나 자유전자가 되는데 필요한 에너지가 된다.

3) 절연체, 반도체, 도체의 에너지대역

물질은 가전자대와 전도대의 에너지 차이에 의한 자유전자의 존재하는 양에 따라 절연체, 반도체, 도체로 나누어진다.

(1) 절연체(Insulator)

가전자대는 절대온도(0°[K])와 같이 충분히 낮은 온도에서 전자들로 완전히 채워져 있으나 전도대는 완전히 비어있는 상태로 전자가 이동하여 들어갈수 있는 빈 상태가 하나도 없기 때문에 가전자대 내에서는 전하의 전송이 전혀 없으며 전도대에서는 전자가 하나도 없어 전하의 전송이 없는 물질(Si의 경우(E_g=5 [eV]))이다. 이는 전자의 움직임은 반도체와 같다고 보나, 가전자대와 전도대 사이의 에너지 갭($E_g>3[eV]$)이 크므로 상당히 큰 에너지(>6~7[eV])를 가하지 않으면 가전자대의 전자가 전도대로 올라갈 수 없게 된다.

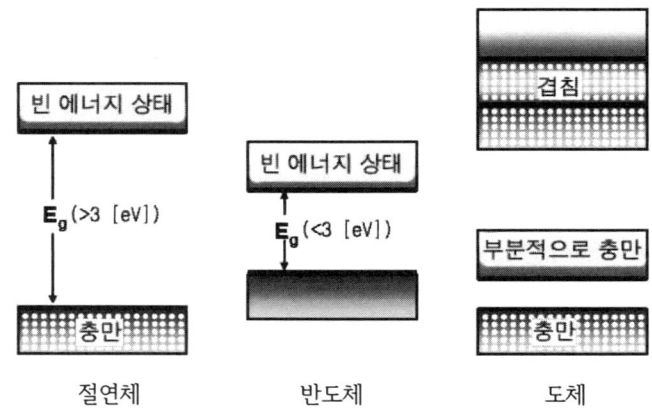

그림 1-49 절연체, 반도체, 도체의 에너지대역 구조

(2) 반도체(Semiconductor)

반도체는 절연체와 같이 절대온도(0°[K])에서는 가전자대가 전자들로 완전히 채워져 있으나 전도대는 완전히 비어있는 상태로 전자가 이동하여 들어갈수 있는 빈 상태가 하나도 없으나 에너지 갭이 절연체보다는 적은($E_g<3$ [eV]) 물질이다. Si의 경우 상온(300° [K])에서 에너지 갭이 약 1.1 [eV] 정도로 적고 상온에서의 Si 밀도는 약 10^{22} [원자/Cm^3]인데 비하여 전도대에서의 전자 홀 쌍(EHP, ELectron-hole Pair) 밀도가 10^{10} [EHP/Cm^3]로 적어 비교적 쉽게 금지대를 넘어서 전도대에 올라갈 수 있다.

이와 같이 반도체는 가전자대와 전도대의 에너지 갭이 절연체 보다는 훨씬 작고 도체 보다는 작아 적당한 크기의 열적 및 광적 에너지로 낮은 가전자대로부터 높은 전도대로 전자의 여기(Excitation)가 가능하며 전도에 기여할 수 있는 전자수를 열적, 광적인 에너지로 크게 증가시킬 수 있다는 장점이 있다.

반도체에서의 에너지갭(E_g)은 원자의 간격과 온도에 의존성을 가지며 결정의 결합을 깨뜨리기 위해 필요한 에너지가 된다. Si의 에너지갭은 온도에 따라 3.6×10^{-4} [eV/°K] 의 비율로 감소(Ge의 경우 2.23×10^{-4} [eV/°K])함이 실험적으로 확인되었으며 이는 온도의 상승에 따라 가 전자가 전기전도에 참여하게 됨을 의미한다. 에너지갭(E_g)은 온도 T°[K]의 함수로 온도의 증가에 따라 감소하게 된다.

Si의 경우 0°[K]에서 에너지갭(E_g)이 약 1.21 [eV]이므로 실제 에너지갭(E_g)은 일정온도(T)에서 다음과 같다.

$$\text{Si의 } E_g(T) = 1.21 - 3.6 \times 10^{-4}T$$
$$= 1.209\ T[\text{eV}]$$

Si의 경우 상온(300°[K])에서는 E_g=1.1[eV] 이다.

$$\text{Ge의 경우 } E_g(T) = 0.875 - 2.23 \times 10^{-4}T$$
$$= 0.875\ T[\text{eV}]$$

Ge의 경우 상온(300°[K])에서는 E_g=0.72 [eV]이다.

다음에 대표적인 반도체(Si, Ge)에 대한 특성을 요약하였다.

표 1-8 Si & Ge의 물리적 특성

특성	실리콘(Si)	게르마늄(Ge)
원자번호	14	32
원자량	28.1	72.6
격자상수(상온, Å)	5.43	5.65
최인접원자 간격(상온, Å)	2.35	2.44
원자수(/Cm³)	5.0×10^{22}	4.4×10^{22}
밀도(20°C, g//Cm³)	5.32	2.33
용융점(°C)	1,420	936
금지대폭(0°[K], eV)	1.21	0.875
금지대폭(300°[K], eV)	1.10	0.72
유효질량(m_n)	$1.1 m_0$	$0.55 m_0$
유효질량(m_p)	$0.56 m_0$	$0.37 m_0$
이동도(μ_n, m²/V.s)	1.5×10^{-1}	3.8×10^{-1}
이동도(μ_p, m²/V.s)	0.5×10^{-1}	1.8×10^{-1}
저항율($\Omega - Cm$)	2.3×10^3	0.53

(3) 도체(Metal)

도체는 에너지 갭이 아주 작거나, 아니면 두 개의 밴드(가전자대와 전도대)가 서로 겹쳐 있어 전기전도도가 매우 높은 물질이다. 또한 상온에서도 전도대에 다수의 자유전자가 존재하는 물질을 말하며 대역내에서는 전자와 전자가 차지하지 않고 있는 빈 에너지 상태가 모두 존재하고 전계 인가시 자유전자는 자유롭게 이동이 가능하다.

4) 직접 및 간접 반도체

독립된 원자들을 서로 결합하여 결정을 형성하며 형성된 결정에 대한 에너지대역의 양적 계산을 할 때에는 단일전자가 완전히 주기적인 격자사이를 통하여 운동한다고 가정한다.

전자의 파동함수는 전파상수 k를 가지고 x방향으로 움직이는 평면파의 형태로 주기적인 격자 사이를 운동한다고 가정하고 전자에 대한 공간위치의 함수로 된 파동함수를 다음과 같이 나타낸다.

$$\psi(x) = U(x)e^{jkx}$$

where, $U(x)$는 격자의 주기성에 의존하는 함수
k는 전파상수(Propagation Constant)

여기서 $U(x)$는 격자의 주기성에 따라 파동함수를 변조하며 에너지대역에 대한 양적 값의 계산은 허용된 에너지값을 전파상수 k에 대하여 여러 가지 결정방향에 대한 에너지와 전파상수 관계(E, k)도를 그려 나타(직접형 및 간접형)낸다.

전자(자유)에 대한 에너지는 포텐셜 에너지(Potential Energy)가 0(Zero)이므로 자유전자의 에너지는 다음과 같이 전자(자유)의 운동에너지와 같다.

자유전자의 에너지 = 운동에너지(∵ 포텐셜에너지=0)

$$E = \frac{1}{2}mv^2 = \frac{p^2}{2m} = \frac{h^2}{2m}k^2$$

이때 k(Propagation, wave vector)는 전파상수이다.

즉, 자유전자의 에너지 $E \propto k^2$

고체 내에서 전자의 파동함수에 대한 허용된 에너지값을 전파상수 k에 대하여 그리면 다음이 된다. 그러나 고체 내의 전자는 주기적인 포텐셜 전위(potential Field)에 놓여 있으므로 완전 포물선이 아닌 계산을 수반하게 된다.

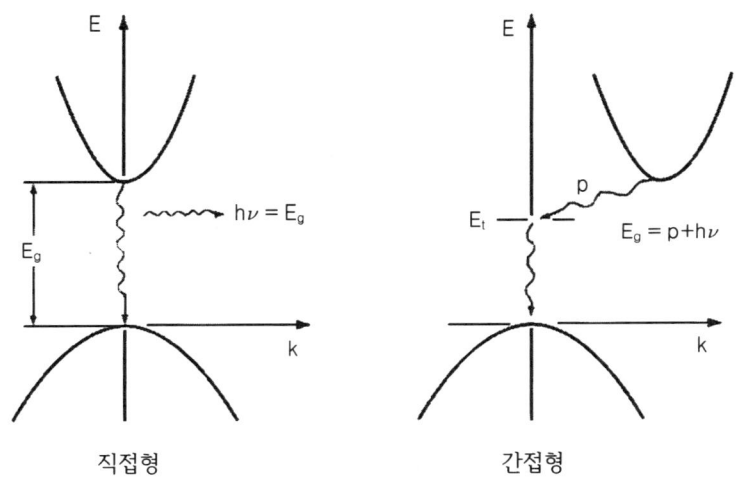

그림 1-50 반도체의 직접형 및 간접형 에너지 천이

반도체의 에너지대역은 전도대에서 가전자대로 전자가 천이할 때 전파상수 k값이 변화를 수반하느냐에 따라 직접형(Direct)과 간접형(Indirect)으로 구분된다. 직접형과 간접형 대역구조의 큰 차이는 반도체를 광출력이 요구되는 소자에 쓸수 있는지 여부를 결정하는 매우 중요한 요인이 된다.

(1) 직접형(Direct) 천이

전자의 천이(Transition)시에 전파상수 k의 변화가 없으므로 운동량이 보존되는 방식으로 방출되는 에너지는 모두 빛으로 변하게 된다.

◇ 특성
- 전도대의 최소에너지의 k값 = 가전자대의 최대에너지의 k값($\Delta k = 0$)

- 전도대역의 전자가 빈 에너지상태인 가전자대로 천이시 광(Photon)자 형태로 에너지 차(E_g)를 발산
- 전자는 전파상수 k값의 변화없이 전도대에서 가전자대로 최소의 에너지로 천이가 가능
- 주로 광전소자에 사용
  - GaAs, ZnP

(2) 간접형(Indirect) 천이

전자의 천이(Transition)시에 전파상수 k의 변화가 있으므로 원자의 진동에 의해 열이 발생하는 방식으로 방출되는 열 에너지에 의해 광효율이 감소하게 된다. 즉 전파상수 k의 변화를 포함하는 간접형 천이는 전자의 운동량의 변화가 발생하게 됨을 의미 한다.

◇ 특성
- 전도대의 최소에너지와 가전자대의 최대에너지는 다른 k값에 위치($\Delta k \neq 0$)
- 단일 전자가 완전히 주기적인 격자를 통하여 운동하며 전자의 파동함수는 전파상수 k를 가지고 x방향으로 움직이는 평면파 형태인 것으로 가정
- 전도대의 최소에너지에 있는 전자가 가전자대의 최대에너지 값으로 여기할 수 없고 에너지변화와 동시에 운동량의 변화가 발생
- 주로 메모리 소자로 사용
  - Si, Ge

5.2 전하의 운동

반도체는 절연체와 같이 절대온도($0°[K]$)에서는 가전자대가 전자들로 완전히 채워져 있으나 전도대는 완전히 비어있는 상태이므로 온도상승과 더불어 전도대로의 여기(Excitation)가 가능하다. 즉 전자가 이탈한 빈자리는 정공이 옮겨오고 정공이 옮겨간 빈자리는 전자가 옮겨와 전자와 정공은 쌍을 이루게 되며 전자의 자리는 $-e(e^-)$, 정공의 자리는 $+e(h^+)$ 전하의 특성을 나타내고 있다. 이같이 전하를 움직이는 전자와 정공을 반송자, 즉 캐리어(Carrier)라 한다.

1) 캐리어 밀도

전하를 움직이는 전자와 정공, 즉 반송자(캐리어)는 전자와 정공의 이동을 의미하며 이동방향이 반대이고 서로 대전된(e^- & h^+) 상태를 유지하고 있다.

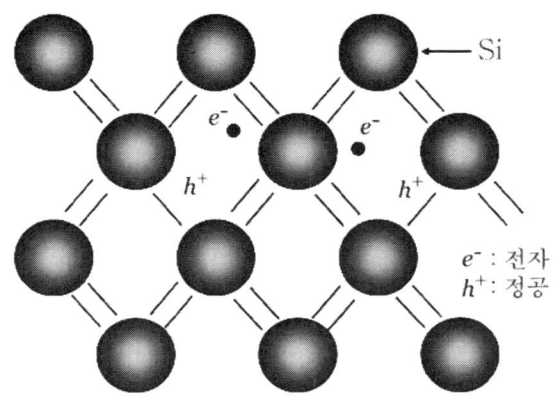

그림 1-51 실리콘(Si) 결정의 공유결합 모형에서의 전하

전자와 정공은 한쌍을 이루고 있으므로 전도대의 전자밀도 n(/Cm^3)와 가전자대의 호울밀도 p(/Cm^3)는 같게 되며 진성반도체의 경우에 대한 캐리어 밀도는 다음과 같다.

$$\therefore \text{진성반도체에서 } n = p = n_i\,(N)$$

즉 진성캐리어밀도(N_i) = 전자의 밀도(n) = 정공의 밀도(p) 이다.

일반적인 캐리어밀도는 반도체에서의 전자 및 정공의 농도(Concentration)를 의미하며 다음과 같이 계산한다.

캐리어 밀도(P)
  = 단위부피당 [1/Cm^3], 단위에너지당 [1/eV] 전자, 정공의 수
  = [에너지 상태밀도 함수 D(E)] × [점유확률(페르미 함수) f(E)]

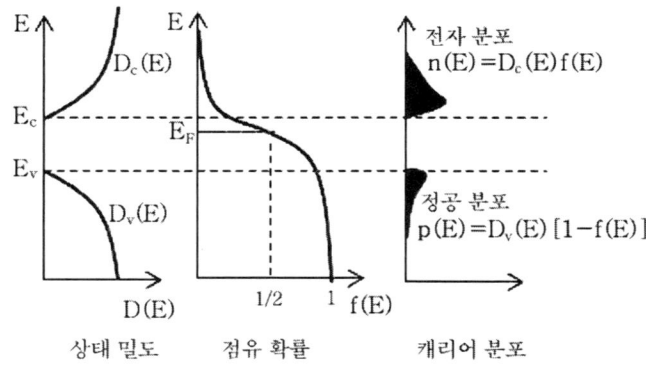

그림 1-52 캐리어밀도의 개념도

상온(300°[K])에서 Si와 Ge의 캐리어 밀도는 다음과 같다.

Si = 1.5×10^{10} [개/Cm³]
Ge = 2.4×10^{13} [개/Cm³]

2) 전자-홀 쌍(EHP)의 재결합

주어진 온도에서 전자-홀 쌍(Pair)은 어떠한 일정한 농도 n_i를 가지며 정상상태(열적 평형상태)에서는 캐리어밀도가 유지되려면 일정한 농도와 같은 비율로 전자 홀 쌍의 재결합(Electron Hole Pair Recombination)이 있어야 한다. 이러한 재합은 전자가 전도대에서 가전자대로 천이할 때 소멸되게 된다.

EHP의 발생율(g_i)과 재결합율(r_i)은 다음과 같다.

$$r_i = g_i [/Cm^3 \cdot s]$$

온도의 변화에 대한 EHP는 다음과 같이 온도가 높아지면 증가하며 재결합율과 발생율은 균형이 이루어지게 된다.

$$g_i(T), \ r_i(T) \propto T$$

임의의 온도에 대한 전자 홀의 재결합율과 발생율은 다음과 같이 전자, 홀의 농도에 비례하게 된다.

$$r_i = \alpha_r n_0 p_0 = \alpha_r n_i^2 = g_i$$

이때, α_r는 재결합이 일어나는 특정된 기구에 대한 비례상수이다.

3) 일함수

금속에 열이나 빛 등의 에너지를 가하면 전자는 운동 에너지를 얻어 활발하게 움직이며, 에너지 준위가 높은 몇 개의 전자는 공간으로 방출되고, 이러한 일은 장벽을 뛰어넘을 만큼의 운동 에너지를 얻은 전자만이 자유 공간으로 방출된다. 여기서, 장벽의 높이는 전자가 금속면을 탈출하는 데에 필요한 에너지 준위에 해당하며 이것을 일함수(Work Function)라 한다.

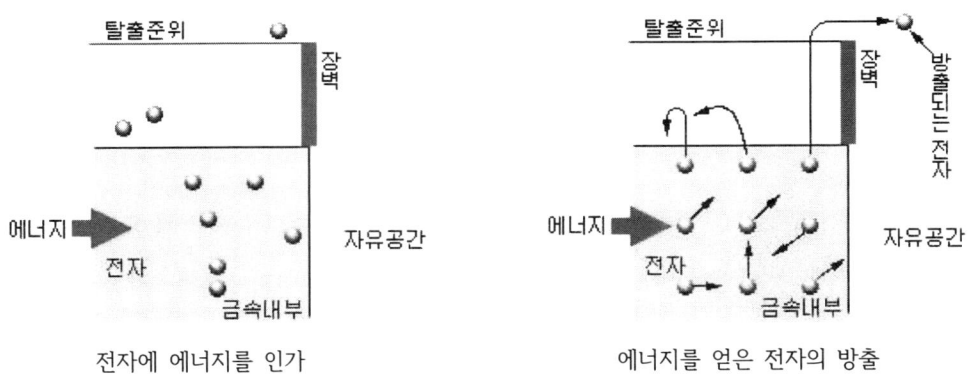

그림 1-53 전자에 에너지의 인가와 전자방출 개념도

또한 장벽의 윗부분은 전자가 금속면을 탈출하는 데에 필요한 에너지 준위에 상당하므로, 탈출준위 또는 이탈준위라고 한다. 따라서 일함수는 탈출준위(E_0)와 페르미 준위(E_f)와의 차(E_0-E_f) [eV]로 나타낼 수 있다.

$$일함수 = E_0 - E_f \text{ [eV]}$$

일반적으로 금속의 페르미준위(Fermi Level)는 진공상태에 비하여 Φ만큼 낮은 에너지에 위치하게 된다. 일함수는 그 금속의 종류, 표면의 형태 등에 따라 다른 값을 가지고 1개의 전자를 금속내부로부터 외부공간으로 방출하는 데 필요한 일의 양을 나타내므로 일함수가 작은 물질은 비교적 적은 에너지로 많은 전자를 방출시킬 수 있음을 의미한다.

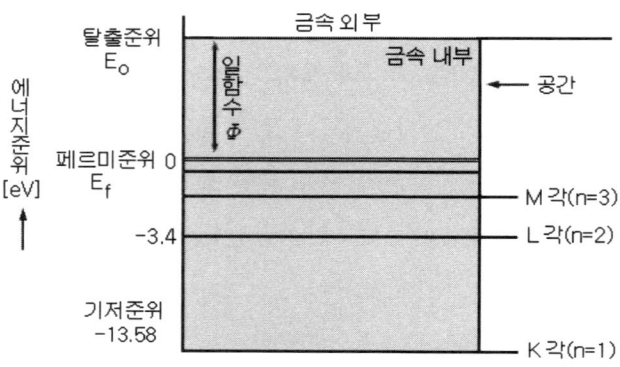

그림 1-54 금속내의 일함수 개념도

4) 페르미준위

절대온도(0°[K])에서는 고체내부의 모든 전자는 낮은 에너지상태를 점유하므로 가전자대 하부의 일정 준위까지 전자가 구속되어 있고 상부의 에너지 준위는 자유로이 전자가 운동을 할 수 있는 상태이다.

(1) 페르미준위

페르미준위(Fermi Level)란 절대온도(0°[K])에서 가장 밖의 전자(가전자)가 가지는 에너지 높이, 즉 절대온도(0°[K])에서 전자가 점유할 수 있는 최고의 에너지준위를 의미한다.

페르미준위(E_f)는 확률함수의 값이 0.5가 되는 준위이며 온도에 의해 거의 변화지 않으며 도체에서는 전도대에 절연체에서는 가전자대에 위치하고 반도체에서는 그 중간지점인 금지대에 위치한다.

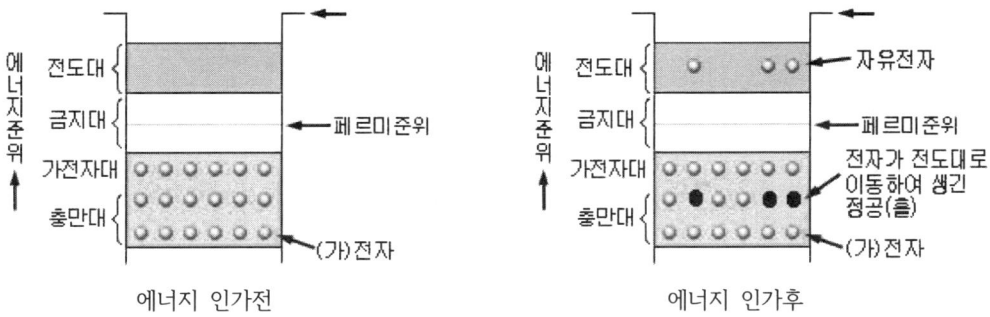

에너지 인가전   에너지 인가후

그림 1-55 페르미레벨(Fermi Level)

(2) 페르미 디락 분포함수

고체내부의 전자는 온도가 높아지면 열에너지를 얻어 전자의 운동이 활발해져 어떤 에너지준위를 전자가 점유하여 존재하게 된다. 즉 고체내부에서 어떤 에너지준위(E) 내에 전자가 존재할 확률함수($f(E)$)를 페르미 디락 분포함수(Fermi Dirac Distribution)라 한다.

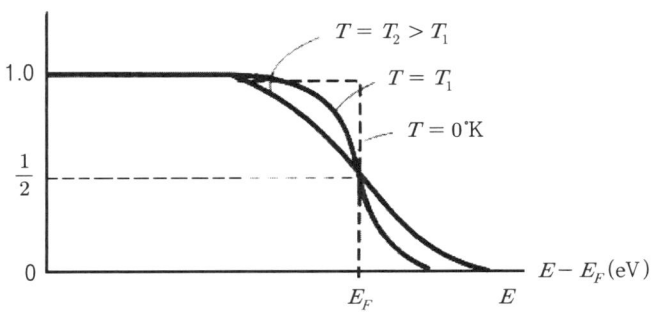

그림 1-56 페르미 디락 분포함수

그림에서 페르미준위는 절대온도 T=0°[K]에서는 E_f까지 허용 할 수 있는 모든 에너지 상태(**Energy-state**)는 전자로 채워져 있고 E_f 위의 모든 상태는 비어 있음을 나타낸다.

반면 T=T₁에서는 페르미준위 이상의 에너지상태에서 전자가 존재할 확률이 존재함을 의미하고 전자가 채워질 확률은 $f(E)$이고 페르미준위(E_f) 아래에 있는 상태가 비어 있을 확률은 $1-f(E)$가 된다.

또한 T=T₁에서는 페르미준위(E_f) 보다 큰 에너지상태에서 전자가 존재할 확률이 커짐을 의미한다.

페르미 디락 분포함수는 모든 온도에 대하여 페르미레벨(E_f)을 중심으로 대칭적이며 페르미 디락 분포함수($f(E)$)는 다음과 같다.

$$f(E) = \frac{1}{1+e^{\frac{E-E_f}{kT}}}$$

where, T 절대온도

① $E = E_f$인 경우

페르미 디락 분포함수($f(E)$)에서 $E = E_f$이면 다음이 된다.

$$f(E) = \frac{1}{1+e^{\frac{0}{kT}}} = \frac{1}{1+1} = \frac{1}{2}$$

when, $T > 0°[K]$

그러므로 페르미준위는 절대온도(0°[K]) 이상에서 절대온도 T에 관계없이 전자의 점유확률이 $\frac{1}{2}$인 에너지준위가 됨을 알 수 있다.

② $E > E_f$인 경우

페르미 디락 분포함수($f(E)$)에서 $E > E_f$이면 다음이 된다.

$$f(E) = \frac{1}{1+e^{+\infty}} = 0$$

when, $T = 0°[K]$

그러므로 페르미준위는 절대온도(0°[K])에서 페르미준위 이상에서 전자가 발견될 확률이 없음을 의미한다.

③ $E < E_f$인 경우

페르미 디락 분포함수($f(E)$)에서 $E < E_f$이면 다음이 된다.

$$f(E) = \frac{1}{1+e^{-\infty}} = 1$$

when, $T = 0°[K]$

그러므로 페르미준위는 절대온도(0°[K])에서 페르미준위 이하에서는 전자로 충만되어 있는 상태가 됨을 의미한다.

5) 광전효과

1905년 알버트 아인슈타인(Albert Einstein)은 광양자(Photon)라는 개념을 도입하여 광전효과를 실험하였다. 광전효과(Photoelectric Effect)란 "금속판에 전자기파(Electro Magnetic Wave)를 입사하면 금속내의 전자는 빛 에너지를 흡수하고 그들 전자 일부는 금속표면에서 진공으로 탈출하는데 충분한 에너지를 받는다."라는 현상을 의미 한다. 아인슈타인은 빛을 플랭크의 "양자가설"에 따른 에너지(h)를 가진 덩어리, 즉 광양자(Photon)라 보고 빛을 금속표면에 입사시키면 금속내의 전자가 광양자와 충돌하여 광양자 한 개의 에너지를 흡수하면서 순간적으로 방출된다고 주장하였다.

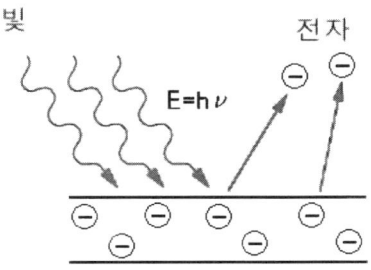

그림 1-57 아인슈타인의 광전효과

이때 광양자가 가진 에너지가 일함수보다 크면 빛의 세기와 무관하게 광전자가 방출된다는 것이다. 아인슈타인은 1921년에 광전효과에 대한 공로로 노벨 물리학상을 수상하였다.

(1) 플랑크의 양자가설

막스 카를 에른스트 루트비히 플랑크(Max Karl Ernst Ludwig Planck)는 양자역학의 성립에 핵심적인 역할을 한 독일의 물리학자로 1899년 새로운 기본 상수인 플랑크 상수(h)를 발견하였으며 일 년 후 플랑크의 복사 법칙이라 불리는 열 복사 법칙을 발견하였다. 이 법칙을 설명하면서 그는 최초로 "양자(Quantum)"의 개념을 주창하였고, 이는 양자역학의 기초가 되었다.

1901년, 플랑크(Planck)는 그의 "양자이론"을 발표하기에 이르렀다. 그는 오실레이터(Oscillator) 혹은 그것과 비슷한 장치에서 만들어낸 몇몇 에너지 값 혹은 에너지 준위 값들을 얻었는데, 이는 그 당시 이론으로는 절대로 얻을 수 없는 값이었다.

즉 플랑크의 양자이론이란 "빛이 진동수 ν 로 방출 또는 흡수될 때 $h\nu$, $2h\nu$와 같이 $h\nu$의 정수배인 불연속적인 양으로 방출되거나 흡수하며 그 하나하나를 양자라고 한다."는 이론이다.

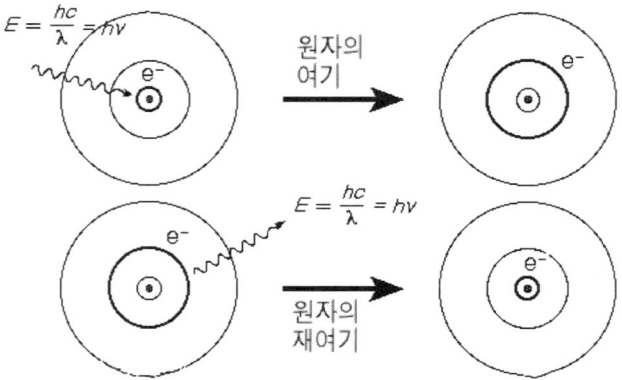

그림 1-58 양자의 흡수 및 방출(Plank 양자설) 개념도

특정 진동수 ν인 빛에 관계된 양자는 모두 같은 에너지를 가지며, 그 에너지 E는 ν에 비례한다. 여기서 비례상수 h는 플랑크 상수이고 그 값은 $h = 6.626 \times 10^{-34}$ [J·s]이다.

$$\text{빛 에너지 } E = h\nu = \frac{hc}{\lambda} \text{ [J]}$$

Planck 상수는 빛의 에너지와 진동수와의 관계 이상으로 중요성을 가지고 있는 것으로 알려져 있다. 그리고 양자론의 초석이 되었다. 1918년에 Planck는 그의 양자 이론으로 노벨상을 받았다.

(2) 아인슈타인의 광전효과

플랑크의 양자설, 즉 "빛의 에너지는 연속적인 에너지의 분포로 되어 있다."는 가설을 증명한 사람이 아인슈타인이며 이것이 "광전효과" 실험이다. 즉 "빛은 연속적인 파동의 흐름이 아니라 광량자라는 불연속적인 에너지 입자의 흐름으로 광양자(Photon) 에너지는 플랑크 상수와 그 빛의 진동수 곱으로 표시된다."라는 이론이다. 진공 속에서의 광속을 c, 광양자의 에너지와 운동량을 E, p, 진동수와 파장을 ν, λ, 플랑크상수를 h라고 하면 광양자는 다음이 된다.

$$\text{광양자(빛) 에너지 } E = h\nu = \frac{hc}{\lambda} \text{ [J]} = pc$$

$$\text{광양자(빛) 에너지의 운동량 } p = \frac{h}{\lambda} = \frac{h\nu}{c}$$

아인슈타인은 이 광양자설을 도입하여 광전효과를 해석 하였으며 Planck의 이론을 응용하여 광전자 효과를 다음과 같이 유명한 공식을 사용해 양자론에 입각하여 설명하였다. 그는 이 공식으로 1921년 노벨상을 받았다.

$$E = h\nu = KE_{max} - q\Phi$$

여기서 KE_{max}는 방출되는 광전자의 최대 운동에너지(p), 즉 $KE_{max} = p$이고 $q\Phi$는 물체로부터 전자를 튀어 나오게 하기 위한 최소의 에너지(일함수) 이고, E는 광자로 알려진 빛에너지이다.

이때, 방출되는 광양자의 최대 운동에너지는 다음과 같다.

$$KE_{max} = h\nu - q\Phi$$

이는 전자들이 빛으로부터 에너지, $h\nu$를 받고 금속표면으로부터 이탈시 $q\Phi$의 에너지를 상실함을 나타낸다.

6) 홀 효과

홀 효과(Hall Effect)는 1897년 홀(Hall)이 미국의 존스 홉킨스 대학에서 Henry A. Rowland 밑에서 대학원 생으로 공부를 할 때 발견하였다.

즉, 전류(Current)가 흐르는 도선이 자석에 의해 힘을 받는 것을 알고서 도선 전체가 힘을 받는 것인지 아니면 도선 내의 전자(Electron(즉 Current))만이 힘을 받는 것인지를 고민하였으며 '만약 고정된 도선 내의 전류(Current) 자신이 자석에 끌린다면, 전류는 도선의 한쪽으로 흘러나와야 하지만 도선의 전기저항이 증가할 것'이란 가정에 따라 실험을 행하였다. 그러나 실험이 실패하여 '만약 자석이 전류를 당기더라도 도선 바깥으로 유도할 수 없는 정도라면 도선 내에 한 쪽 벽으로 전기적인 응력이 생겨날 것이고 이 응력은 전압(전위차)으로 나타날 것'이라고 가정하여 이 전위차를 측정하는데 성공하였다. 이것이 홀 전압(Hall Voltage)이고 이로써 홀 효과(Hall Effect)가 발견되게 되었다.

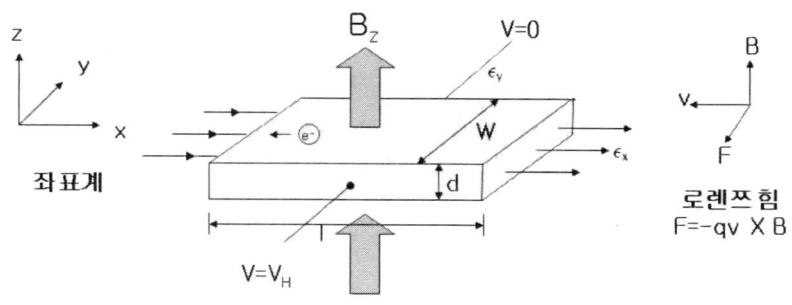

그림 1-59 홀 효과 개념도

홀 효과란 '전류가 흐르고 있는 반도체에 전류와 직각방향으로 자장(B [Wb/m²]을 가하면 자장에 직각방향으로 로렌쯔(Lorentz)의 힘에 의하여 기전력(F)이 발생 한다.'는 것이다. 즉 x축 방향으로 전류 I [A]를 가하면, 직각방향인 y축으로 기전력 V [V/m]가 발생되며, 반도체가 n형이면 -y축 방향으로 발생되게 된다.

전계(ϵ) 및 자계(B)에 의한 단일 홀에 대한 전체적인 힘은 다음과 같다.

$$F = q(\epsilon + VB)$$

즉 x방향으로 전류를 가하여 y 방향으로 기전력이 생성되면 y방향으로의 기전력 V_y가 전하에 작용하는 힘은 다음이 된다.

$$F_y = q(\epsilon_y - V_x B_z)$$

여기서 y 방향으로의 전기장 V_y가 가해지는 경우 (-)방향으로 실질적인 힘(가속도)을 받게 됨을 의미한다.

그러나 정상적인 홀의 흐름이 유지되려면 전기장 V_y가 곱 VB와 균형을 이루어야 하므로 다음이 된다.

$$\epsilon_y = V_x B_z$$

즉 실질적인 힘 F_y는 0(Zero)가 된다. 이는 자계가 홀의 분포를 -y 방향으로 편이 시키면 이때 전계가 생성되고, 이 전계 ϵ_y가 $V_x B_z$만큼 크게되면 이 홀은 봉을 따라 표동(Drift)할 때 아무 실질적인 횡방향의 힘을 받지 않는다는 것을 의미한다. 이 전계 ϵ_y의 형성이 바로 "홀 효과"가 된다.

이는 전류(Current)가 흐르는 도선이 자석에 의해 힘을 받아 전류는 도선의 한쪽으로 흘러나와야 하지만 도선의 전기저항에 의해 전류가 흘러나오지 않는 것은 도선 내에 한쪽 벽으로 전기적인 응력이 생겨나 결국 전압(전위차)으로 나타나며 이것이 바로 홀 전압(Hall Voltage)이고 이러한 현상이 바로 홀 효과(Hall Effect)가 됨을 의미한다.

이런 홀 효과의 발견으로 전하 캐리어(Charge Carrier)가 어떤 부호의 전하(Charge)

인지 그리고 얼마나 빨리 이동할 수 있는지를 알아낼 수 있게 되었으며 또한 자계(Magnetic Field)의 크기와 방향을 알아내는데도 유용하게 쓰이게 되었다.

6. PN 접합

일반적으로 pn접합은 p형 반도체와 n형 반도체를 형성하고 p형과 n형을 접촉하여 금속학적 경계를 형성한 것을 의미 한다. p형 반도체와 n형 반도체의 접합부는 정류특성을 나타내며 pn접합의 특성을 이용하여 정류, 검파, 증폭, 스위칭 작용 등을 이용하며 여러 가지 회로에 이용하게 된다. p형과 n형 반도체를 이용하여 2개의 접합을 형성하면 접합다이오드(Junction Diode)가 되고 3개의 접합을 형성하게 되면 트랜지스터(Transistor)가 된다. 여기에서는 이러한 pn접합에 따른 특성에 대하여 알아보고자 한다.

6.1 PN 접합의 기본특성

pn 접합(Junction)은 반도체 단결정에 p형과 n형으로 도핑(Doping)하여 만든 두 종류의 단결정을 접합하여 만든 것이다. 접합의 특성은 p형에서 n형으로의 변화가 단결정 내에서 어떻게 일어나는가에 의해 분류된다.

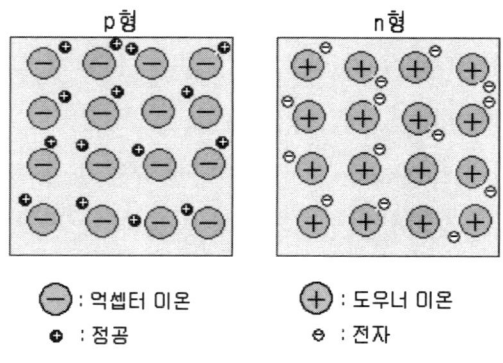

그림 1-60 p형 및 n형 반도체 개념도

p형 반도체는 실리콘 결정에 3족의 불순물(억셉터 : Acceptor)을 첨가하여 만들어지므로 정공이 많이 생겨나게 되며, n형 반도체는 실리콘 결정에 5족의 불순물(도우너 : Donor)을 첨가하여 만들어지므로 전자가 많이 생겨나게 된다.

p 반도체와 n형 반도체가 접합되면 n형 영역 접합 부근의 일부 전자는 p형 영역으로 확산하여 p형 접합 부근의 정공과 결합하게 된다. 전자가 접합면을 넘어 정공과 결합하게 되면 n형의 도우너 원자는 접합 부근에서 (+)전하로 대전되어 양이온이 된다. 또한 전자가 p형 영역의 정공과 결합할 때 억셉터 원자는 (-)전하로 대전되어 음이온이 된다. 이러한 재결합 과정의 결과로써 접합면 부근에는 전자나 정공 같은 캐리어가 존재하지 않으며 이를 공핍층(Depletion Layer) 또는 공간전하영역(Space Charge Layer)이라 한다.

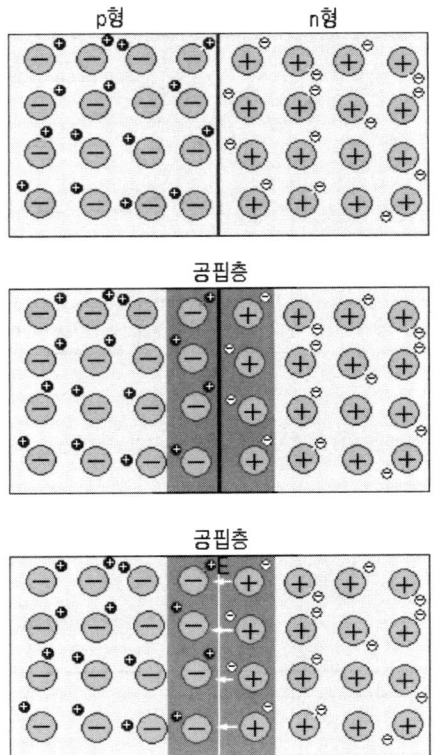

그림 1-61 pn 접합과 공핍층의 형성 개념도

pn 접합 초기에는 공핍층이 어느정도까지 확대되는데 어느 순간이 되면 공핍층 내에 있는 이온으로 인해 발생한 전계(Electric Field)로 인하여 더 이상 전자가 pn 접합면을 넘을 수 없게되어 더 이상 공핍층이 확대되지 않게 된다. 이를 평형상태라 한다.

1) 공간전하영역(공핍층)

pn 접합(Junction)은 반도체 단결정에 p형과 n형으로 도핑(Doping)하여 만든 pn 접합(Junction)이 형성되면 접합면 양쪽에 있는 캐리어의 종류와 밀도가 서로 달라 p형의 다수 캐리어인 정공(Hole)은 접합면을 지나 오른쪽으로 확산되고 n형의 다수 캐리어인 전자(Electron)는 접합면을 지나 왼쪽으로 확산된다.

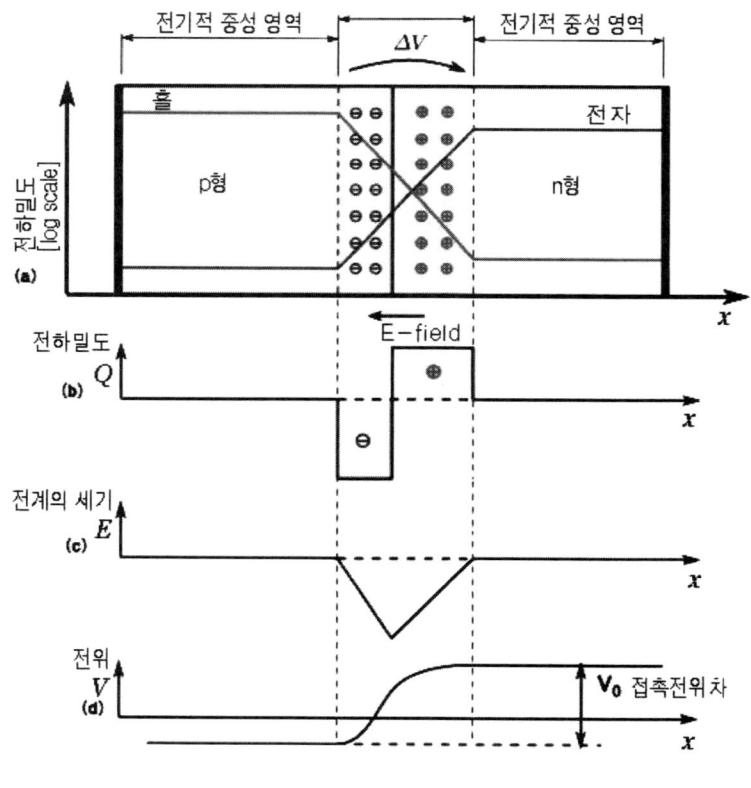

그림 1-62 pn접합의 기본특성

처음에는 억셉터(Accepter)이온과 정공들이 접합면을 통과해온 전자들과 결합하여 접합면 부근의 정공은 소멸되고 같은 방법으로 n형 접합면에서는 전자가 소멸(그림 (a))된다. 이때 접합면 부근에서 중화되지 않은 이온들의 분포(call "전하")가 그림의 (b)이다.

2) 전계의 세기

pn 접합(Junction)의 공간전하영역에 있는 접합면의 공간전하밀도 ρ는 0(Zero)이다. 접합면 왼쪽에는 음(-)전하가 오른쪽에는 양(+)전하가 분포(call "전기 이중층")하고 있으며 접합면의 오른쪽에서 왼쪽으로 향하는 전기력선이 발생하므로 전계 E는 음(-)의 값을 나타낸다. 이같이 발생하는 전계 E가 캐리어의 확산을 방지할 만큼 강하여졌을 때 평형상태에 도달하게 된다. 그러므로 정상상태에서 정공의 드리프트전류와 정공의 확산전류의 크기가 같고 방향이 반대이어야 전테적인 정공에 의한 전류는 0(Zero) 이어야 한다. 즉 정상상태에서는 접합면을 통과하는 전하의 이동은 있을 수 없다.

전계 E는 전하밀도 ρ를 나타내는 곡선을 적분한 값에 비례하며 다음의 포이션의 방정식(Poisson's Equation)으로 나타낸다.

$$\frac{d^2 V}{dx^2} = -\frac{\rho(x)}{\epsilon}$$

where, ϵ는 유전율(Permitivity), ϵ_0 : 진공상태의 유전율, ϵ_r : 비유전율

여기서 유전율 $\epsilon = \epsilon_0 \epsilon_r$ 이고, $\epsilon = -\frac{dV}{dx}$ 이므로 다음이 된다.

$$\epsilon = \int_{x_0}^{x} \frac{\rho(x)}{\epsilon} dx$$

전계 E는 전하밀도 ρ(그림 (b))를 적분하여 유전율 ϵ로 나눈값을 그림으로 나타내면 그림 (c)가 된다.

3) 전위(Potential)

pn 접합에서 p형 반도체의 정공밀도가 n형 반도체의 정공밀도보다 훨씬 크므로 큰 정공의 확산전류가 p형 접합면을 넘어 n형으로 흐르게 된다. 반면 확산전류와 반대방향으로 크기가 같은 전류, 즉 드리프트전류가 n형에서 p형으로 흐르도록 공간전하영역 양쪽에 전위차가 형성되어야 한다. 그러므로 pn 접합의 공간전하영역의 접촉전위차 V_0가 생성되게 된다.

$$전위장벽의\ 전위에너지 = 전위 \times 전하$$

그림에서 전위는 공간전하영역의 전위분포를 나타내며 곡선의 변화모양은 p형 반도체의 정공이 접합면을 지날 때 부딪히는 전위에너지장벽(Potential-energy Barrier)을 나타내며 n형 반도체의 경우는 그림 (d)의 곡선에 (-)를 붙인 것에 비례하므로 방향이 반대가 된다.

$$접촉전위차\ \ V_0 = v_n - v_p$$

where, v_n : n형의 전위, v_p : p형의 전위

여기서, 접합부 양쪽의 불순물 첨가농도에 대한 표동성분과 확산성분을 고려하여 아인슈타인(Einstein) 관계식을 정리하고 접합부 양쪽의 홀 농도에 대한 항, p형의 N_a [억셉터/Cm³] n형의 N_d [도우너/Cm³]를 고려하여 정리하면 다음과 같다.

$$V_0 = \frac{kT}{q} \ln \frac{N_a}{\frac{n_i^2}{N_d}} = \frac{kT}{q} \ln \frac{N_a N_d}{n_i^2}$$

즉 접촉전위차는 수식과 같이 접합부 양쪽의 불순물 첨가농도에 대한 평형상태 유지를 위해 도우너와 억셉터 밀도에 의존성이 있음을 알 수 있다.

6.2 다이오드(Diode)

에너지원을 인가하지 않은 열적평형상태에 있는 pn 접합(Junction)은 한 영역은 억셉터(acceptor) 원자가 도핑 된 p형이고 다른 영역은 도너(donor) 원자가 도핑 된 n형 반도체가 접합된 상태를 유지하고 있으며 전압인가에 따라 그 특성이 나타나게 된다.

1) 순방향접속

pn 접합을 하면 불순물 반도체를 만들 때 도핑하는 불순물의 농도에 캐리어의 확산에 의한 결합이 발생하게 된다. 즉 결합 초기에는 전위장벽에 의해 다수캐리어의 확산운동과 소수캐리어의 드리프트운동이 서로 균형을 유지하면서 공간전하영역(공핍층)이 발생하게 된다.

순방향 바이어스(Forward Bias)는 pn 접합에 순방향 바이어스 p형에 정(+)전압을 인가하고, n형에 부(-)전압을 인가하는 것을 의미한다. 그러면 그림과 같이 공핍층 내의 확산전류가 드리프트전류보다 크게 되어 pn 접합 사이에는 다수캐리어의 확산운동에 의한 확산전류가 흐르게 된다.

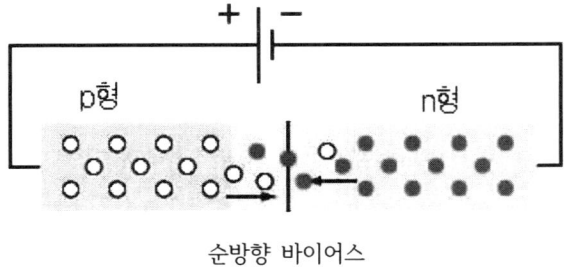

순방향 바이어스

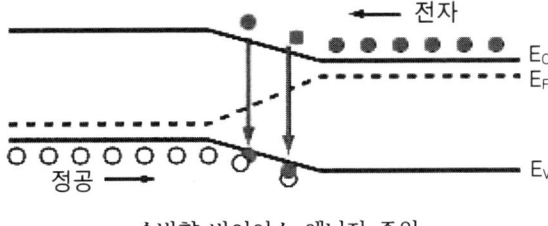

순방향 바이어스 에너지 준위

그림 1-63 pn 접합의 순방향 바이어스 개념도

전극에서 n형, p형 각각의 영역에 주입된 전자와 정공이 일부는 접합영역에서 재결합하고 나머지는 공핍층을 넘어서 재결합할 때, 재결합 에너지를 열이나 빛으로 방출한다. 이 현상을 이용한 것이 발광다이오드나 반도체레이저다. 순방향전류를 흐르게 하기 위해서는 금지대 폭, 즉 에너지 갭(Eg) 만큼의 전압을 외부에서 인가하여야 하며 이를 "순방향전압강하(또는 순방향강하전압)"라고 한다.

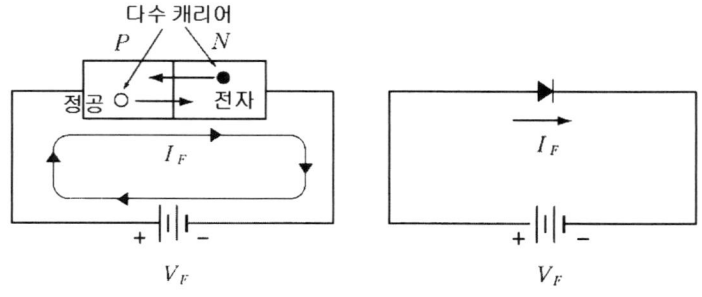

그림 1-64 순방향바이어스 다이오드회로

순방향전압강하는 실리콘다이오드의 경우는 0.6~0.7[V] 정도, 게르마늄의 경우 0.3[V] 정도이며 쇼트키베리어(Schottky Barrier) 다이오드의 경우 0.2[V] 정도이다. 발광다이오드는 발광파장이나 출력에 따라 달라지며 약 1~5[V]정도가 된다. 이러한 순방향 전압강하는 불순물준위, 전극에서의 쇼키장벽에 의한 전위차나 소자 각부에서의 저항손실 등에 의한 전압의 저항성분을 고려하여야 한다. 이러한 순방향전류 특성을 이용하여 전원을 On 시키거나 신호를 인가하는 용도로 전자소자에서 사용되게 된다.

2) 역방향접속

역방향 바이어스(Reverse Bias)는 pn 접합에 순방향 바이어스 p형에 부(-)전압을 인가하고, n형에 정(+)전압을 인가하는 것을 의미한다. 그러면 그림과 같이 n형, p형 영역 각각을 따라, 다수캐리어(전자와 정공)가 소수캐리어(정공과 전자)의 주입에 의해 감소된다. 그러므로 공핍층폭이 커지게 되고 내부 전위가 증가하여 외부에서 인가되는 전압과 조화를 이룬 곳에서 평형을 유지하여 전류의 흐름이 멈추게 된다.

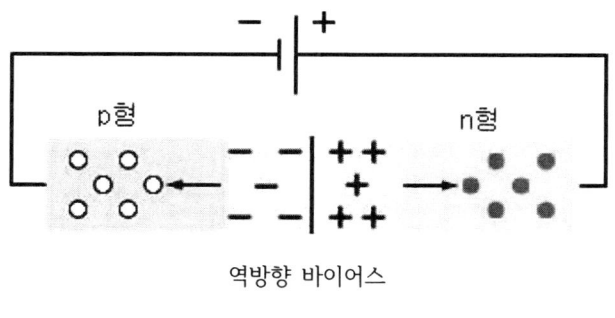

역방향 바이어스

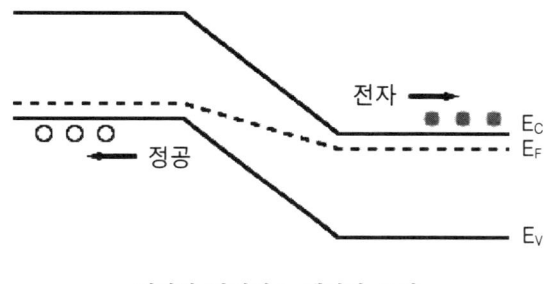

역방향 바이어스 에너지 준위

그림 1-65 pn접합의 역방향 바이어스 개념도

    실제 소자에서는, 역바이어스 상태에서도 드리프트전류에 의해 약간의 차단전류(Cut-off Current) 또는 역방향포화전류(Reverse saturation Current)가 흐르게 되며 여기에 역방향바이어스를 증가시키면, 눈사태항복을 일으켜 급격하게 전류가 흐르게 되며 이 때의 전압을(역방향) "항복전압(Breakdown Voltage)"이라고 한다. 이때 차단전류는 역방향바이어스 전압이 0.1[V]를 초과하지 않으면 특별한 문제가 없으며 일반적으로 Si의 경우 수[nA], Ge의 경우 수[μA] 정도이다.

    실제 역방향바이어스 상태에서는 전압이 0.2[V] 이상이 되면 확산운동은 거의 일어나지 못하는 차단상태가 되므로 pn 접합에 흐르는 전류는 소수 캐리어에 의한 드리프트전류, 즉 누설전류만 흐르게 되며 이러한 역방향전류 특성을 이용하여 전원을 Off 시키거나 신호를 차단하는 용도로 전자소자에서 사용되게 된다. 일반적으로 역포화전류는 약 $10^{-9} \sim 10^{-15}$[A] 정도이다.

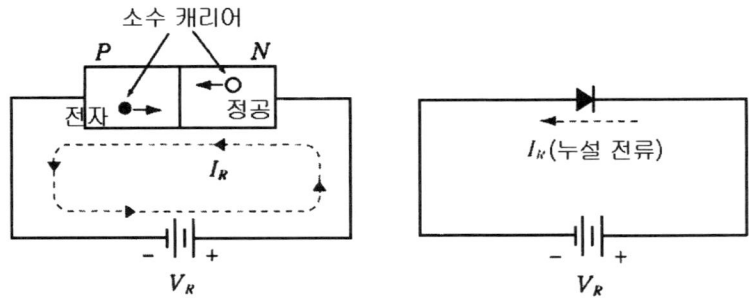

그림 1-66 역방향바이어스 다이오드회로

3) 다이오드의 전압, 전류 특성

pn 접합에서는 순방향 및 역방향 바이어스를 가하면 접합면을 통해 일정 전류가 흐르게 된다. 이러한 바이어스전압과 전류와의 관계를 일반적으로 전류, 전압특성, 즉 I-V 특성곡선이라 한다. 여기에서는 이러한 바이어스에 따른 전류특성에 대하여 알아보고자 한다.

(1) 이상적인 다이오드 특성

pn 접합에 인가하는 바이어스전압과 접합부를 통과하는 전류 I와의 관계식은 일반적으로 다음과 같이 나타낸다.

$$I = I_0 (e^{\frac{qV}{KT}} - 1) A$$

where, I_0 : 역포화전류, q : 전자의 전하량(1.602×10^{-19} [C]), V : 인가전압
K : 볼쯔만상수(1.38×10^{-23} [J/°K]), T : 절대온도(300°[K])

즉 전체전류는 역방향바이어스시의 역포화전류와 순방향바이어스시 전압 V=V$_f$이 접합을 넘어 캐리어가 확산할 수 있는 확률계수, $e^{\frac{qV}{kT}}$ 의 곱으로 나타낸다. 이는 인가되는 전압 V는 V=V$_f$ 또는 V=-V$_f$ 로서 정(+), 또는 부(-)가 되며 전압이 정(+)전압, 즉 V=V$_f$ 이고 수배의 $\frac{qV}{kT}$ 값이 될 때 지수항은 1보다 크게되고 순방향바이어스와 더불어 전류

가 지수함수적으로 증가하게 됨을 의미한다.

순방향바이어스시 확산전류는 평형상태에서의 값에 전압(V=V_f)이 접합을 넘어 캐리어가 확산할수 있는 확률계수, $e^{\frac{qV}{kT}}$ 의 곱으로 나타낸다. 반면 역방향바이어스시의 확산전류는 V=-V_f로 하여 평형상태의 값을 계수만큼 감소시키게 된다.

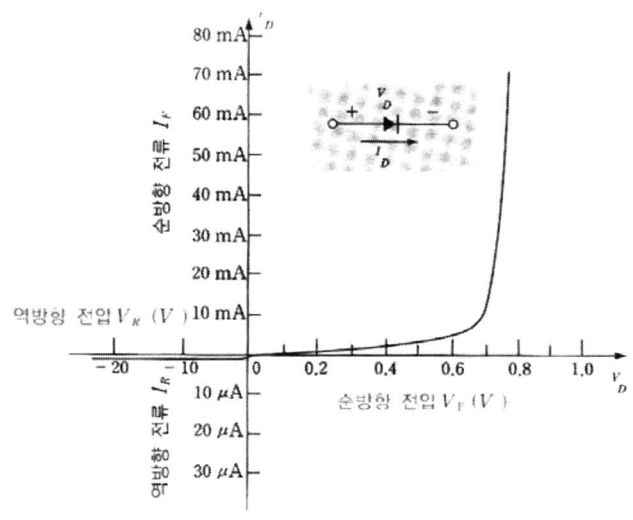

그림 1-67 다이오드(Si)의 I-V 특성곡선

(2) 역방향 포화전류

역방향포화전류(Reverse Saturation Current)는 역방향 바이어스 상태에서 흐르는 드리프트전류를 의미한다. 즉, 역방향바이어스 전압을 항복전압(V_B)에 도달할 때까지 증가시키면 역전압 충분히 커서 전류가 포화되었을 때의 전류로 차단전류(Cut-off Current)라고도 한다.

> **※ 항복전압(Breakdown Voltage)이란?**
> 역방향바이어스 전압 인가시 일정 값에 이르면 갑자기 역방향전류(I_0)가 흐르게 되는 전압을 의미하며 절연파괴전압이라고도 한다.

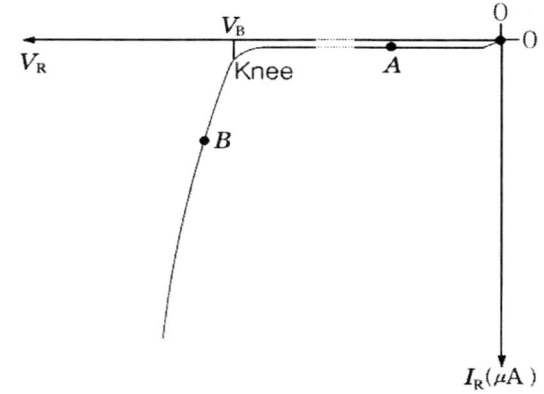

그림 1-68 다이오드(Si)의 역방향 포화전류 전압 곡선

역방향포화전류는 [μA] 단위로 순방향전류, [mA]에 비하여 매우 작으며 Si의 경우는 [nA] 단위이고 Ge의 경우는 [μA] 단위이며 다이오드의 응용에서는 0(Zero)으로 되는 것이 이상적이다.

6.3 트랜지스터(Transistor)

트랜지스터는 3개의 단자, 즉 접합면 3개를 가진 쌍극성(Bipolar) 트랜지스터를 의미한다. 트랜지스터는 증폭 작용과 스위칭 역할을 하는 반도체소자로 1948년 미국의 벨 연구소에서 월터 브래튼(Walter Brattain)과 존 바딘(John Barden)에 의해 게르마늄 단결정의 정유특성 연구중에 힌트를 얻어 발명하였다. 이는 점접촉형트랜지스터(Point Contact Transistor)로 1949년 윌리암 쇼크리(William Bradford Shockley)에 의한 합금접합형 트랜지스터가 제안된 이후 양산 가능한 구조의 트랜지스터로 개발되었으며 1956년 pn 접합의 전자론적 연구 등 전자 연구에 이바지한 공로로, 노벨 물리학상을 수상한바 있다.

1) 접합트랜지스터

접합트랜지스터(Junction Transistor)란 n형 반도체층에 두 개의 p형 반도체를 배열하거나 반대로 p형에 두 개의 n형 반도체를 배열한 형태를 의미한다. 접합의 형태에 따라 npn형과 pnp형으로 나뉘어지며 일반적으로 가운데 끼운 반도체층의 두께는 얇게 만들어 극성에 가하는 바이어스전압에 의해 동작이 잘 이루어지게 한다.

트랜지스터는 크게 접합형 트랜지스터(Bipolar Junction Transistors, BJTs)와 전계효과 트랜지스터(Field Effect Transistors, FETs)로 구분된다. 트랜지스터는 보통 입력단, 공통단 그리고 출력단으로 구성되어 있다. 입력단과 공통단 사이에 전압(FET) 또는 전류(BJT)를 인가하면 공통단과 출력단 사이의 전기전도도가 증가하게 되고 이를 통해 그들 사이의 전류흐름을 제어하게 된다.

(1) 트랜지스터 구조

트랜지스터(Transistor)는 2개의 pn 접합으로 구성된 전자소자이다. 반도체의 층의 배열에 따라 pnp와 npn으로 구분되며 각 단자는 에미터(Emitter), 베이스(Base), 콜렉터(Collector)로 구성되며 트랜지스터의 동작은 정공(+), 전자(-)의 극성에 의해 동작되므로 양극성 접합트랜지스터(BJT, Bipolar Junction Transistor)라고도 한다. 트랜지스터는 증폭, 스위칭, 발진, 검파 등의 목적으로 주로 사용된다.

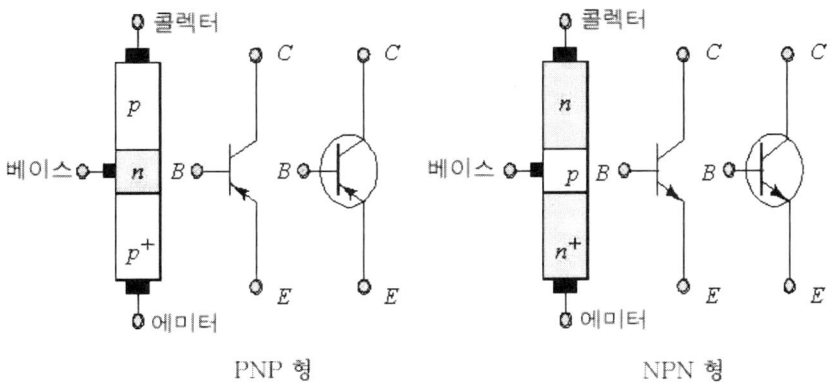

그림 1-69 트랜지스터의 기호

접합형트랜지스터는 전압바이어스에 의하여 전류를 제어하기 위하여 다음과 같은 구조로 제작되며 일반적으로 베이스폭은 약 0.3~25 [μm] 정도로 제작된다.

◇ 두께비율 = 바깥쪽 : 안쪽 = 150 : 1
◇ 도핑(확산)농도 비율 = 바깥쪽 : 안쪽 = 10 : 1

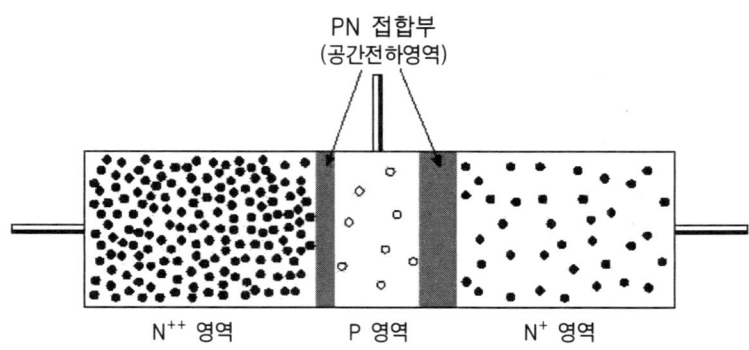

그림 1-70 트랜지스터(NPN)의 구조

(2) 트랜지스터 동작

트랜지스터의 동작은 npn과 pnp형에 따라 설명이 다르다. 여기에서는 npn 트랜지스터에 대하여 설명하고자 한다. 트랜지스터가 순방향으로 동작하기 위하여 먼저 에미터(n형)에 (-), 콜렉터(n형)에 (+)을 가하게 된다. 에미터 영역의 다수캐리어인 전자는 일부가 확산해 들어가면서 베이스 영역의 정공과 재결합하여 소멸되나 대부분은 재결합으로 소멸되지 않고 베이스 영역을 건너 콜렉터 접합면에 이르게 되며 콜렉터의 접합면에 이르게 되면 콜렉터에 가해지는 전공에 의하여 끌려가게 되어 전류가 형성되게 된다.

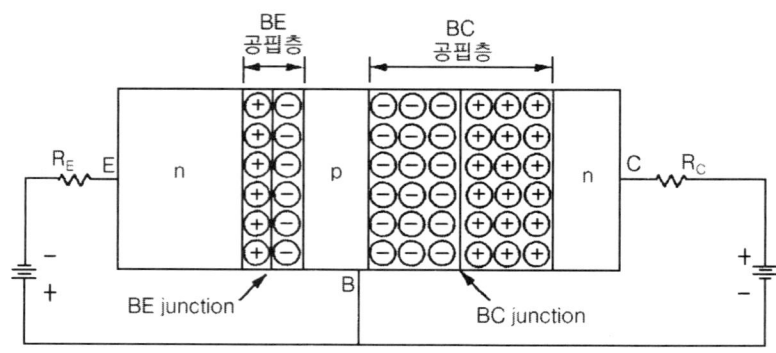

그림 1-71 트랜지스터(NPN)의 바이어스

즉 트랜지스터를 활성화시켜 동작시키기 위해서는 베이스-에미터간의 전위장벽은 제거되어야 하며, 베이스-콜렉터간의 전위장벽은 유지 또는 오히려 강화시켜야 한다.

◇ 베이스-에미터간 pn 접합 : 순방향 동작
　→ V_{EB}에 의해 결핍층 폭을 감소
◇ 베이스-콜렉터간 pn 접합 : 역방향 동작
　→ V_{CB}에 의해 결핍층 폭 넓어짐
◇ 에미터 전자 이동에 의해 콜렉터로 전류의 흐름 발생

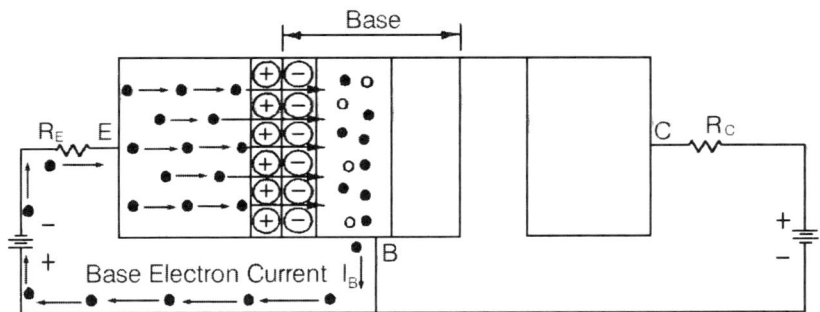

에미터에서 베이스로 전자의 흐름발생

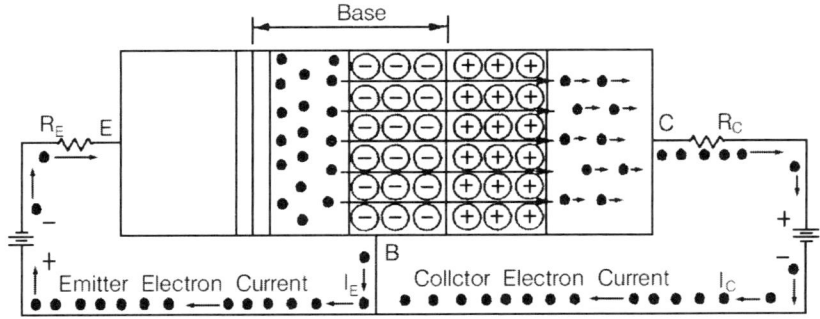

베이스에서 콜렉터로 전자의 흐름발생

그림 1- 72 트랜지스터의 동작 개념도

2) 트랜지스터의 전류

접합트랜지스터(Junction Transistor)는 전압바이어스에 의하여 전류를 제어하는 능동소자로 인가되는 바이어스전압에 따라 발생되는 전자 및 정공의 이동에 의해 형성되는 전류성분에 대하여 알아보도록 한다.

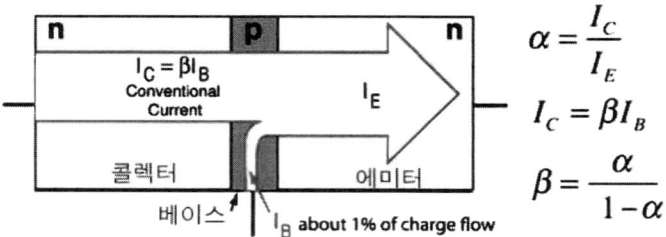

그림 1-73 트랜지스터의 전류형성 개념도

접합트랜지스터에는 3개의 단자가 있으며 각각에 흐르는 전류를 에미터전류 I_E, 베이스전류 I_B, 콜렉터전류 I_C가 있다. 일반적으로 에미터는 전류원이 되므로 전류가 가장 크고 거의 모든 에미터전류들이 콜렉터로 흐르기 때문에 콜렉터전류는 거의 에미터전류와 같다. 반면 베이스전류는 두 전류에 비하면 매우 작으며 저전력 트랜지스터인 경우 콜렉터 전류의 약 1% 미만이다.

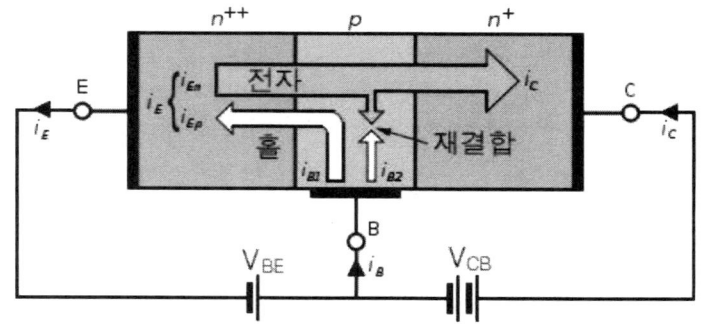

그림 1-74 트랜지스터의 전류형성 개념도

트랜지스터에 대해 키르호프의 전류법칙, 즉 "한점이나 한 집합으로 흘러들어오는 모든전류의 합은 그 점이나 접합을 흘러나가는 모든 전류의 합과 같다"는 법칙을 적용하면 다음과 같은 관계식이 성립한다.

$$I_E = I_C + I_B$$

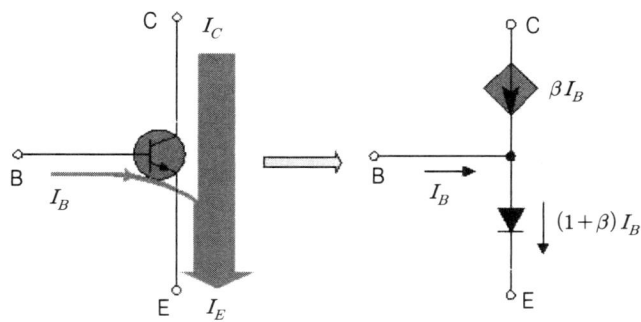

그림 1-75 트랜지스터의 전류

즉 에미터전류는 베이스전류와 콜렉터전류의 합과 같다. 그런데 에미터에 주입된 전자는 베이스의 다수 캐리어인 정공으로 인해 콜렉터까지 모두가 확산해 가기는 어렵다. 즉 에미터에 주입된 전자가 콜렉터로 확산해가는 것을 "트랜지스터의 전류전송율(Current Transfer Ratio)" 이라 한다.

$$전류전송율 \ \beta = \frac{I_C}{I_B}$$

$$\therefore \ I_C = \beta I_B$$

일반적으로 저전력 트랜지스터의 경우 약 100~300 정도이고 대전력의 경우 20~100 정도이며 이는 에미터에 주입된 전자가 약 95% 콜렉터로 확산되고 베이스에서 5% 미만이 소모되는 양이다. 트랜지스터 제작시 베이스 영역의 폭을 최소로 하는 것은 바로 베이스전류의 전송효율을 높여 전류이득값을 1에 가까이 하기 위한 것이 된다.

트랜지스터의 전기적 특성을 결정하는 또 다른 요소로는 에미터전류의 변화량에 대한 콜렉터전류의 변화비로 나타내는 전류이득(Current Gain)이 있다. 전류이득값은 1에 가까운 것이 이상적이다. 실제 트랜지스터의 경우 약 0.98~0.997 정도이며 전류이득값을 크게 하기 위하여는 에미터에 불순물 농도를 크게 도핑하여 베이스에서 소멸되는 정도를 작게 하여야 함을 알 수 있다.

$$전류이득\ \alpha = \frac{\Delta I_C}{\Delta I_E}\bigg|_{V_{CE} = 일정}$$

여기서 전류전송율과 전류이득과의 상관관계는 다음과 같이 나타낸다.

$$\beta = \frac{\alpha}{1-\alpha}$$

3) 트랜지스터의 전류, 전압 특성

트랜지스터에서 콜렉터 출력을 위해 가변바이어스전압(V_{BB}, V_{CC})을 가지는 회로로 콜렉터출력전압 $V_{CE}(V)$는 V_{CC}와 전류이득 β에 의존하는 특성이 있다. 일반적으로 Tr.은 차단점과 포화점 사이에서 동작할 때 신호를 증폭하며 포화점에 들어가면 단락 스위치처럼 동작하여 출력전압은 감소되어 나타나고 차단점에 들어가면 전류를 차단하는 특성을 나타내게 된다.

(1) 입력특성

다양한 출력전압(V_{CE})에 대한 입력전류(I_B)대 입력전압(V_{BE})으로 나타내며 일정 입력전압(V_{BE}) 이상에서는 입력전류(I_B)가 갑자기 증가되어 출력전류(I_C)가 나타나게 된다.

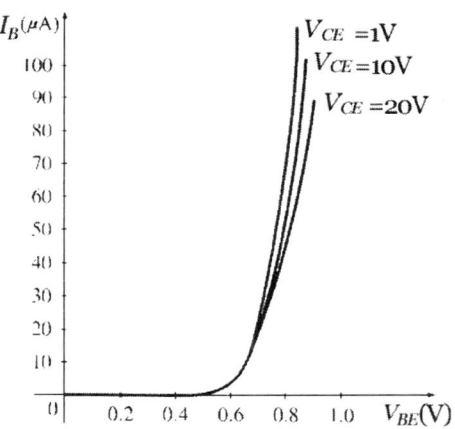

그림 1-76 트랜지스터(CE)의 입력특성

(2) 출력특성

입력전류(I_B)에 대한 출력전류(I_C)대 출력전압(V_{CE})으로 출력특성을 나타내며 이는 차단특성, 포화특성, 활성영역 특성으로 특성을 나타낸다.

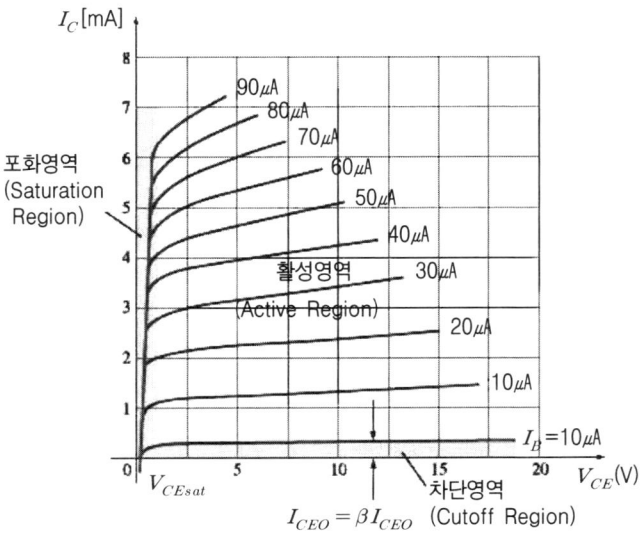

그림 1-77 트랜지스터(CE)의 출력특성

① 차단(Cut-off)특성

차단특성은 선형증폭을 목적으로 최소의 왜곡이 필요할 때 사용하는 영역으로 I_B가 0일때 I_C가 0이 아님을 주의하여야 하며 차단상태의 조건은 다음이 된다.

$$\text{차단상태조건 } I_C = I_{CEO}$$

이때 I_{CEO}의 개념을 나타내었다.

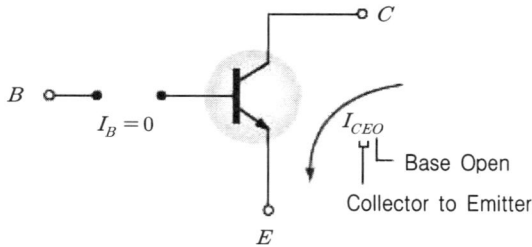

그림 1-78 트랜지스터(CE)의 차단특성

② 포화특성(Saturation)

포화특성은 콜렉터-에미터간 전압이 매우 작아 V_{CEsat}에서의 수직선 왼쪽 영역을 나타내며 콜렉터전류가 가장 큰 특성을 나타낸다.

③ 활성영역(Activation) 특성

선형성이 강하게 나타나는 영역으로 I_B의 곡선이 거의 직선이고 등간격으로 위치하며 콜렉터-베이스는 역방향, 베이스-에미터는 순방향 바이어스가 걸린 상태이다. 이 영역은 주로 전압, 전류, 전력 증폭을 위해 사용된다.

7. 반도체 공정

7.1 반도체 기본공정

반도체 디바이스의 제조는 그림 1-79와 같이 제조공정이 세분화되어 있고 소자에 따라 다르지만 수백 스텝의 공정단계를 거치며 수개월이 필요한 긴 공정기간을 갖는 것이 특징이다. 특히 디바이스의 제조에 있어 미세화(디자인 룰)와 거대화(Wafer Size)의 동시 진행을 통하여 생산성을 높여야하는 반면에 제품의 수율(Yield)도 증가시키는 것이 요구되고 있다.

전체적인 반도체 디바이스 제조공정은 반도체공정의 기본이 되는 실리콘(Si)의 단결정을 만든 후 기판위에 산화 및 확산 등의 가공공정과 웨이퍼 위에 회로를 설계하고 이를 전사하는 매스킹공정 등의 프로세스를 진행하는 전공정(FEOL, Front End of the Line)과 웨이퍼공정 완료 후 표면에 배선을 형성하고 조립 및 검사(Inspection), 신뢰성(Reliability)특성 등을 진행하는 후공정(BEOL, Back End of the Line)으로 구성된다.

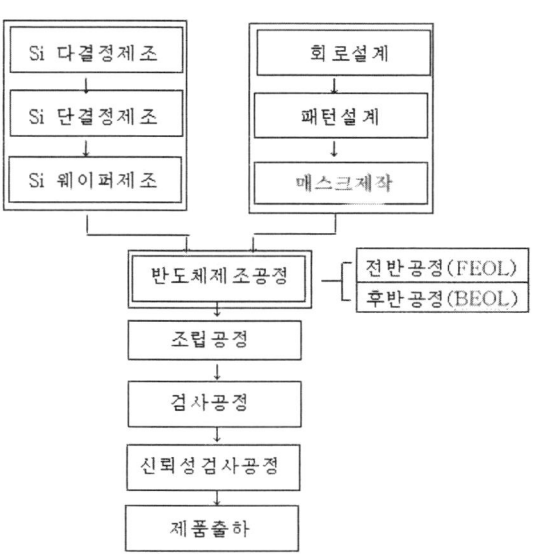

그림 1-79 반도체 디바이스 제조공정 개념도

7.2 반도체 제조공정

전체적인 반도체 디바이스 제조공정은 그림 1-80과 같이 반도체공정의 기본이 되는 단결정 실리콘(Si)위에 세정공정과 산화 및 확산공정, 이온주입과 박막형성공정, 평탄화 공정 등이 포토리소그래피 형성공정과 반복되어 원하는 패턴을 형성하는 전반공정(FEOL)과 콘택홀(Contact Hole) 형성 및 배선패턴을 형성하는 후반공정(BEOL)으로 이루어 진다.

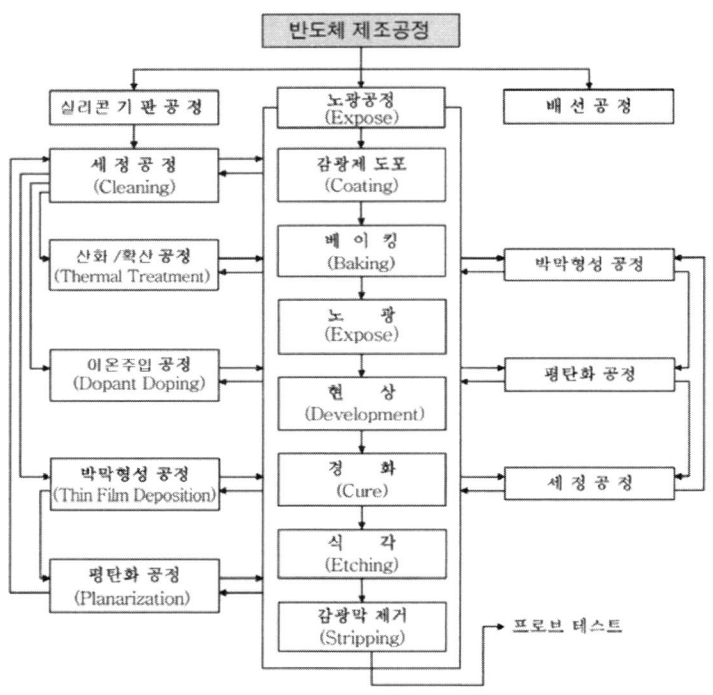

그림 1-80 반도체 제조공정

1) 전반공정

반도체 디바이스 제조공정을 위한 기본프로세스는 Si 단결정(웨이퍼, Wafer) 제조와 전반공정 및 후반공정으로 설명되어진다.

(1) Si 단결정성장

Si 단결정(웨이퍼)은 모래로부터 고순도의 결정을 만들어내는 과정으로 그림 1-81, 1-82와 같이 실리콘 용융액에 종자(Seed) 결정을 접촉시켜 회전하면서 실리콘 봉(Ingot)을 성장시키는 공정이다.

그림 1-81 Si 단결정성장 공정과정도

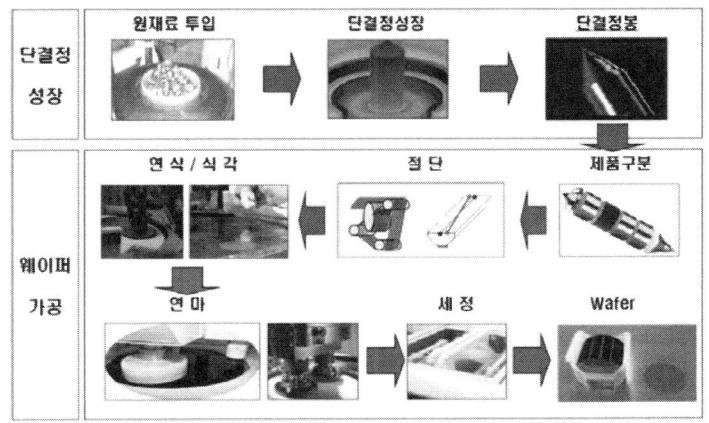

그림 1-82 Si 단결정성장 및 웨이퍼가공 상세도

실리콘봉의 구경은 4", 5", 6", 8", 12", 18" 등의 대구경화로 만들어지며 웨이퍼 한 면을 연마하여 거울처럼 만들어 연마된 표면위에 그림 1-81과 같이 프로세스가 진행되게 되며 실리콘 단결정성장에 대한 세분화된 웨이퍼 가공공정은 그림 1-82와 같다.

(2) 세정(Cleaning)공정

세정공정은 각 공정 사이에서 표면의 정화를 위해 사용하는 공정으로 산화/확산 및 이온주입, 박막형성, 평탄화 공정 등의 전, 후에 이루어진다. 그림 1-83과 같은 세정공정에 의한 제거 대상은 주로 유기물, 산화물, 금속오염, 분자(Particles) 등이다.

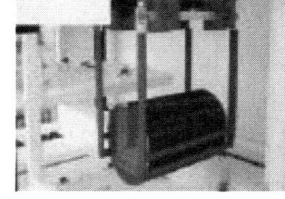

그림 1-83 웨이퍼 세정공정

▶ 세정공정 종류
- 습식세정(Wet Cleaning)
- 건식세정(Dry Cleaning)

(3) 산화(Oxidation) 및 확산(Diffusion)공정

산화 형성공정은 그림 1-84와 같이 반도체 프로세스중 가장 기본적인 공정으로 고온(800~1200[℃])에서 산소(O_2)와 수증기(H_2O)를 웨이퍼에 접촉시켜 화학 반응을 통하여 균일한 실리콘 산화막(SiO_2)을 형성시키는 공정이다.

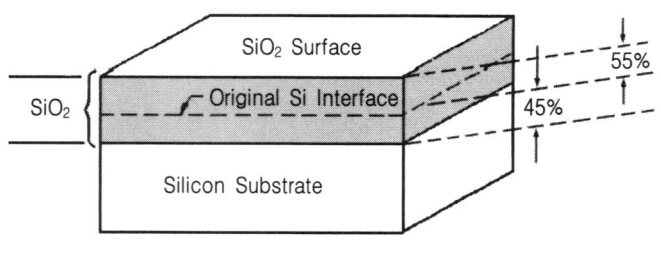

그림 1-84 산화공정

▶ 산화공정
- 로(Furnace) 산화
- 급속열(RTP, Rapid Thermal Process) 산화

• 열처리(Annealing) 산화(공정)

확산공정은 그림 1-85와 같이 입자의 농도차이로 인해 높은 쪽에서 낮은 쪽으로 입자가 퍼지는 현상을 이용한 공정으로 반도체 공정에서는 주로 실리콘 웨이퍼에 도펀트(Dopants) 원자를 주입하는 용도로 사용된다.

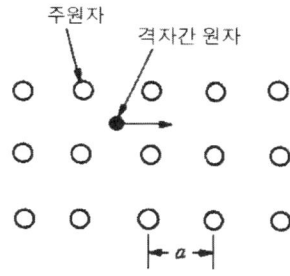

그림 1-85 확산공정(a : 격자상수) 개념도

(4) 이온주입(Ion Implatation)공정

Si 웨이퍼 위에 원하는 불순물(B, As, P 등)을 주입하여 원하는 저항값을 제어하거나 특성을 만들어 주기 위하여 사용되는 공정이다. 일반적으로 실리콘 원자밀도는 5×10^{22} [원자/Cm^3]이며 이때 불순물의 이온주입농도는 1×10^{22} [원자/Cm] 정도이다. 이온주입 공정은 그림 1-86과 같이 웨이퍼에 이온주입이 이루어진다.

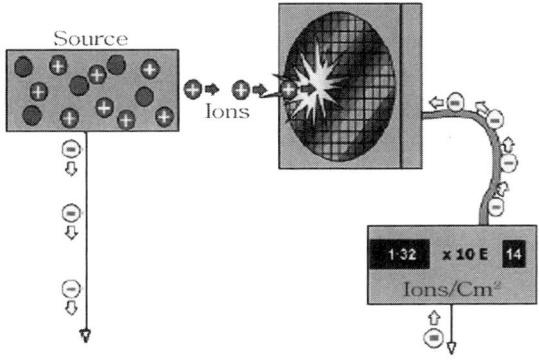

그림 1-86 이온주입공정

▶ 이온주입공정
- 이온주입(Ion Implatation)
- 열 확산(Thermal Diffusion
- 이온도핑(Ion Doping)

2) 후반공정

반도체 제조공정 중에서 박막형성이후의 공정들로 평탄화공정, 리소그래피공정 등으로 이루어지며 그 특성은 다음과 같다.

(1) 박막형성(Thin Film Deposition)공정

웨이퍼표면에 화학반응으로 형성된 입자들을 형성시키는 공정으로 그림 1-87과 같이 주로 절연막(SiO_2), 실리콘막(PSG & BPSG), 금속막(Si_3N_4, Al, TiN, TaN, W, Cu 등)을 형성시키는 공정이다.

그림 1-87 박막(금속전극)형성공정

▶ 박막형성공정
- 화학기상증착(CVD, Chemical Vapor Deposition)
- 저압(Low Pressure) CVD
- 플라즈마(Plasma Enhanced) CVD
- 광(Photo) CVD
- 물리기상증착(PVD, Physical Vapor Deposition)
- SOG(Spin on Glass)

(2) 평탄화(Planarization)공정

디바이스의 고 집적화가 진행되면서 표면의 구조가 복잡하여 다층 배선공정 등에서 단선이나 쇼트의 원인이 되는 것을 방지하기 위하여 그림 1-88과 같이 대두된 대표적인 것이 CMP(Chemical Mechanical Polishing) 방법이다.

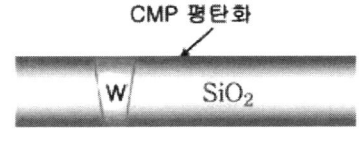

그림 1-88 평탄화 공정

▶ 평탄화공정
- 화학적 기계적 연마(CMP)
- 에치 백(Etch Back)
- 다마신(Damascene)

(3) 리소그래피(Lithography)공정

리소그래피 공정은 그림 1-89와 같이 감광제(PR, Photoresist)를 사용하여 PR 도포, 베이킹(Baking), 노광(Exposure), 현상(Development), 경화(Curing)를 통하여 원하는 패턴을 형성하는 공정이다. 고 집적화가 진행되면서 상당한 기술이 요구되는 공정이다.

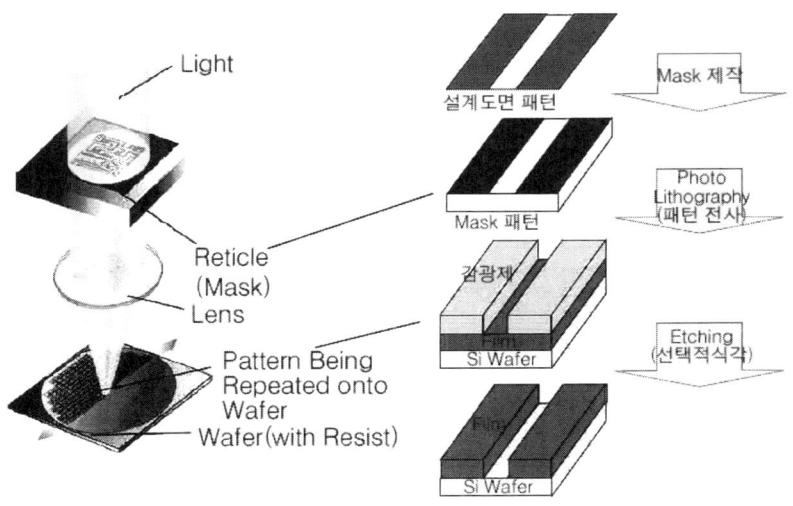

그림 1-89 포토리소그래피 공정

▶ 포토리소그래피공정
  • 광 노광장치 공정
  • 비광학 노광장치 공정

7.3 CMOS 제조공정

반도체 제조공정에서 고 집적화된 제조공정(VLSI, Very Large Scale Integration)을 위하여는 CMOS(Complementary Metal Oxide Semiconductor) 공정기술이 필연적으로 필요하다. CMOS 반도체공정 기술은 한 개의 칩 위에 n-채널과, p-채널 MOS 트랜지스터를 모두 제조하는 공정기술이다. 전체적인 공정은 먼저 웰(Well) 영역을 형성하고 형성된 웰 영역에 이온주입을 통하여 활성영역을 만든 후 트랜지스터를 형성하게 된다. 다음 그림 1-90에 STI 구조를 가지는 CMOS 제조공정에 대한 과정을 나타내었다.

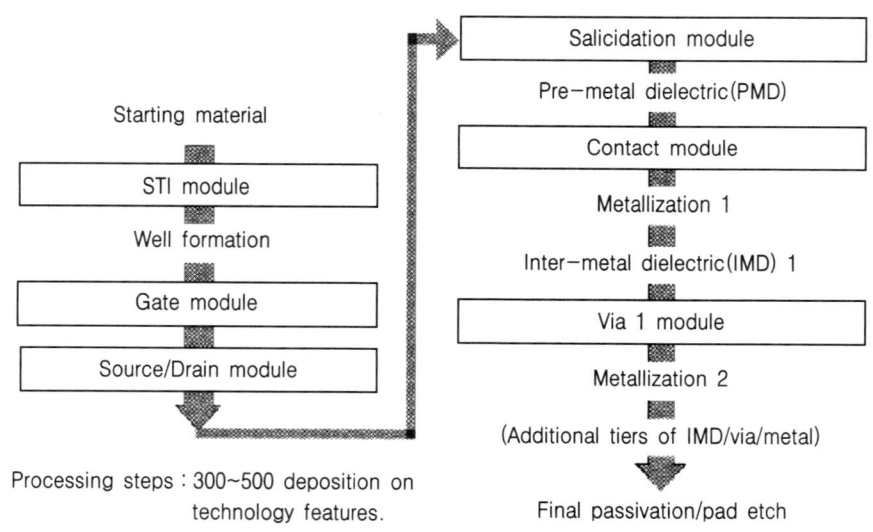

그림 1-90 CMOS 제조공정도

1) 웰(Well) 영역형성

CMOS는 NMOS와 PMOS 트랜지스터 모두를 만드는 공정이므로 기판위에 n형과 p형 반도체 모두가 존재해야 하며 이 영역에 각각 n웰과 p웰이 형성되게 된다. n웰(Well)은 p형 기판($10^{15}\,[Cm^{-3}]$)을 사용하여 주로 인(P)이라는 불순물을 주입시켜 만들고 p웰(Well)은 n형 기판을 사용하여 주로 붕소(B)라는 불순물을 주입시켜 만들게 된다. 이러한 웰 영역은 각 트랜지스터가 동작하기위한 활성영역을 만들기 위한 전 공정으로 진행되는 공정이다.

(1) 패드산화막 성장 및 질화막 증착(Pad Oxide Growing & Nitride Deposition)

이 공정은 활성영역을 만들 때 실리콘 기판이 산화되는 것을 방지하기위하여 질화막(Nitride)을 증착하는 공정이다. 이때 질화막과 실리콘기판 사이에 응력(Stress)이 발생하므로 이를 최소화 시키기 위하여 얇은 산화막(Oxide)을 성장시키게 되는데 이것이 패드 산화막공정(그림 1-91)이다.

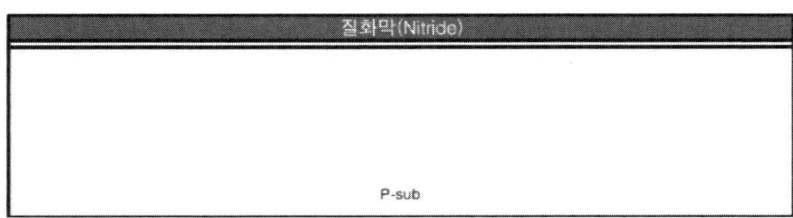

그림 1-91 패드산화막 공정도

(2) 활성영역 형성(Active Area Patterning)

활성영역을 형성하기 위하여 활성영역 위의 질화막만 남기고 나머지는 전부 식각(Etch)한 후 활성영역을 형성하기 위하여 질화막 위에 감광막(Photoresist)을 도포하고 패터닝(그림 1-92)하게 된다.

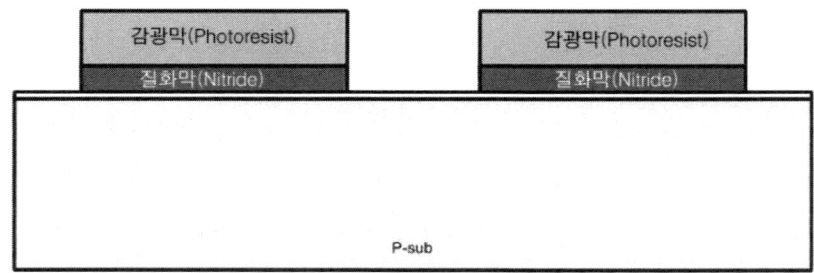

그림 1-92 활성화영역 공정도

(3) 분리영역 형성(Isolation Layer Formation)

CMOS를 형성하기 위하여 n웰(Well)과 p웰(Well)을 만들어야 하는데 이들 활성영역을 서로 분리(Isolation)시키기 위하여 산화막을 성장(call "Field Oxide")시켜 형성하는 공정이다. 이러한 분리영역을 형성하는 방법으로는 대표적으로 전통적인(Conventional) LOCOS(LOCal Oxidation of Silicon)방법과 DBL(Double Buffered LOCOS), PBL(Poly Buffered LOCOS), STI(Shallow Trench Isolation) 등 여러 방법이 사용되고 있으나 여기서는 얇은 홈(STI)을 형성하는 방법(그림 1-93)을 나타내었다.

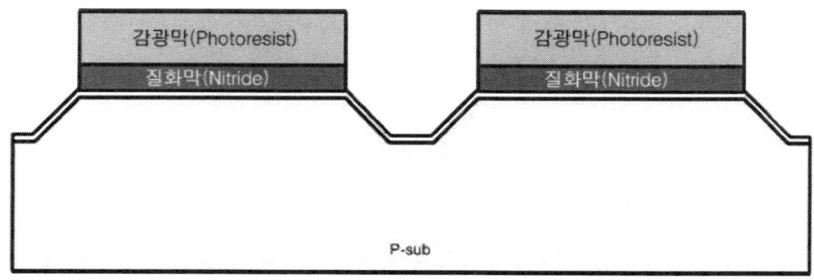

그림 1-93 분리영역 공정도

(4) 벽(Wall)의 이온주입(Wall Implantation)

활성영역을 서로 분리(Isolation)시키기 위하여 형성한 얇은 홈 영역 내에 각각의 채널을 형성하기 전에 p형 월(Wall)에 인(P_{31}), n형 월(Wall)에 붕소(BF_2)를 이온주입하게 된다. 그림 1-94에 벽의 이온주입 공정을 나타내었다.

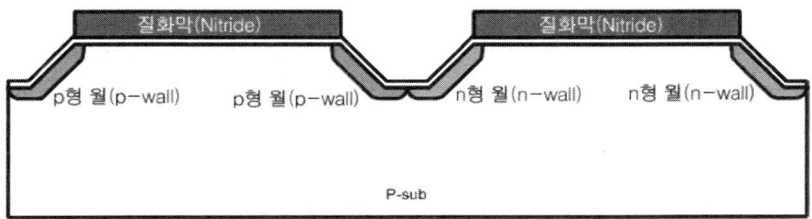

그림 1-94 이온주입 공정도

(5) 얇은 홈 분리영역(STI) 형성

형성된 분리(Isolation)영역 패턴 내에 CVD(Chemical Vapor Deposition) 산화막(SiO$_2$)을 증착하고 산화막을 식각하여 얇은 홈(STI) 영역을 산화막으로 채운 후 잔여 산화막을 식각하고 표면에 있는 질화막(Nitride)을 제거시켜 완전한 얇은 홈 분리영역(STI)을 형성하는 공정이다. 얇은 홈 분리영역(STI)의 형성공정은 그림 1-95와 같다.

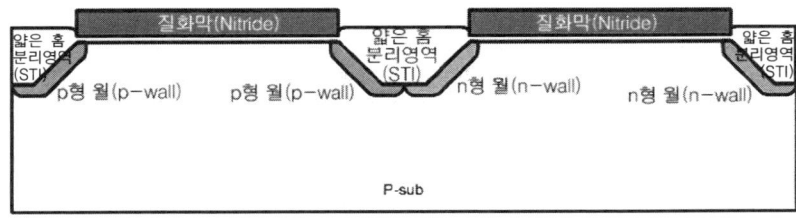

그림 1-95 STI형성 공정도

(6) 웰(Well)의 이온주입

CMOS 영역의 n/p 채널을 형성하기 위하여 각각의 웰 영역에 이온주입을 하는 공정으로 그림 1-96과 같다. p형에 붕소(B_{11}), n형에 인(P_{31})를 이온주입하여 채널을 형성하기위한 웰 영역을 형성하게 된다.

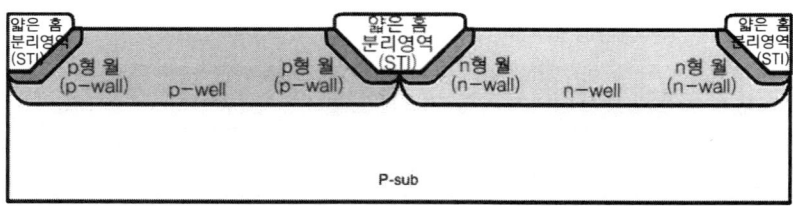

그림 1-96 웰형성 공정도

2) 트랜지스터(Transistor)형성

웰(Well) 영역을 형성한 후 채널을 형성하고 게이트 산화막과 전극을 형성하여 트랜지스터를 형성하게 된다.

(1) 게이트산화막(Gate Oxide)형성

CMOS 영역의 각 채널(n/p 채널)을 형성한 후 트랜지스터로 동작하기 위하여 가장 기본적으로 필요한 공정이 게이트 산화막 형성공정이다. 게이트 산화막 형성(그림 1-97) 후 다결정실리콘(Polysilicon)으로 게이트전극을 형성하게 된다.

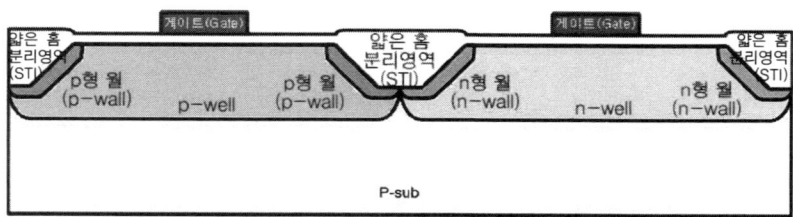

그림 1-97 게이트 산화막 공정도

(2) LDD(Lightly Doped Drain)형성

각 채널을 형성하여 소오스(S)에서 드레인(D) 쪽으로 전류가 잘 흘러(call "채널형성") 활성채널이 잘 형성(즉, 핫 캐리어(Hot Carrier)에 의한 열화(Degradation)방지)되게 하기 위하여 이온주입을 하는 공정으로 그림 1-98과 같이 n^-/p^- LDD 영역에는 인(P_{31}), 붕소(B_{11})를 사용하여 주입하게 된다.

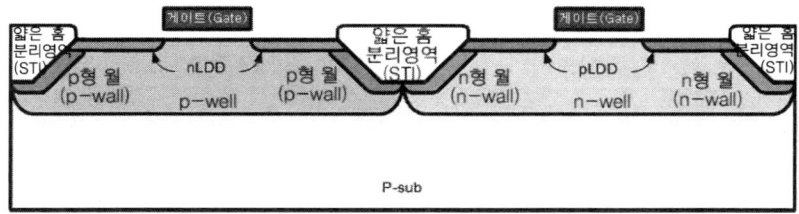

그림 1-98 LDD형성 공정도

(3) 소오스(S, Source) 드레인(D, Drain)형성

채널을 형성하여 채널영역 내에 전류가 잘 흐르게 하기 위하여 일종의 전극(소오스(S), 드레인(D))을 형성하는 공정으로 그림 1-99와 같이 이 경우 n^+ 영역에 비소(As_{75}), p^+ 영역에 붕소(BF_2)를 사용하여 이온주입을 하게 된다.

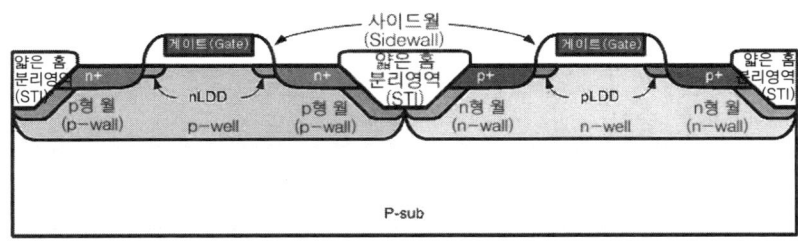

그림 1-99 소오스 및 드레인 형성공정도

3) 금속전극(Metal Electrode)형성

웰(Well)과 트랜지스터를 형성한 후 트랜지스터를 구동하는 금속전극층을 형성하게 되며 이는 필요에 따라 여러 층(1층~7층 등)으로 구성되게 된다.

(1) 실리사이드(Silicide) 형성

채널을 구동시키기 위하여 소오스와 드레인에 전류를 인가할 때 옴 접촉성저항(Ohmic Contact Resistance) 값을 적게 하고 금속전극과 잘 연결되게 하기 위하여 Ti나 Co 등으로 증착하여 실리사이드(Si_3N_4)를 형성하는 공정(그림 1-100)이다.

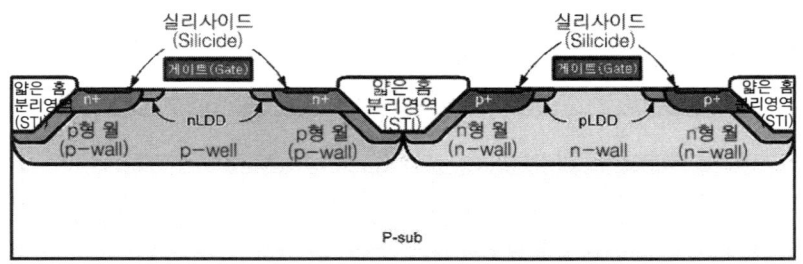

그림 1-100 실리사이드 공정도

(2) LTO & BPSG 증착

트랜지스터와 금속전극 사이의 분리작용과 금속전극 형성시 콘택식각(Contact Etch)을 위한 마스크 역할을 수행하기 위하여 저온산화막(LTO, Low Temperature Oxide)을 증착하게 된다. 같은 목적으로 LTO를 높은 두께로 적층하는 것이 난이하고 반도체 공정의 마지막 단계에서 금속전극을 형성하게 되는데 금속전극단면을 평평하게 하고 게이트와 금속전극 사이에서 유전체(Dielectric)로 사용하기 위하여 BPSG(Borophosphosilicate Glass)를 증착(그림 1-101)하게 된다.

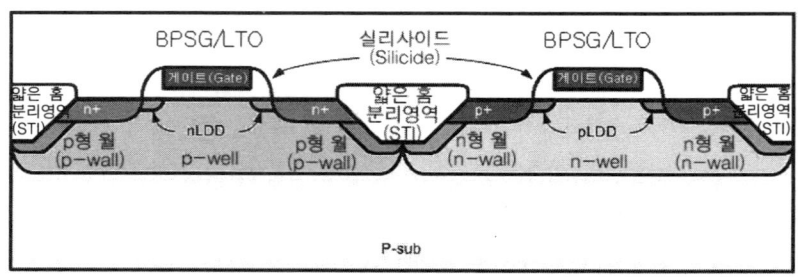

그림 1-101 LTO 및 BPSG 공정도

(3) 콘택(Contact) & 금속전극(Metal Electrode)층 1 형성

단위 셀(Cell)의 경우 비트라인(Bit Line)으로 사용되는 금속과 n^+를 연결하는 목적으로 콘택 홀을 형성하여 이온주입(P31)을 한 후 금속을 증착하는 공정이다. 금속전극층 1은 주로 Ti/TiN/AlCu/TiN 등으로 증착(그림 1-102)하게 된다.

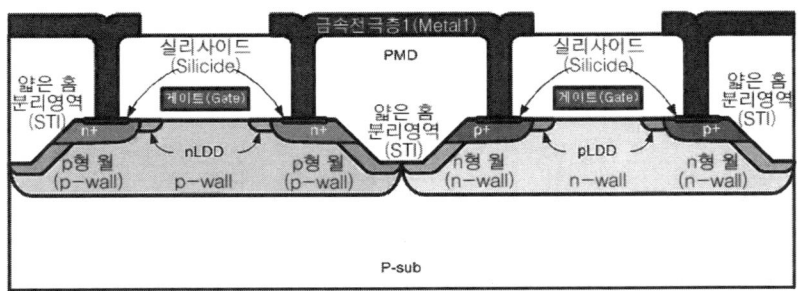

그림 1-102 콘택홀 및 금속전극 공정도

4) CMOS 형성

웰(Well)과 트랜지스터 및 금속전극층을 형성한 후 최종적으로 필요한 만큼의 금속전극층을 형성하고 웨이퍼 표면을 보호층으로 평탄화시키고 외부단자 연결을 위한 패드를 만들어 최종적인 CMOS를 형성하게 된다.

(1) 보호막층 형성

금속전극층 1을 형성하고 IMO(Inter Metal Oxide)를 증착하여 금속전극층 1과 금속전극층 2를 분리시키고 금속전극층 2를 절연체로 사용한다. 이때 금속전극층 2를 식각하고 금속전극층 1과 전도도가 우수하게 하기 위하여 콘택홀(Via Hole)을 형성하고 텅스텐(W)을 증착한 후 금속전극층 2(Ti/TiN/AlCu/TiN)를 증착하게 된다. 그후 평판식각(Planar Etch Back)하여 표면을 평평하게 한 후 금속전극층 1과 금속전극층 2를 연결하고 금속전극층이 오염되거나 흠집이 생기는 것을 방지하기 위하여 웨이퍼 전 표면에 보호막(Passivation)을 입히게 된다.

(2) CMOS 형성(CMOS with STI)

보호막층 형성 후 외부단자로 연결하기 위한 와이어본딩(Wire Bonding)을 위한 본딩패드(Bonding Pad)를 만들어 최종적으로 다음 그림 1-103과 같이 CMOS를 완성하게 된다.

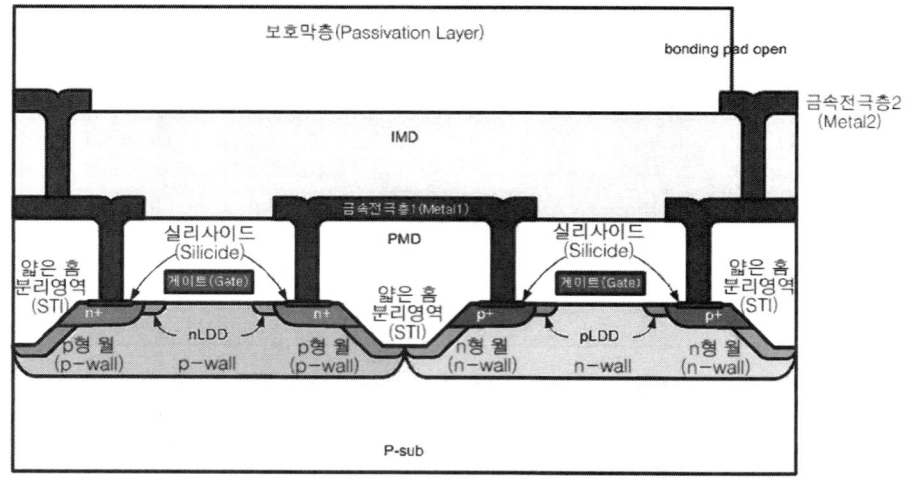

그림 1-103 CMOS형성 공정도

다음 그림 1-104에 최종적인 CMOS의 레이아웃을 나타내었다.

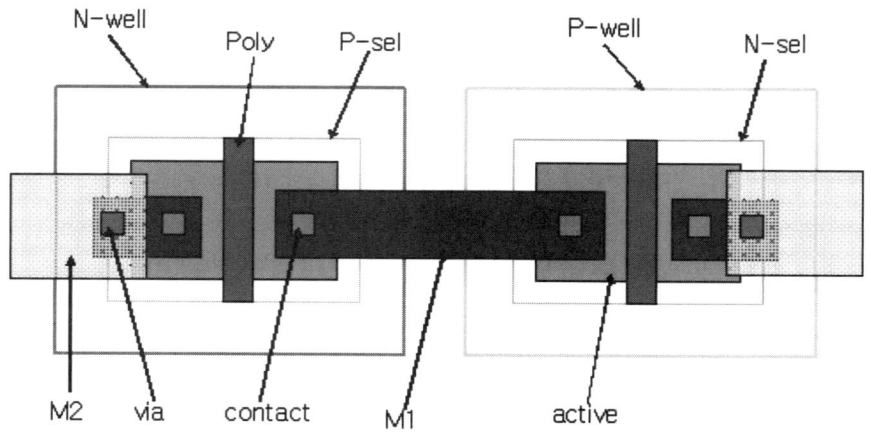

그림 1-104 CMOS 레이아웃

연습문제

01. 전자공학의 기초 이론인 원자와 전자에 대하여 설명하시오.

02. 반도체소자의 제조에 주로 사용되는 실리콘의 결정구조 및 특성에 대하여 설명하시오.

03. 반도체 에너지대역 구조의 구성을 설명하고 전자와 정공의 동작특성에 대하여 설명하시오.

04. PN 접합의 바이어스 특성과 다이오드 및 트랜지스터의 I-V특성에 대하여 설명하시오.

05. 반도체소자의 제조공정 순서에 대하여 설명하시오.

06. CMOS 제조공정에서 트랜지스터 제조공정에 대하여 설명하시오.

2 산화공정 & 확산공정

1. 산화공정

2. 확산공정

제2장 산화공정 & 확산공정

산화공정(Oxidation Process) 기술은 트랜지스터가 개발된 이래 반도체소자의 게이트 유전막으로서 계속적인 연구와 개발을 통하여 반도체소자의 고 집적화에 원동력이 되어왔다. 확산공정(Diffusion Process)은 반도체소자의 집적도에 따라 접합(Junction)을 형성하거나 도핑 프로파일(Doping Profile)을 제어하는 공정으로 실리콘 반도체의 평판(Planar)기술에 기여한바가 크다. 이러한 산화공정과 확산공정에 대한 체계적인 특성에 대하여 학습하고자 한다.

1. 산화공정(Oxidation Process)

1.1 산화공정의 원리

산화공정은 반도체공정에서 가장 기본이 되는 공정으로 산화공정의 원리와 산화모델 및 산화방법과 산화공정특성 등에 대하여 살펴보고자 한다.

산화막(SiO_2)의 특성을 좌우하는 것은 두께와(Thickness)와 막질(Quality) 특성이다. 이러한 산화막은 열처리에 의한 방법으로는 기본적으로 습식(Wet) 산화와 건식(Dry) 산화방법이 사용된다. 일반적으로 사용되는 열 산화장치는 그림 2-1과 같이 실리콘(Si) 웨이퍼를 산화로(Oxidation Furnace)에 넣고(Load) 산소(O_2)나 수증기(H_2O) 분위기에서 일정온도(800[℃]~1000[℃])로 가열하면 Si-SiO_2 계면에서 화학 반응이 일어나 SiO_2가 형성되는 원리이다.

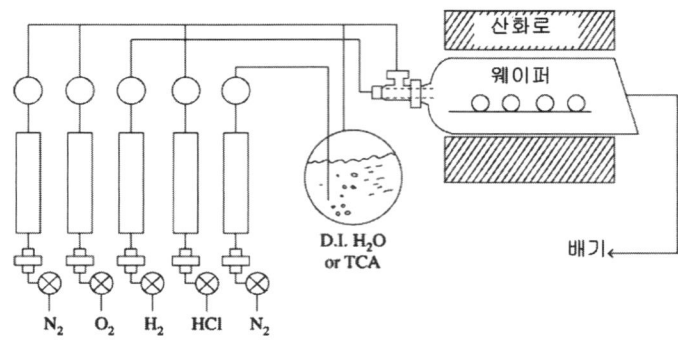

그림 2-1 열산화 장치

이때 산화로(Oxidation Furnace)에서 산소분위기만 공급하여 성장 하는것을 건식산화(Dry Oxidation)라 하고 산소와 수증기 분위기에서 성장 하는것을 습식산화(Wet Oxidation)라 한다.

- 건식산화(Dry Oxidation)

  Si(고체) + O_2 -> SiO_2(고체)

  밀도 : 2.25 [g/Cm^3](비교, 석영(Quartz) : 2.65 [g/Cm^3])

- 습식산화(Wet Oxidation)

  Si(고체) + H_2O(수증기) -> SiO_2(고체) + $2H_2$(개스)

  밀도 : 2.15 [g/Cm^3](비교, 석영(Quartz) : 2.65 [g/Cm^3])

그러나 요즘은 이러한 전통적인 방법 외에 주로 고압상태에서 빠른 시간 내에 산화(Radical Oxidation) 시키는 장비들이 사용되며 그림 2-2와 같다. 이는 질소(N_2)개스 분위기에서 산소(Oxygen)와 과산화수소(Hydrogen Peroxide)를 주입하여 빠르게 가열된 분위기에서 산화시키는 장비(또는 "N_2 Lock")이다.

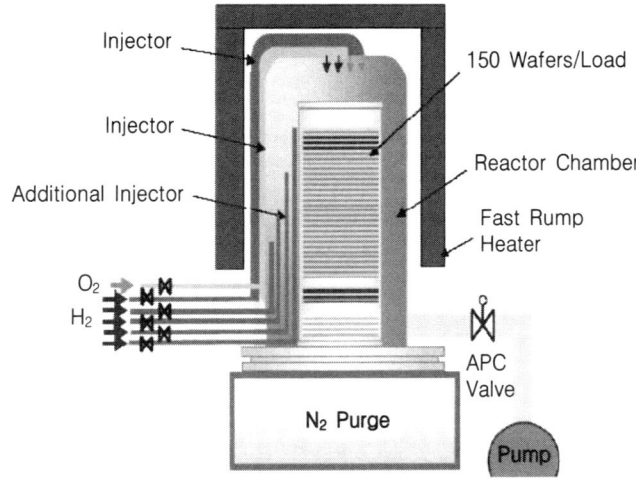

그림 2-2 급속산화 장치도

여기서 열산화법에 의한 산화시 소모되는 실리콘의 양은 그림 2-3과 같이 SiO_2 두께의 약 45% 정도이며 실리콘이 산화되면 SiO_2는 비정질상태가 된다. 이는 SiO_2 두께의 밀도가 낮아 여러 가지 불순물들이 쉽게 SiO_2층을 통하여 확산할 수 있음을 의미한다.

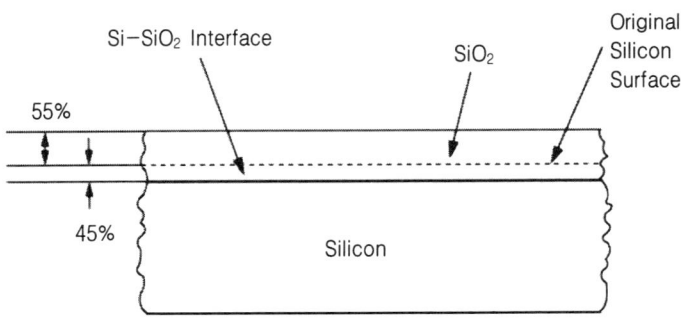

그림 2-3 산화시 소모되는 실리콘

1.2 산화모델

실리콘의 산화막은 실리콘 위에 형성된 자연산화막(Native Oxide)을 통과한 산소가 실리콘 표면에 확산되어 실리콘과의 반응에 의하여 성장하게 된다. 이러한 산화성장은 Deal & Grove의 "산화모델"의 산화운동에너지(Oxidation Kinetics)에 의하여 설명된다.

1) Deal & Grove(Linear-Parabolic) 모델

1965년 Deal과 Grove가 제안한 모델로 산화공정에서의 운동에너지(Kinetics)에 대한 원리로서 산화막은 초기 산화막의 두께 x_0인 실리콘이 다음과 같은 조건을 만족하여 형성 된다는 이론이다. 일반적으로 700[℃]에서 1300[℃], 0.2~1.0 ATM의 분압, 두께 300~20,000[Å]의 산화막에서 유효한 것으로 알려져 있다.

- 산화제가 개스로 부터 산화막과 개스의 접촉영역(산화막 계면)으로 전달되어야 한다.
- 산화제가 산화막 형성층을 통해 확산되어야 한다.
  이때 산화막 바깥쪽 산소의 농도를 C_0, 산화막-실리콘 계면(SiO_2/Si)에 가까운 곳의 산소 농도를 C_i 라 한다.
- 산화제는 산화막-Si 접촉영역(계면)에서 반응을 해야 한다.

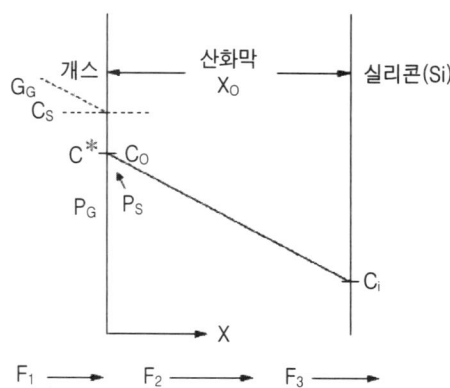

※ F_1, F_2, F_3는 각각 개스(산화막 바깥), 산화막내, Si/SiO_2에서의 유속(Flux)을 나타낸다.

그림 2-4 산화메카니즘(Deal & Grove Model)

즉, 이 이론은 세 가지에 대한 유속(Flux)에 관련되므로 이를 각각 F_1, F_2, F_3라 하면 정상상태(Steady State)에서 $F_1 = F_2 = F_3$이 되고 개스의 흐름이 직선이라 가정하면 그림 2-4가 된다.

정상상태(For Steady State)인 경우

$F_1 = F_2 = F_3$로 가정하고 개스상태의 질량계수를 h_G라 하면, 산화막 바깥의 개스상태의 유속은 다음과 같이 나타낸다.

$$F_1 = h_G(C_G - C_S)$$

이때 h_G : 개스상태의 질량전달 계수(Mass Transfer Coefficient)이다.

핸리의 법칙(Henry Law)으로부터 산화막 바깥쪽 산송의 농도는 다음이 된다.

$$C_0 = HP_S, \quad C^* = HP_G$$

> ※ 핸리의 법칙(Henry Law)이란?
> 평형상태에서의 고체 내의 산화제(Oxidanr) 농도는 그 개스 내에서의 부분압력(Partial Pressure)에 비례한다는 이론이다.

이상적인 기체개스법칙(Ideal Gas Law)으로부터 산소농도는 다음과 같다.

즉, $C_G = P_G/kT$, $C_S = P_S/kT$이므로 개스상태의 유속은 다음이 된다.

$$F_1 = h_G(C^* - C_0)$$

이때   h : h_G/HkT
        C_G : 개수 중의 산소농도
        C_S : 산화막 표면에 가까운 곳의 산소농도
        C_0 : 산화막 바깥쪽 산소농도
        C_i : 실리콘 내에서의 산소농도
        F_1 : 개스로부터 개스-산화막 계면으로의 산소성분의 흐름
        F_2 : 산화막을 통과하여 Si/SiO_2 계면으로 확산되는 산소성분의 흐름
        F_3 : Si/SiO_2 계면에서 소모되는 산소성분의 흐름이다.

Fick의 법칙에서 산화막을 통과하여 Si/SiO₂ 계면으로 확산되는 산소성분의 흐름은 다음과 같이 나타낸다.

$$F_2 = D(C_0 - C_i)/X_0 \text{(Fick's Law)}$$

이때 D : 산화제의 유효 확산계수(Effective Diffusion Coefficient of O_2 in SiO_2)

> **※ Fick의 법칙(Fick's Law)이란?**
> 확산 유속(Flux)에 대한 법칙으로 고체, 액체 상태를 구성하는 원자의 화학포텐셜(Chemical Potential) 차이에 의해 발생하는 확산은 거리에 따른 농도차(농도기울기)에 좌우된다는 이론이다. 즉, 농도차가 클수록, 거리가 가까울수록 확산의 양은 증가한다는 것을 의미한다.

산화반응에 상응하는 Si/SiO₂ 계면의 유속은 다음과 같다.

$$F_3 = K_S C_i$$

이때 K_S : 표면 반응속도 상수(Surface Reaction Speed)이다.

$$C_i = \frac{C^*}{1 + \dfrac{K_S}{h} + \dfrac{K_S X_0}{D}}, \quad C_i = \frac{C^*}{1 + \dfrac{K_S}{h} + \dfrac{K_S X_0}{D}}$$

이때 D = f(O_2, T, ...)이다.

위 수식은 산화막의 O_2 농도에 대한 확산상수 D가 실리콘(Si) 내의 산소농도에 미치는 영향을 나타낸 것이다.

여기서 D가 작은 경우
  $C_i \to 0$, $C_0 \to C^*$, 따라서 $F_2 \to 0$으로 확산제어(Diffusion Control)가 되고
D가 큰 경우
  $C_i \equiv C_0 = C^*/(1+K_S/h)$으로 반응제어(Reaction Control)가 됨을 의미한다.

산화막 성장속도 G(Oxide Growth Rate)는 다음과 같다.

$$G = \frac{dX_0}{dt}$$

산화막의 단위부피당 O_2 분자수를 N으로 나타낼 때, 산화막의 성장속도, 즉 산소성분의 계면으로의 흐름 F(Flux of Oxidant Reaching the SiO_2-Si Interface)는 산화막의 성장속도와 개스, Si 및 SiO_2의 관계식으로부터 다음이 된다.

$$F = N\frac{dX_0}{dt} = \frac{K_S C^*}{1 + \frac{K_S}{h} + \frac{K_S X_0}{D}}$$

이때 N : 산소의 단위 체적당 산소분자의 수(Number of Oxidation Molecules in a unit Volume of Oxide)이다.

일반적으로 Si/SiO_2의 분자수는 다음과 같다.
- 산화막 내에서의 SiO_2분자의 수 ; 2.3×10^{22} [SiO_2분자/Cm^3]
- 건식 산화막의 산소분자의 수 ; 2.3×102^2 [O_2분자/Cm^3]
- 습식 산화막의 산소분자의 수 ; $2 \times 2.3 \times 10^{22}$ [H_2O분자/Cm^3]

위 식으로부터 포물선 성장영역(Parabolic Growth Constant)의 특성함수를 나타내면 다음이 된다.

$$X_0^2 + AX_0 = B(t + \tau)$$

이때 $\tau = \frac{X_i^2 + AX_i}{B}$, $X_i = X_0(0)$ 이고

$A = 2D(\frac{1}{K_S} + \frac{1}{h})$, $B = \frac{2DC^*}{N}$ 이다.

그러므로 위식은 $\frac{X_0}{\frac{A}{2}} = (1 + \frac{\tau + t}{\frac{A^2}{4B}})^{1/2} - 1$이 된다.

τ>>$A^2/4B$, t>>τ인 경우 다음과 같이 포물선형 성장상수 특성이 나타난다.

$$X_0^2 = Bt$$

이때 B는 포물선형 성장상수(Parabolic Growth Constant) 이고 τ는 초기 산화막 두께, X_i의 성장에 필요한 시간을 나타낸다.

t+τ<<A²/4B인 경우 다음과 같이 선형 성장상수 특성이 나타난다.

$$X_0 = \frac{B}{A}(1+\tau)$$

이때 B/A는 선형 성장상수(Linear Growth Constant)이다.

산화막의 성장은 그림 2-5와 같이 성장 초기에는 선형적인 성장률(Linear Growth Rate) 특성을 나타내다가 그 이후에는 포물선형 성장률(Parabolic Growth Rate) 특성을 나타내게 됨을 의미한다.

산화막의 성장은 그림 2-5와 같이 산화시간이 짧으면 산화막 두께(X_0)가 시간에 따라 선형적($\frac{B}{A}$)으로 증가하게 됨을 알 수 있으며 선형성장의 경우 그림 2-6과 같이 습식산화가 건식산화보다 우수한 성장특성이 나타난다.

반면 산화시간이 길어지면 산화막 두께(X_0^2)는 포물선 성장률 상수(B)에만 의존하며 상수 B는 유효확산계수 D에 비례하게 되어 결과적으로 산소성분이 산화막을 통과하여 Si-SiO_2 계면쪽으로 확산하는 과정에서 산화막의 성장정도를 제어할 수 있음을 의미한다.

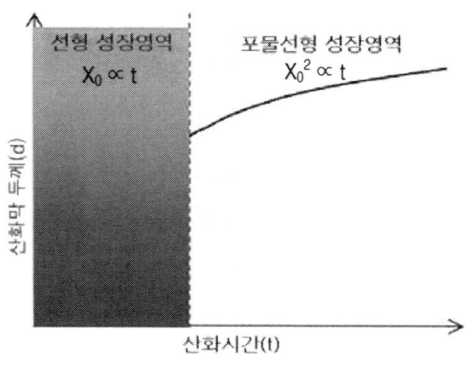

그림 2-5 Deal & Grove 산화모델

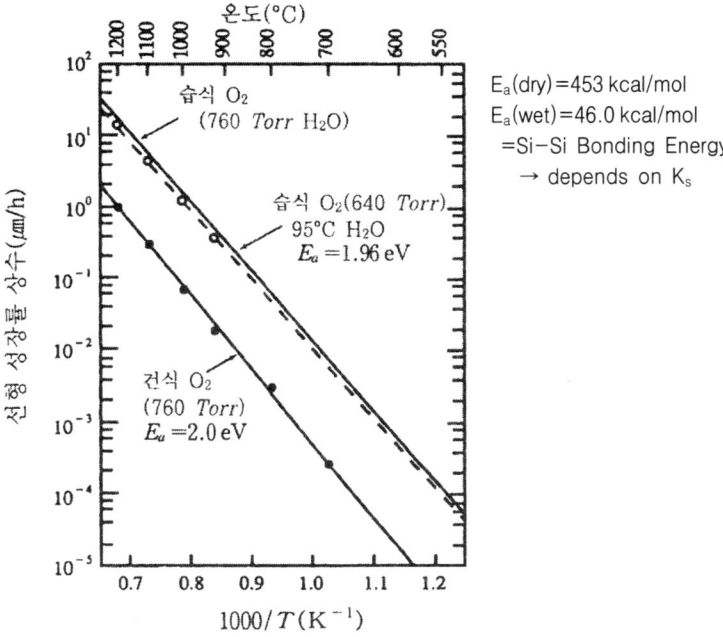

그림 2-6 온도에 따른 선형 성장상수

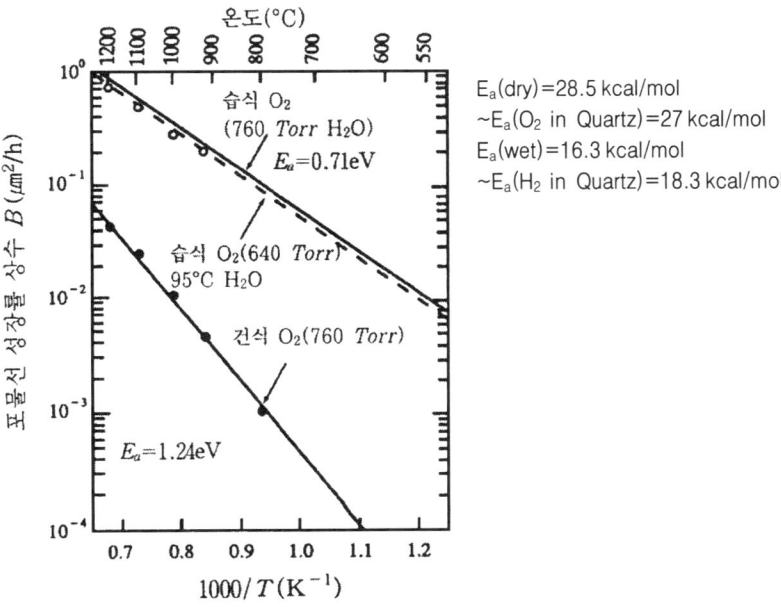

그림 2-7 온도에 따른 포물선형 성장상수

포물선형 성장영역을 "확산제어영역(Diffusion Controlled Oxidation Region)"이라고 하며 온도에 따른 포물선형 성장상수를 그림 2-7에 나타내었다.

2) 산화막 성장의 영향

고 집적회로에서 요구되는 산화막은 결함(Defects)이 없는 완전에 가까운 막질 특성을 요구 하고 있다. 이러한 산화막은 여러 가지의 특성, 즉 결정의 방향과 면이나 성장온도 & 압력, 산화방법, 실리콘 기판의 도펀트(Dopants) 농도, 할로겐화 수소(Hydrogen Halide 등) 등에 의존성이 높은 특성이 있다.

(1) 결정의 방향(Crystal Orientation)

산화막 성장은 실리콘의 결정방향에 따라 선형 및 포물선형 성장상수값의 차이로 인하여 달라지게 된다. 결정(Crystal)이란 "원자의 배열이 규칙적인 고체"로 정의되고 단결정(Single Crystal)은 결정중에서 규칙적인 배열이 고체전체에 걸쳐 이루어져 있는 상태를 말한다. 반면 다결정(Polycrystalline)은 부분적으로는 결정을 이루지만 전체적으로는 규칙성이 없는 상태를 나타내고 비정질(Amorphous)은 일정한 상태를 가지지 않는 상태를 나타낸다.

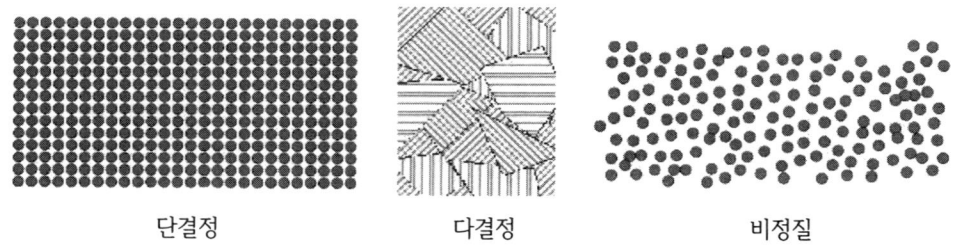

단결정   다결정   비정질

그림 2-8 실리콘 결정의 종류

(2) 결정의 면(Crystal Orientation)과 방향(Direction)

산화막의 성장에 영향 미치는 또 다른 요소로는 결정을 특정한 면으로 자를 때 자르는 방향에 따라 단면의 원자배열이 다르게 나타나 산화의 정도에 영향을 미친다는 것이다. 일반적으로 결정의 면은 중괄호(( ))로 나타내고 결정의 방향은 각괄호(< >)로 나타낸다.

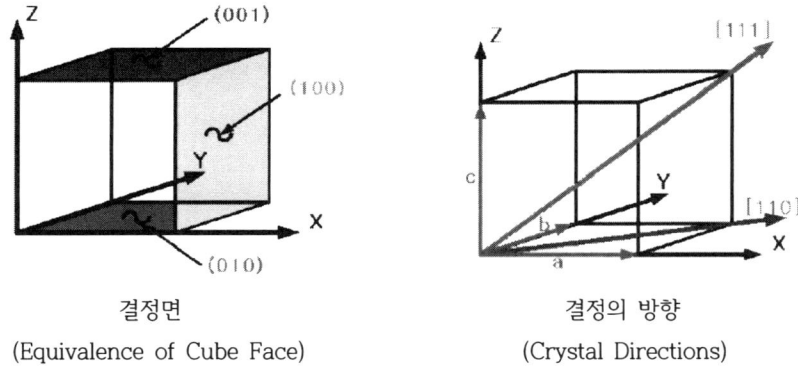

결정면
(Equivalence of Cube Face)

결정의 방향
(Crystal Directions)

그림 2-9 결정의 면(Face)과 방향(Direction)

산화막의 성장속도는 표 2-1과 같이 성장온도와 결정방향에 따라 좌우되게 되며 포물선형 성장속도(B)는 성장온도가 증가함에 따라 서서히 증가하나 결정의 방향에 따라서는 큰 차이를 나타내지 않는다. 반면 선형 성장속도(B/A)는 온도 증가에 따라 큰 폭으로 성장속도가 증가하고 결정방향에 대하여도 (111)면에서 더욱 증가하는 특성을 나타낸다.

표 2-1 산화막의 성장속도

성장온도 (℃)	실리콘(Si) 결정방향	A (μm)	반응상수($\mu m/hr$)		B/A비 <111>/<100>
			포물선형(B)	선형(B/A)	
900	<100> <111>	0.95 0.60	0.143 0.151	0.150 0.252	1.68
950	<100> <111>	0.74 0.44	0.231 0.231	0.311 0.524	1.68
1000	<100> <111>	0.48 0.27	0.314 0.314	0.664 1.163	1.75
1050	<100> <111>	0.295 0.18	0.413 0.415	1.400 2.307	1.65
1100	<100> <111>	0.175 0.105	0.521 0.517	2.977 4.926	1.65

이는 Deal & Grove 모델에서 제시된바와 같이 포물선형 성장속도(B)는 표면반응속도 상수(K_s)에 무관하기 때문에 나타난 결과로 사료되고 선형 성장속도(B/A)는 표면반응속도 상수(K_s)와 산소의 농도(C_i)에 좌우되므로 나타난 결과로 사료된다. 그러므로 선형 성장에 있어서는 (111)면이 (100)면보다 약 1.7배 정도 산화속도가 **빠르며** 이를 이용한 반도체 공정이 요구된다 하겠다.

(3) 온도의존성

산화막 성장에 있어서 가장 큰 영향을 받는것이 온도이다. 온도특성은 또한 습식 및 건식의 경우에서 산소계수 D_0와 산소의 활성화 에너지 E_A에 의하여 영향을 받게 되며 포물선형의 성장상수(B)는 다음과 같이 표현된다.

$$B = D_0 \exp(-E_A/kT)$$

이때 D_0는 산소계수, E_A는 산소의 활성화에너지이다.

산화막 성장에 영향을 미치는 산소계수 D_0와 산소의 활성화 에너지 E_A에 대한 특성을 표 2-2에 요약 하였다.

산화막 성장의 온도 의존성을 나타내는 그림 2-10에서 산소의 활성화 에너지 E_A는 산화막을 통하여 확산하는데 필요한 활성화 에너지 값으로 건식의 경우 약 1.24 [eV], 습식의 경우 약 0.78 [eV]로 습식의 경우에서 활성화 에너지가 적게 필요하므로 건식보다 성장속도가 **빠르게** 됨을 알 수 있다.

표 2-2 산화특성

		습식산화(X_i=0nm)		건식산화(X_i=25nm)	
		$D_0(\mu m/hr)$	E_A(eV)	$D_0(\mu m/hr)$	E_A(eV)
<100>Si	선형(B/A)	9.7×10^7	2.05	3.71×10^6	2.0
	포물선형(B)	386	0.78	772	1.23
<111>Si	선형(B/A)	1.63×10^8	2.05	6.23×10^6	2.0
	포물선형(B)	386	0.78	772	1.23

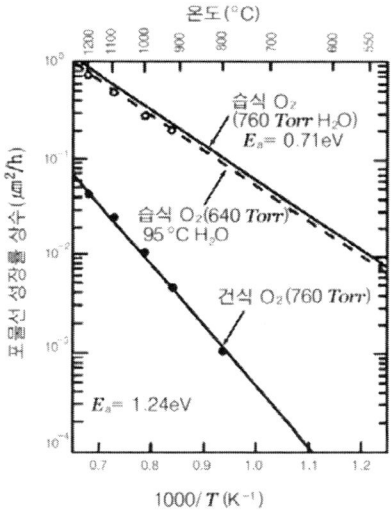

그림 2-10 포물선형 성장 상수(B)의 온도 의존성

(4) 산화방법

산화막 성장에 있어서 산화방법에 의한 영향으로는 습식 및 건식 산화방법의 차이에 의하여 발생한다. 그림 2-11과 같이 습식산화는 건식산화에 비하여 약 10배 정도 빠르며 산화시간이 짧은 경우에는 선형적 특성을 나타내고 그 이후에는 포물선적인 특성을 나타내게 된다.

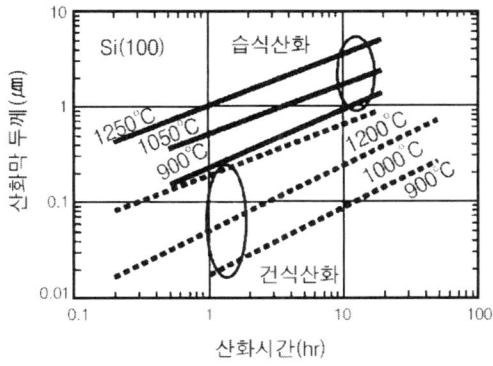

그림 2-11 건식 및 습식 산화에서의 산화막 성장두께

(5) 도펀트의 농도

산화막 성장은 실리콘 결정내에 주입되는 도펀트(B, P, As)들에 의하여 산화 촉진제 역할을 통하여 산화막 성장속도가 빨라지게 된다. 도펀트 들의 소스는 다음과 같은 것이 있다.

- 개스 소스(Source) : B_2H_2, PH_3, AsH_3
- 액체 소스(Source) : BBr_3, BCl_3, PCl_3, $POCl_3$
- 고체 소스(Source) : B_2O_3, P_2O_5, As_2O_3, BN, SiP_2O_7

도펀트들은 $Si-SiO_2$ 계면에서 분포가 변화(call "재분포")하여 산화막 내에서 일정한 분포 특성을 가지게 되는데 산화막내에서의 재분포 특성은 그림 2-12와 같다.

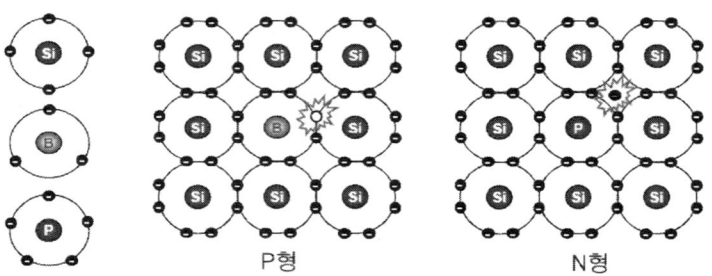

그림 2-12 도펀트(B, P)의 재분포 특성

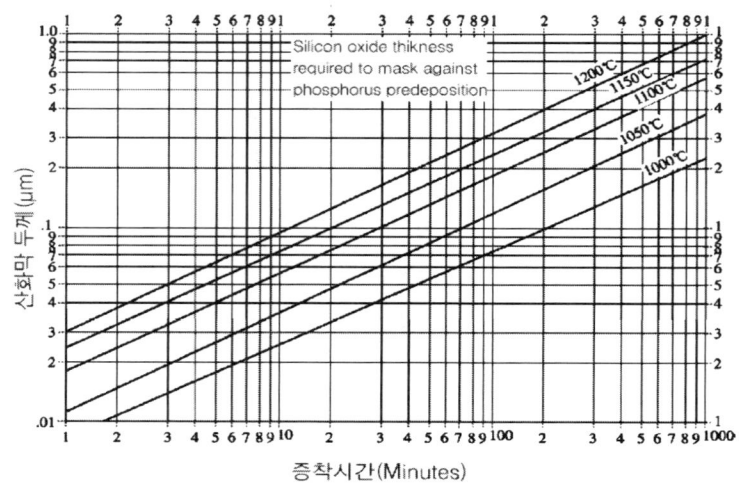

그림 2-13 붕소(B)에 의한 산화막의 두께 변화

이러한 도펀트들로 인해 확산계수가 커져 산화를 촉진시키는 원인에 의한 것으로 온도가 높으면 더욱 산화막 두께가 커짐을 그림 2-13에서 알 수 있다.

3) 불순물의 재분포(Redistribution)

일반적인 열 산화시 도핑원자는 Si-SiO₂ 계면에서 상대용해도(Relative Solubility)에 따라 일정한 분포(call "재분포")를 가진다. 이러한 분순물의 분포비(m)는 분리계수(Segregation Coefficient)로 다음과 같이 나타낸다.

$$m = \frac{\text{실리콘내에서의 불순물 농도}}{\text{산화막내에서의 불순물 농도}} = \frac{C_{Si}}{C_{SiO_2}}$$

도펀트 원자들은 상대용해도에 따라 재분포 되면서 인(P), 비소(As), 안티몬(Sb) 등은 실리콘 내에서의 용해도가 크므로 Si-SiO₂ 계면 앞에 주로 축적되고 붕소(B)의 경우 용해도가 더 크므로 Si-SiO₂ 계면 앞의 산화막내에서 축적되는 특성을 나타내며 용해도의 온도의존성과 불순물(B, P)의 재분포특성을 그림 2-14, 2-15에 나타 내었다.

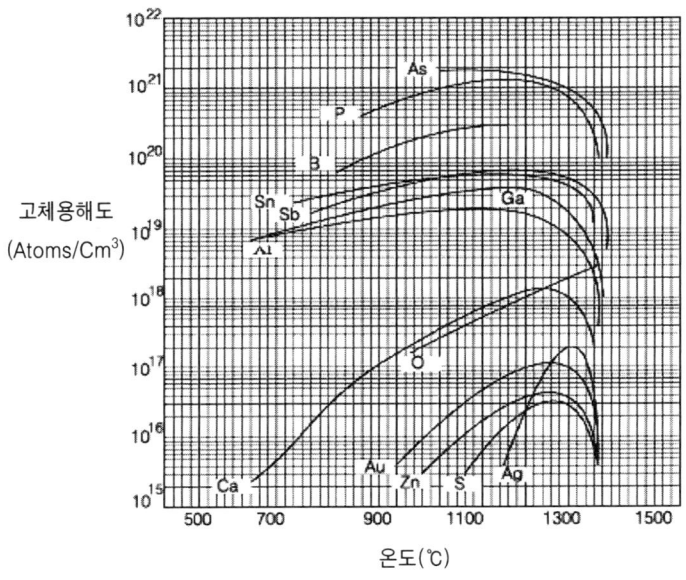

그림 2-14 용해도의 온도 의존성

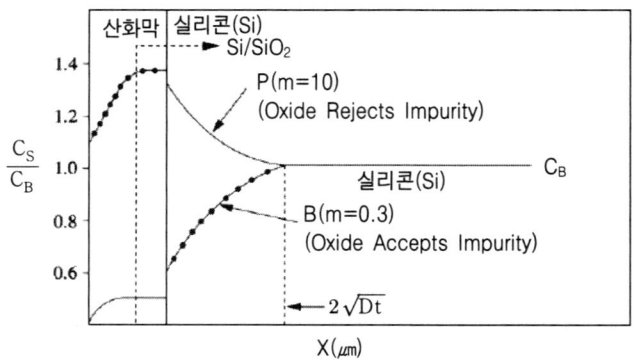

※ 벌크농도 C_B, 주입되는 불순물의 농도 C_s

그림 2-15 붕소(B) & 인(P)의 재분포 특성

그림 2-15에서와 같이 붕소(B)의 경우 m=0.3으로 작아 산화막이 불순물(B)을 받아들여 산화막 근처에서 고갈시켜 성장된 내에 축적되게 된다. 인(P)의 경우 m=10정도로 크므로 실리콘 벌크 농도(C_B)가 주입되는 불순물의 농도(C_s)보다 크게 되어 Si-SiO$_2$ 계면 앞에 축적되며 불순물 농도가 산화막보다 크므로 산화막이 바깥으로 밀어내어 실리콘 표면 근처에 축적하게 된다. 그림 2-16, 2-17과 같이 붕소(B)의 고갈과 인(P)의 축적효과는 반도체 소자의 집적회로 설계에서 매우 고려되어야 할 중요한 사항이 된다.

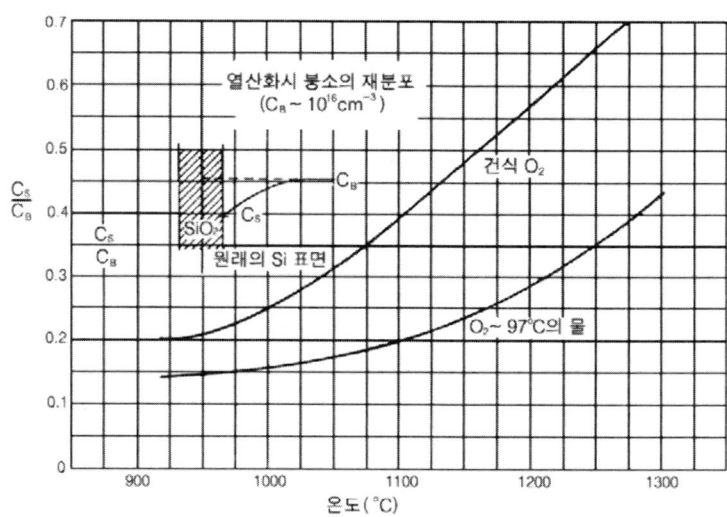

그림 2-16 붕소(B)의 재분포 특성

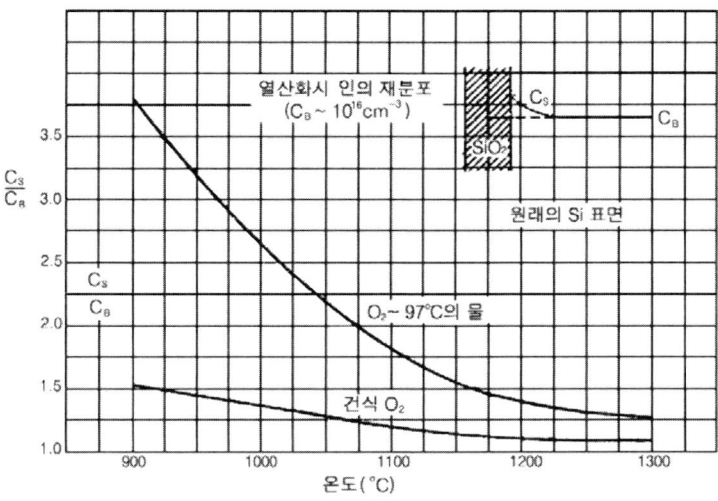

그림 2-17 인(P)의 재분포 특성

1.3 산화방법

실리콘에서 산화막을 성장하는 방법에는 여러 방법이 사용된다. 대표적으로 사용되는 산화방법은 직접산화방법과 증착에 의한 산화 방법이 있다. 열산화 방법은 실리콘 기판을 직접 산화시켜 형성하는 방법이 된다. 산화막의 기본적인 특성은 표 2-3과 같다.

표 2-3 산화막의 특성

특성(Units)	값	특성(Units)	값
밀도(g/Cm^3)	2.27	용융점(℃)	≒1700
유전상수	3.9	분자무게(g/mol)	60.08
DC 저항(Ω-Cm, at 25℃)	10^{16}	분자수(/Cm^3)	2.3×10^{22}
에너지갭(eV)	≒9	비열(J/g·℃)	1.0
열 전도율(W/Cm^2·℃)	0.014	필름스트레스(dynes/Cm^2)	$2\sim4\times10^9$(Compressive)
선형팽창계수(ppm/℃)	0.05	IR 흡수피크(mm)	9.3
굴절율	1.46	식각율 BHF(49%, nm/min)	100

실리콘의 산화에는 여러 가지 방법이 사용되며 산화방법에 대한 산화특성은 그림 2-18과 같이 분류한다.

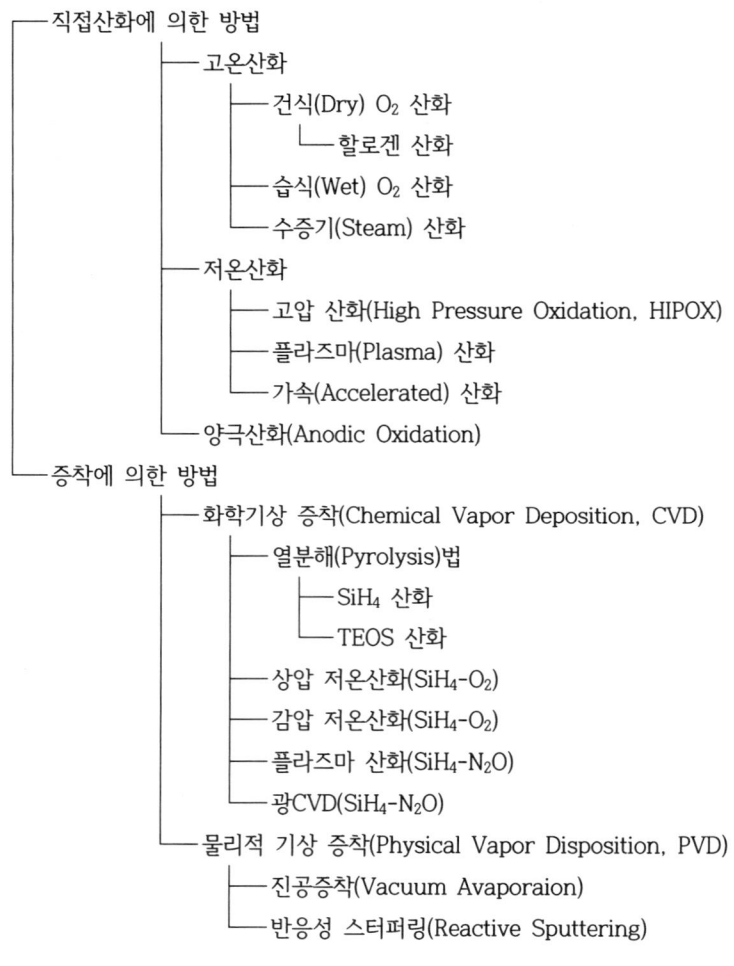

그림 2-18 실리콘의 산화방법

1) 열산화법(Thermal Oxidation)

대표적으로 사용되는 열산화 장치는 석영(Quartz)보트에 실리콘 웨이퍼를 수직으로 세워 25장을 하나의 패키지로 하여 일반적인 온도 범위(800[℃] ~ 1000[℃])와 대기압상태(Atmospheric Pressure, 760 토르)하에서 원하는 산화막을 성장하는 방법이다. 여기에는 건식산화 방법과 습식산화 방법이 있으며 건식산화는 질소(N_2)나 아르곤(Ar) 분위내에서 산소(O_2)가 공급되어 산화시키게 된다.

습식산화는 물(H_2O)이나 물의 버블링(Bubbling) 분위기에서 질소(N_2)와 산소(O_2)가 혼합되어 유입됨으로서 열에 의하여 원하는 두께를 성장하게 되며 원리는 그림 2-19와 같다.

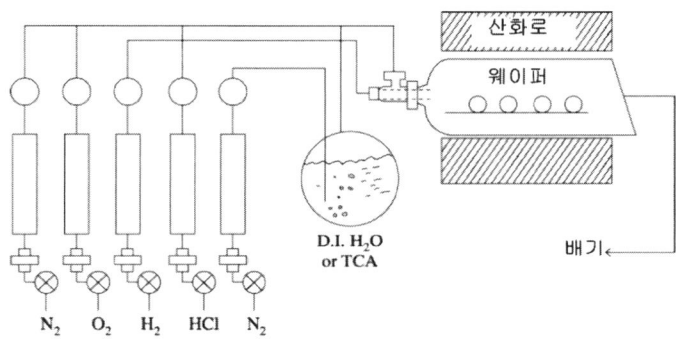

그림 2-19 열산화법

▶ 건식 산화
 - Use O_2 only or diluted O_2 in N_2/Ar
 - Simple and safe process
 - $Si(s) + O_2(v) \rightarrow SiO_2(s)$

▶ 습식 산화
 - Use Water Vapor(H_2O)
 - Water Bubbling or Pyrogenic H_2O
 - $Si(s) + H_2O(v) \rightarrow SiO_2(s) + 2H_2(v)$

이때 s는 고체(Solid), v는 수증기(Vapor) 상태를 나타낸다.

열산화공정은 이러한 산화방법을 이용하여 반도체 각 공정에서 필요로하는 특성을 위하여 건식 및 습식방법이 사용되며 대표적인 공정으로는 패드(Pad) 산화막, 희생(Sacrificial) 산화막, 필드(Field) 산화막, 게이트(Gate) 산화막 등을 성장하게 된다. 다음에 대표적으로 캐패시터 제조공정에서 가장 중요한 게이트 산화막을 성장과 열산화 공정방법(Recipe)을 그림 2-20, 2-21에 나타내었다.

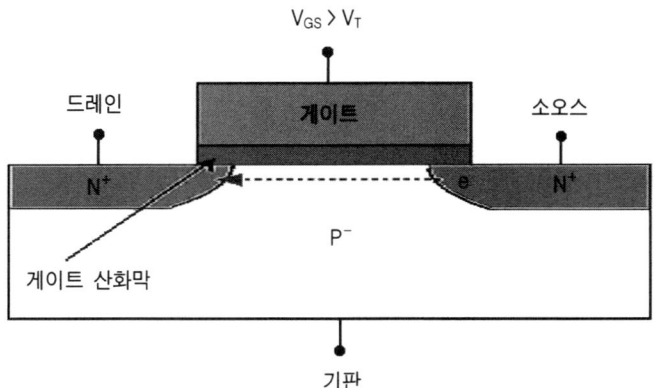

그림 2-20 게이트 산화막성장

	PUSH1	PUSH2	REC.	R/U-1	STAB. IZAT--	PRE-OX	MAIN OX	POST PURG	R/U-2	ANNEAL	R/D	PULL	COOL
	N2 or Ar LO2 N2A	N2 or Ar LO2	N2 or Ar LO2	N2 or Ar LO2	N2 or Ar LO2	O2H N2 or Ar	O2H H2 N2 or Ar TCA	O2H	N2 or Ar LO2	N2 or Ar	N2 or Ar N2 or Ar	N2 or Ar	N2 or Ar
	20 1 30	20 1	20 1	20 1	20 1	8	8 8 0.2	8	10 1	15	20	20	30

```
* Flow rate : liter/min
  Ramp-up rate : 5[℃/min]
  Ramp-down rate : 3[℃/min]
  Boat in : 15 [cm/min]
  Boat out : 10 [cm/min]
  Total cycle time : 4 hr  9 min 30 sec
```

그림 2-21 게이트 산화막 공정방법

이러한 열산화 방법은 현재는 주로 고압분위기에서 **빠른시간 내에** 산화(Radical Oxidation) 시키는 장비들이 주종을 이루고 있으며 고압에서의 공정은 공정온도를 낮추어 진행하게 된다.

즉 건식 산화(Dry Oxidation)에 의해서 생성되는 열 산화막(Thermal Oxide)은 800[℃]~1200[℃]의 고온에서 수십~수백[Å]의 두께를 오랜 시간동안 열처리를 하는 것은 많은 비용을 소비할 뿐 아니라, 기판의 불순물의 재분포와 기판이 휘어지는 현상(Wafer Warpage)을 유발하기도 하며 또한 집적 회로 공정에 사용되는 대표적인 금속 물질인 알루미늄(Al)은 원자 번호가 13으로 원자 번호가 14인 실리콘과 원자의 크기가 비슷하여 온도가 450[℃] 이상이 되면 실리콘과 쉽게 결합한다. 이러한 문제점들을 최소화하고 생산 단가를 낮추고자, 산화 작용으로 인해서 발생되는 결함들(defects)을 줄일 수 있는 방법들이 사용되고 있다.

열산화에서 대표적으로 사용되는 수평로(Horizontal Furnace)는 그림 2-22와 같은 것들이 사용되고 있다.

그림 2-22 수평 로(Horizontal Furnace)

열산화법은 반도체 여러 공정에서 응용되며 반도체공정단계(Semiconductor Step)에 따라 또한 여러 가지 이름으로 불리어 진다. 일반적으로 열산화막은 층간의 절연을 목적으로 하거나 층간의 완충(Buffer)작용 및 캐리어의 이동 등을 좌우하게 되며 그림 2-23에 반도체 공정에서의 열산화막의 응용 예를 나타내었다.

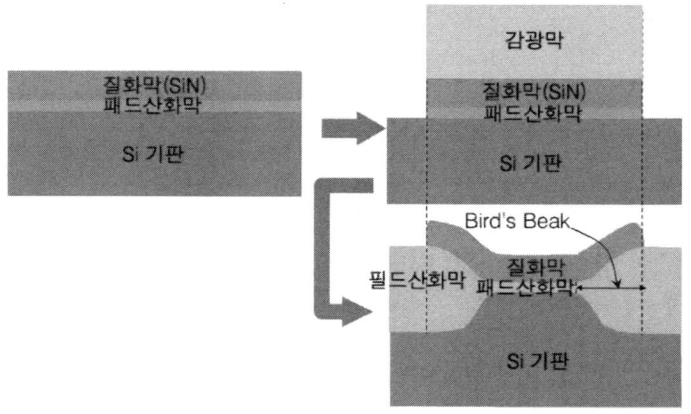

그림 2-23 패드(Pad) 및 필드(Field) 산화막 형성

2) 클로린 산화법(Chlorine Oxidation)

열산화 장치에서 할로겐(Halogen)이나 할로겐 수소(Hydrogen)를 산소 등과 함께 주입하여 산화하는 방법이다. 할로겐 물질로는 HCl, Cl_2 등이 주로 사용되며 초기에는 TCA(Trichloroethane)가 사용되기도 하였으나 대기에서 오존파괴 등에 대한 염려로 1987년 "Montreal Protocol"회의에서 "오존층 보호를 위한 특정물질의 제조규제 등에 대한 법률"의 시행으로 그 대체 물질인 DCE(Dichloroethylene)가 사용되고 있다.

▶ 사용개스
  HCl, TCA($C_2H_2Cl_3$), DCE($C_2H_2Cl_2$)
▶ 특성
  • 산화속도 증가
  • 산화막질의 향상
    - 모빌이온(Mobile Ion) 감소
    - 소수 캐리어 라이프타임(Minor Carrier Life Time) 증가
    - 산화막내의 결합(Defects) 감소
    - 산화막내 유도결함(Induced Stacking Faults) 감소

이러한 열산화 방법중에서 클로린을 사용한 산화반응식은 다음과 같이 나타낸다.

- Si(s) + 4HCl(v) + 2O₂(v) -> SiO₂(s) + 2H₂O(v) + 2Cl₂(v)
- C₂H₃Cl₃(v) + 2O₂ -> 3HCl + 2CO₂
  TCA
    -> Si(s) + 4HCl(v) + 2O₂(v) -> SiO₂(s) + 2H₂O(v) + 2Cl₂(v)
- C₂H₂Cl₂(v) + 2O -> 2HCl + 2CO
  DEC
    -> Si(s) + 4HCl(v) + 2O₂(v) -> SiO₂(s) + 2H₂O(v) + 2Cl₂(v)

3) 플라즈마 산화법(Plasma Oxidation)

플라즈마를 이용한 산화법은 1980년 V. Q. Ho에 의하여 플라즈마 FET가 제작된 이후 응용되기 시작하였으며 고전압 직류 글로우(Glow) 방전을 이용한 방법과 주파수나 마이크로파와 고주파(RF, Radio Frequency)를 이용한 방법이 있다. 그러나 고전압의 글로우 방전을 이용한 방법은 산화막을 식각 시키는 단점이 있어 주파수나 마이크로파를 이용한 플라즈마 방법이 이용되고 있으며 플라즈마 산화방법을 그림 2-24에 나타내었다.

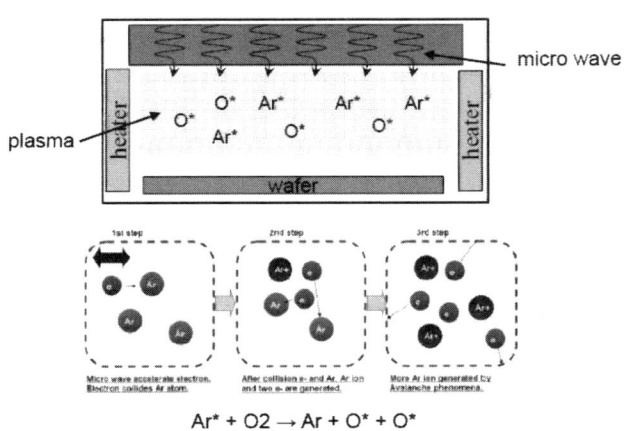

그림 2-24 플라즈마 산화방법

마이크로파를 사용하여 고주파(RF, Radio Frequency)를 이용하는 방법은 그림 2-25와 같이 마이크로파가 전자를 가속하여 아르곤(Ar) 원자를 충돌시켜 전자와 아르곤(Ar) 이온을 생성하여 아르곤이온이 산소와 반응하여 산화막을 형성하는 방법이다. 이

방법은 저온에서 산화속도가 빠르고 산화물의 적층결함이 적으며 측면(Lateral)에서의 산화를 억제시키고 저온공정으로 기판내의 도펀트(Dopants) 들의 재 분포가 적은 장점이 있다.

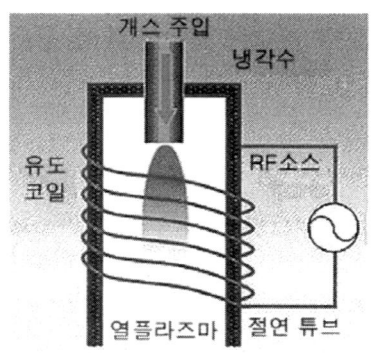

그림 2-25 고주파를 이용한 산화방법

이러한 플라즈마 산화장치를 이용한 산화는 그림 2-26과 같이 기판과 얇은 홈 아이소레이션(STI) 사이나 다결정 실리콘 가장자리(Edge) 등과 같이 산화막 성장이 난이하거나 열적확산이 어려운 곳에 산화막을 성장시키는 용도로 사용된다.

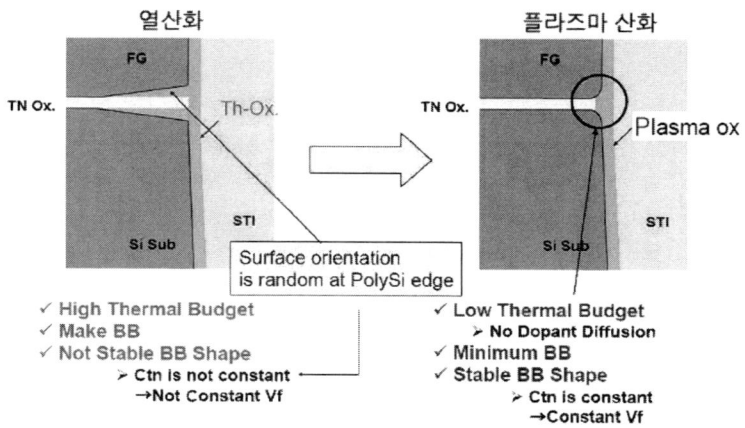

그림 2-26 플라즈마 산화장치

4) 고온산화(Rapid Thermal Processor)

반도체소자의 고 집적화로 산화공정은 되도록 저온(<900℃)에서의 공정이 요구되고 있으나 매우 얇고 신뢰성 있는 산화막 성장 위하여는 별도로 급속 온도 가열장치를 이용한 산화가 필요하기도 하다. 이 방법은 단시간동안 원하는 온도로 가열하여 원하는 산화막을 성장하는 장치이므로 열적안정성(Thermal Burdget) 등에 대한 이점이 있으며 주로 실리사이드 콘택(Silicide Contact)의 형성이나 열처리 등에 사용된다. 여기에는 두가지 종류의 것(ISGG & WVG)들이 주로 사용 된다.

산화시스템 내에서 동시에 산화막을 성장시키는 ISGG(In Situ Steam Generation) 시스템은 그림 2-27과 같이 고온공정에서 간단한 방법으로 산화막을 성장할 수 있으며 이는 시스템 내에 동시에 산소와 수소가 공급되어 열 반응에 의하여 산화막을 성장하는 시스템이다. WVG(Water Vapor Generation) 시스템은 그림 2-28과 같이 상대적으로 낮은 온도에서 수증기성분(H_2O)을 형성하여 시스템내부로 물성분이 공급되어 산화막을 성장하는 시스템이다.

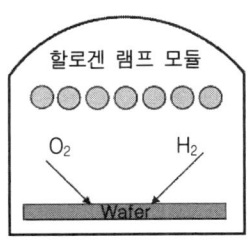

그림 2-27 ISGG 산화장치

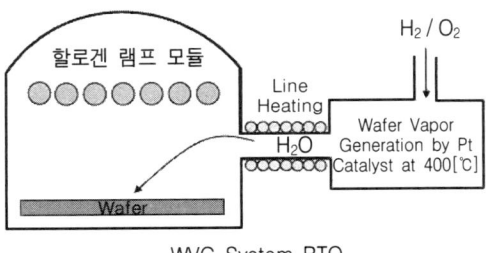

그림 2-28 WVG 산화장치

5) 선택적인 산화(Selective Oxidation)

산화방법중 증착에 의한 산화는 화학기상증착(CVD)과 물리적 기상증착(PVD)로 나뉘어 진다. 이 공정들은 주로 수소(H_2)나 물(H_2O) 성분을 사용하여 금속(W, Al 등)이나 실리콘을 원하는 두께로 성장한 후 특정한 부분에 산화막을 성장(Reoxidation)하는 용도로 사용되거나 금속에 수소(H_2) 성분(Hydrogen Ambient)을 주입시켜 금속을 산화시키는 방법으로 사용 된다.

(1) 재 산화(Reoxidation) 공정

선택적인 산화의 대표적인 예로 이온 주입공정에서 소오스(Source), 드레인(Drain) 영역에 영향을 미치거나(Damage) 오염(Contamination)을 방지하는 목적으로 게이트 산화막 측벽을 산화시키는 방법이 사용된다. 이공정은 다음과 같이 게이트 산화막 형성 후 텅스텐(W)을 증착하여 패턴을 형성하는 방법으로 공정이 진행된다.

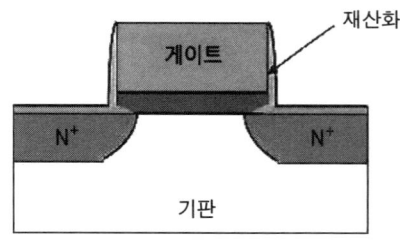

· Gate re-oxidation after gate patterning when W is exposed in W/poly gate.

그림 2-29 재산화공정

(2) 선택적인 산화

선택적인 산화의 또 다른 예로 게이트 산화막 위에 다결정실리콘 증착 후 금속전극을 형성하여 전류를 가할 때 다결정실리콘(Polysilicon)의 잔재물(Residue)에 의하여 전기적 쇼트(Shorts)를 방지하거나 다결정 게이트 에지(Edge)의 영향을 최소하 하는 목적으로 산화할 때 사용된다.

- Oxidation of Si under Hydrogen-rice ambient ($H_2 + H_2O$)

$$W(s) + 3H_2O(v) = WO_3(s) + 3H_2(g)$$
$$WO_3(s) + 3H_2(g) = W(s) + 3H_2O(g)$$
$$Si(s) + 2H_2O(v) = SiO_2(s) + 2H_2(g)$$

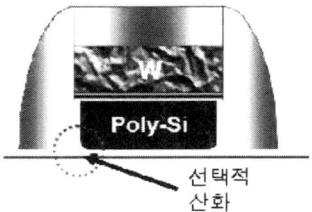

그림 2-30 선택산화공정

이러한 선택적인 산화는 수소(H_2)나 물(H_2O) 성분의 양에 따라 산화막 성장두께의 의존성을 가지게 됨을 그림 2-31에서 알 수 있다.

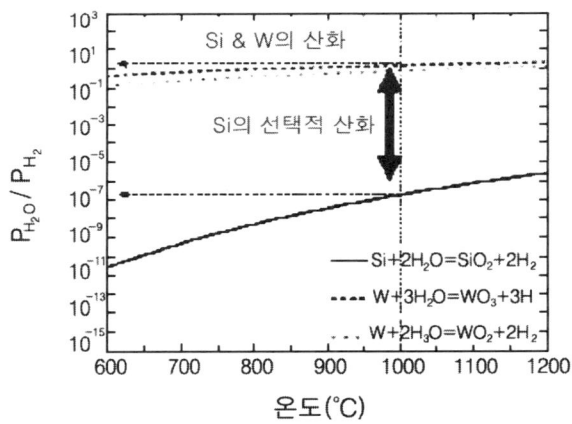

그림 2-31 산화막성장의 두께 의존성

선택적인 산화는 필요에 따라 여러 공정들에서 응용할 수 있으며 대표적인 방법으로 질화막(Si_3N_4) 성장이후 필드산화막을 성장하거나 측면 벽에서의 산화막(Side Wall Oxidation) 성장 등에 이용되며 필드산화막 성장과 측면 벽의 산화막 성장에 대하여 각각 그림 2-32, 2-33에 나타내었다.

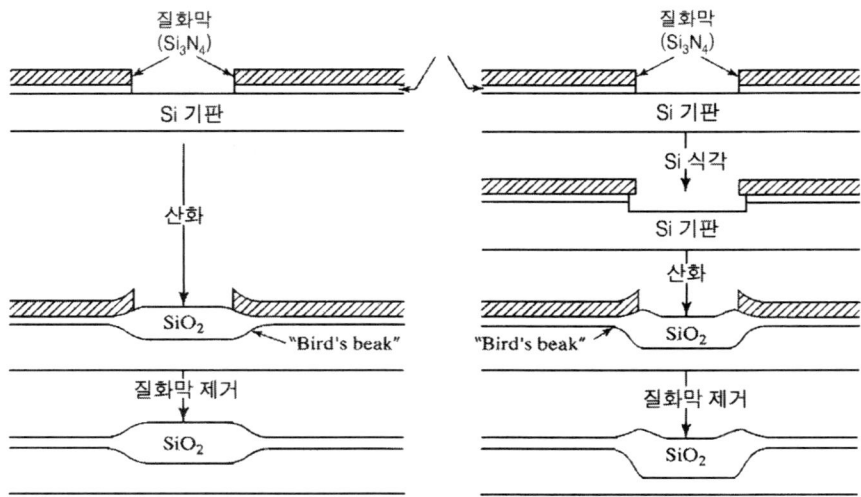

그림 2-32 필드산화막(Field Oxide)의 선택적 성장

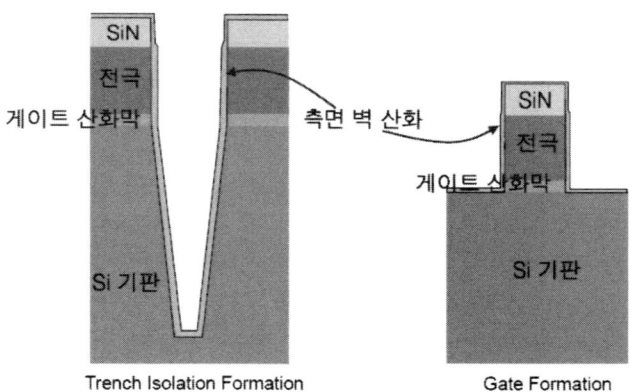

그림 2-33 측면 벽의 산화막(Side Wall Oxidation) 성장

1.4 열처리(Thermal Annealing)공정

실리콘 기판에 일정한 반도체공정을 진행한 후 고온(>800℃)의 분위기에서 처리(Annealing)하면 반도체공정 표면위에 얇은 산화막이 생성되며 이 공정을 통하여 불순물 이온주입후의 확산(Diffusion)이나 재 분포(Redistribution)를 목적으로 하거나 BPSG

증착 후 표면을 평탄화(Flow) 하기위하여 사용되기도 한다. 또한 Si-SiO$_2$ 계면특성을 향상하거나 결함(Defect)의 제거(Gettering), 실리사이드 공정(Silicide) 형성을 위한 소결(Sintering) 등의 목적으로 사용되고 있다.

1) 열처리의 목적

열처리장비는 여러 반도체 공정의 다양한 목적을 위하여 사용되며 일반적으로 다음과 같은 목적으로 사용된다.
- 스트레인(Strain) 및 결함(Defects) 감소
- 결정구조 회복(Recover)
- 캐리어 이동도(Mobility) 회복(Recover)

2) 열처리 특성

열처리는 일정한 온도범위에서 일정한 시간동안 진행이 되며 열처리를 통하여 캐리어 이동도, 도펀트 활성화(Activation), 누설전류(Leakage Current), 캐리어 수명(Life Time) 등을 향상 시키게 된다.
- 열처리 온도 : 400[℃] ~ 1000[℃]   • 열처리 시간 : 15 ~ 30[분]

일반적인 열처리의 온도 의존특성은 표 2-4와 같다.

표 2-4 산화막의 온도 의존특성

온도의존성 활성화 온도(℃)	특 성
450~500	부분적인 활성화, 결함회복
600~700	에피(Epi-layer)의 재결정화 비정질 구조의 결정화 부분적인 활성화(Partial Activation)
900~950	고농도 붕소(B)의 활성화 이동도의 회복
1000 이상	소수캐리어의 수명 회복

다음에 불순물(B, P, As)의 열처리 온도에 대한 접합 누설전류(Junction Leakage Current) 특성과 열처리온도에 따른 캐리어농도 변화는 각각 그림 2-34, 2-35와 같다.

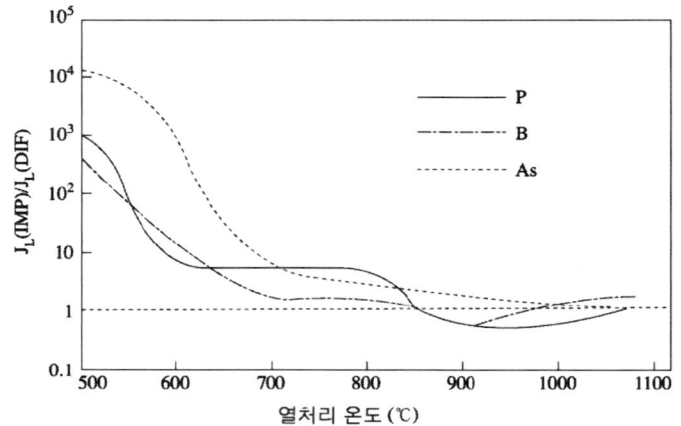

그림 2-34 접합누설전류 / 열처리 온도

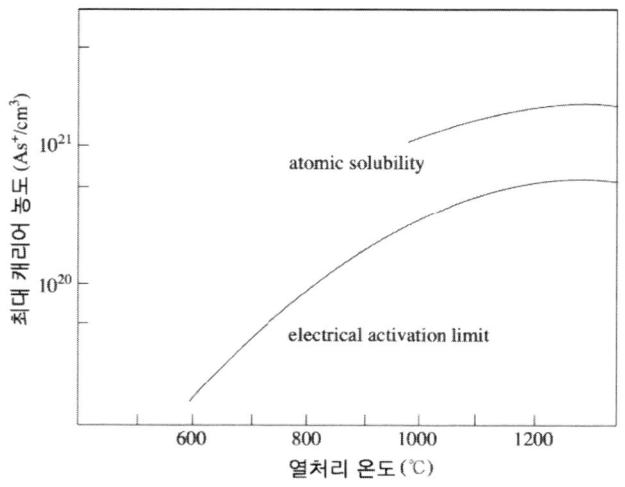

그림 2-35 캐리어 농도변화 / 열처리 온도

2. 확산공정(Diffusion Process)

2.1 확산소스

확산은 기체분자나 원자, 고체/액체 상태를 구성하는 원자가 화학 포텐셜(Chemical Potential) 차이에 의해 화학 포텐셜(Potential)이 높은 곳에서 낮은 곳으로 구성입자가 이동하는 현상을 말하며 확산속도는 확산의 시간과 입자의 이동속도 및 물질의 확산계수(Diffusion Coefficient) 등에 좌우(Fick's Law)되게 된다. 확산에 사용되는 소스는 크게 고체상태, 수증기상태, 이온주입 등이 있다.

확산에 사용되는 소스로서 주로, 붕소(B), 인(P), 비소(As), 안티몬(Sb) 등이 사용되며 수증기(Vapor) 상태에서의 도핑에 의한 확산은 일반적으로 생성, 전달, 환원, 확산이라는 과정을 통하여 일어난다. 이러한 확산소스의 형태에 따라 다음과 같이 나누어진다.

▶ 고체(Solid State)
- 붕소(B) : B_2O_3, BN
- 비소(As) : As_2O_3
- 인(P) : P_2O_5
- 안티몬(Sb) : Sb_2O_3

▶ 수증기(Vapor State)
- 액체형 수증기(Liquid Impurity Vaporizing) : $POCl_3$, BBr_3
- 개스형(Gas State Impurity) : PH_3, B_2H_6, DCl_3, AsH_2

▶ 이온주입(Ion Implantation)

이러한 확산원들은 실리콘 표면을 유전막(SiO_2, Si_3N_4 등)으로 증착한 후 선택적으로 확산시키는 방법으로 확산하게 된다.

다음에 확산소스의 종류와 확산반응 특성을 표 2-5에 나타내었다.

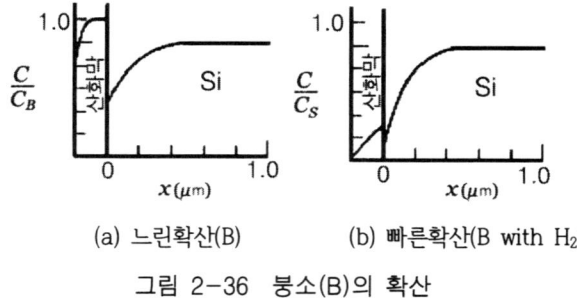

(a) 느린확산(B)　　　(b) 빠른확산(B with H_2)

그림 2-36 붕소(B)의 확산

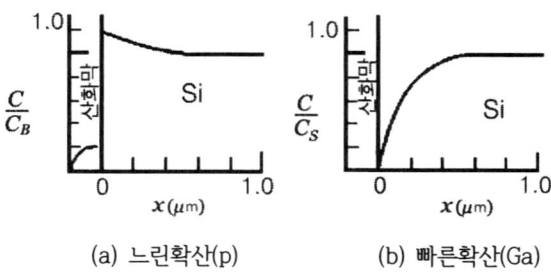

(a) 느린확산(p)　　　(b) 빠른확산(Ga)

※ C_s : 표면(Surface)에서의 불순물 농도, C : 불순물(Dopant Concentration) 분포,
　C_B : Si 벌크의 농도

그림 2-37 인(P)의 확산

표 2-5 확산소스의 종류특성

구분 형태	원소	확산소스	상태	확산반응
n형	Sb	Sb_2O_3(Antimony Trioxide)	고체	
	As	As_2O_3(Arsenic Trioxide) AsH_3(Arsine)	고체 기체	$2AsHS_3+3O_2 \rightarrow As_2O_3+3H_2O$
	P	$POCl_3$(Phosphorus Oxychloride) P_2O_5(Phosphorus Pentoxide) PH_3(Phosphine)	액체 고체 기체	$4POCl_3+3O_2 \rightarrow 2P_2O_5+6Cl_2$ $2P_2O_5+5Si \rightarrow 4P+5SiO_2$ $2PH_3+O_2 \rightarrow P_2O_5+3H_2O$
p형	B	BBr_3(Boron Tribromide) B_2O_3(Boron Trioxide) B_2H_6(Diborane) BCl_3(Boron Trichloride) BN(Boron Nitride)	액체 고체 기체 기체 고체	$4BBr_3+3O_2 \rightarrow 2B_2O_3+6Br_2$ $2B_2O_3+3Si \rightarrow 4B+3SiO_2$ $B_2H_6+3O_2 \rightarrow B_2O_3+3H_2O$ $BCl_3+3H_2 \rightarrow 2B+6HCl$

2.2 확산의 분포

격자내의 확산은 도펀트 원자가 빈 격자 사이에 침투하여 들어가는 빈격자 확산(Vacancy Diffusion)과 원자가 격자점 위치를 차지하지 않고 다른 곳으로 이동하는 격자간 확산(Interstitial Diffusion)이 있다. 확산은 그림 2-38과 같이 확산시간에 따른 도펀트의 농도분포를 결정하며 시간이 경과 할수록 농도 분포가 완만해 지는 특성을 나타내게 된다.

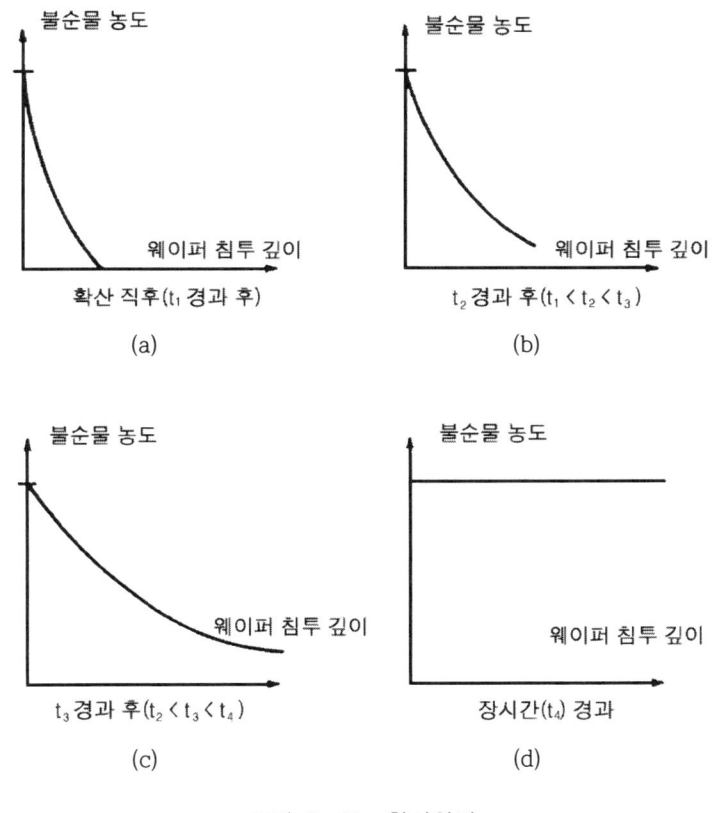

그림 2-38 확산원리

이러한 확산은 Fick's의 법칙으로 설명된다. 이 법칙은 화학포텐셜(Chemical Potential) 차이에 의해 높은 곳에서 낮은 곳으로 구성입자가 이동하는 확산의 흐름(Flux)에 대한 것으로 농도구배(단위길이당 농도의 변화)에 따른 확산 흐름을 예상하는 법칙이다. 일반적으로 벌크내에 주입되는 도펀트의 확산계수(D_B)는 다음과 같이 나타낸다.

$$D_B = D_0 \exp(\frac{-E_a}{kT})$$

여기서 D_0는 주파수인자(Frequency Factor), E_a는 활성화 에너지 [eV]이다.

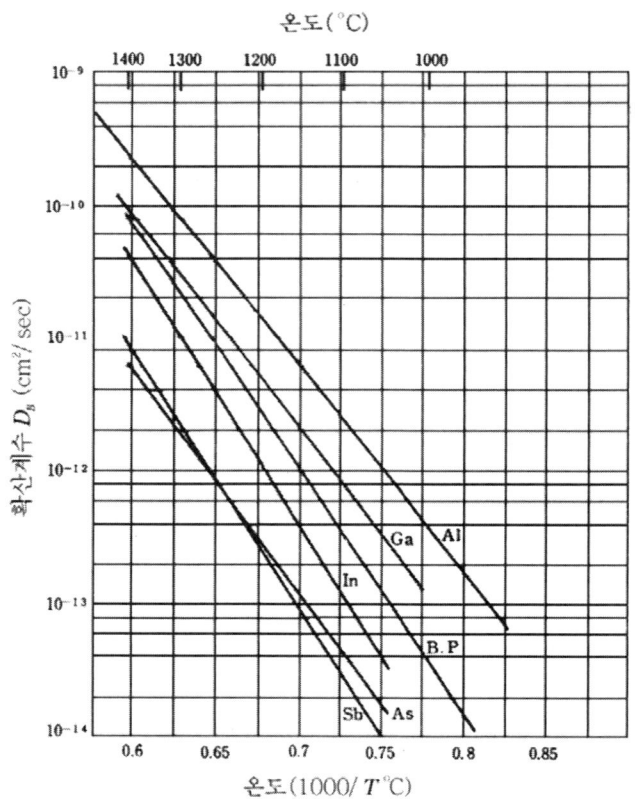

그림 2-39 도펀트들의 확산계수

도펀트의 확산인자는 표 2-6과 같으며 확산계수는 그림 2-39와 같다.

표 2-6 도펀트의 확산인자

도펀트 원자	$D_0(Cm^2/s)$	$E_a(eV)$
P	2.5×10^{-3}	2.6
As	68.6	4.23
Sb	12.9	3.98
B	25	3.51
Ga	1.8×10^2	4.12
Al	4.8	3.36

1) 증착확산(Predeposition)

증착확산은 도펀트 들을 주입 후 일정한 온도로 가열하여 확산시키는 방법으로 증착확산은 도펀트의 종류와 농도, 분위기 및 온도에 따라 그 양이 달라지게 되며 확산시 어느 한계(call "고체용해도")가 있어 더 이상 확산이 되지 않는 문제점이 발생하게 된다.

(1) 고체용해도(Solid Solubility)

고체용해도는 그림 2-40과 같이 실리콘(Si) 결정내에 도펀트 원자들이 온도에 따라 확산되는 정도를 의미한다. 즉 고체용해도는 온도가 증가하면 선형적으로 고체용해도가 증가하다가 실리콘의 융점부근에 도달하게 되면 급격히 감소하게 된다는 것이다. 이로 인해 오랜시간 동안 고온의 확산을 유지한다하더라도 도펀트의 고체용해도 까지만 웨이퍼 표면으로 확산이 되게 됨을 알 수 있다.

증착확산의 경우는 실리콘의 농도(C_S)가 일정한 경우로 한정하고 Fick의 제 2법칙에서 도펀트의 농도 N(x, t)는 다음과 같은 식으로 나타낼 수 있다.

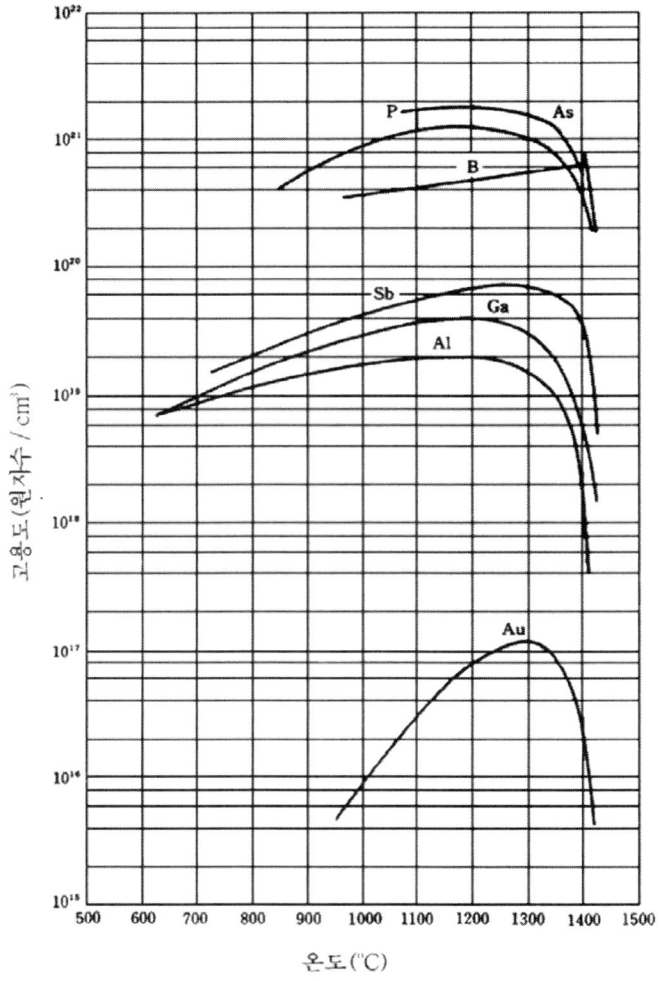

그림 2-40 고체용해도(in Si)

$$N(x,t) = N_0 \, erfc \frac{x}{2\sqrt{D_B t_B}} \quad [Cm^{-3}]$$

여기서 $\sqrt{D_B t_B}$는 임의의 주입된 원자에 대한 표면으로부터의 확산거리(이때 t_B는 주입된 원자의 증착확산시간, D_t는 도펀트의 확산계수), N_0는 표면으로부터의 도펀트농도, erfc는 상보오류함수(Complementary Error Function, erfc), x는 웨이퍼 표면으로부터의 거리를 나타낸다.

일반적으로 도펀트의 농도 N_0는 다음과 같다.

- 붕소(B) : 6×10^{20} [Cm^{-3}]
- 인(P) : 1.5×10^{21} [Cm^{-3}]
- 비소(As) : 1.9×10^{21} [Cm^{-3}]

증착확산의 도펀트 농도 분포식을 도펀트들(표면의 농도가 일정한 경우)에 대한 프로파일로 나타내면 다음과 같다.

즉 Q가 일정하고, 실리콘 표면의 농도가 시간이 지남에 따라 같다면 $N_S = N_S(t)$ $\frac{dN}{dx}|_{x=0}$ 가 되어 도펀트는 표면에 수직이 된다.

여기서 시간에 대한 증착확산의 도펀트 농도는 다음과 같이 된다.

$$N_s(t) = \frac{Q}{\sqrt{\pi D_B t_B}} \to N_s \propto \frac{1}{\sqrt{D_B t_B}}$$

그러므로 증착확산보다 드라이브인 확산의 확산거리가 깊게 되며 이는 가우시안분포(Gaussian Distribution) 특성을 나타내게 된다. 이러한 농도분포를 정상상태(Normalized)화 하여 $\frac{x}{2\sqrt{D_B t_B}}$ 에 대한 프로파일을 나타내면 그림 2-41이 된다.

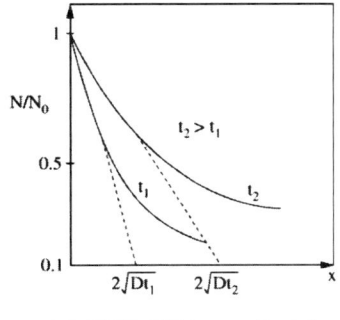
(a) 선형눈금(Linear Scale)

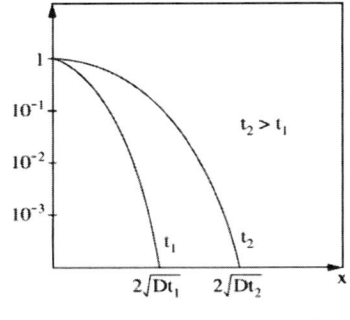
(b) 로그눈금(Log Scale)

그림 2-41 도펀트의 증착확산

2) 상보오류(Complementary Error Function) 농도분포

상보오류함수는 주입된 도펀트의 표면으로부터 확산거리 x까지에 대한 시간적인 적분값을 나타내며 다음과 같이 표현된다.

$$erfc = \frac{2}{\sqrt{\pi}} \int_0^x e^{-t^2} dt$$

그림 2-41과 같이 실리콘(Si) 내에서의 확산에 따른 도펀트 농도변화는 그림 (a)의 경우 실리콘표면에서의 최대농도 값을 나타내며 시간이 경과함에 따라 그림 (b)와 같이 확산에 의하여 도펀트의 농도가 거의 평형하게 확산됨을 알 수 있다.

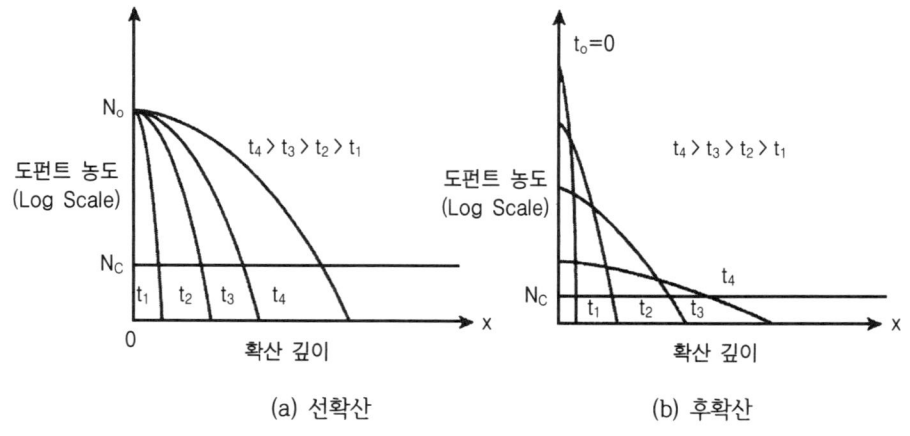

그림 2-42 실리콘내에서의 도펀트의 확산

여기서 상보오류함수는 증착확산의 $\dfrac{x}{2\sqrt{D_B t_B}}$ 에 대한 프로파일을 정상상태(Normalized)로 표준화 하여 나타내면 그림 2-43이 된다.

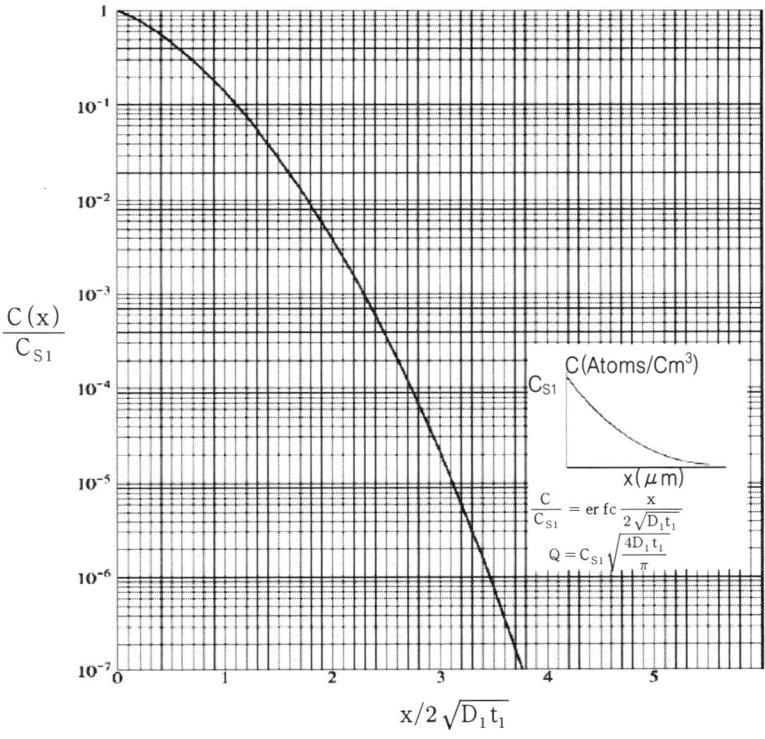

그림 2-43 상보오류함수에 대한 농도분포

2.3 확산공정

확산공정은 반도체 공정중 원하는 부분에 일정량의 불순물을 주입하기 위한 공정인데 다음과 같은 종류로 설명된다.

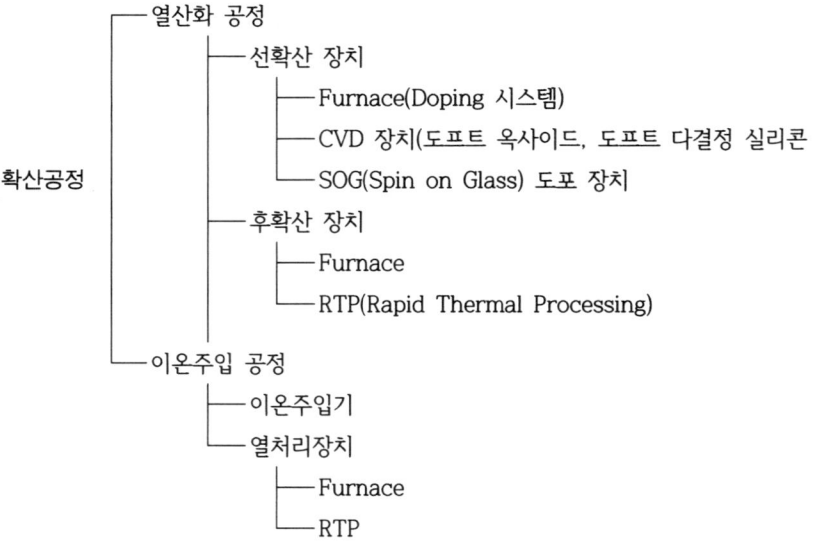

 이러한 확산주입공정에서 대표적으로 사용되는것은 확산로(Furnace)를 이용한 증착확산과 RTP를 이용한 드라이브 인(Drive in)공정, 증착확산과 드라이브 인 공정 모두를 사용하는 방법이다.
- 증착(Predeposition) 확산
- 드라이브 인(Drive in) 확산
- 증착확산 + 드라이브 인 확산

1) 증착확산(Predepositon)공정

 일반적인 확산방법으로 도펀트를 주입한 후 일정한 온도로 가열하여 도펀트를 확산시키는 방법이다. 이 경우 고체용해도(Solid Solubility)에 도달 할 때까지 반도체 결정 내로 확산하게 되며 주로 온도와 시간에 좌우되게 된다. 이는 표면의 농도가 높고 확산의 깊이가 적어 불순물의 농도분포가 좁은 사각형모양의 불순물 분포(call "델타(δ)함수")특성을 나타내고 고체용해도 특성에 의하여 제한적인 확산 특성이 있다.
 증착확산의 도펀트의 농도분포 N(x, t) 수식은 다음과 같다.

$$N(x,t) = N_0 \, erfc \frac{x}{2\sqrt{D_B t_B}} \; [Cm^{-3}]$$

여기서 $\sqrt{D_B t_B}$ 는 임의의 주입된 원자에 대한 표면으로부터의 확산거리이며 이때 t_B는 주입된 원자의 증착확산시간, D_t는 도펀트의 확산계수로 확산계수의 온도 의존성을 나타낸다.

증착확산에 대한 도펀트 들의 전체량은 다음을 고려하여 계산 할 수 있다. 즉 위의 증착확산 수식으로부터 다음의 조건을 가정한다.
- N_0 = 일정
- 도펀들의 90 [%]가 0<x<x{N(x)=0.1 N_0}

$$J(t) = -D_B \frac{dN}{dt}\Big|_{x=0}$$

이때 $N(x,t) = N_0 \, erfc[\frac{\pi}{2\sqrt{D_B t_B}}]$라면 다음이 된다.

$$J(t) = \frac{D_B N_0}{\sqrt{\pi D_B t_B}} \exp[-(\frac{x}{2\sqrt{D_B t_B}})^2]\Big|_{x=0}$$
$$= N_0 \sqrt{\frac{D_B}{\pi t_B}}$$

여기서 전체 도펀트의 양은 다음과 같이 계산된다.

$$Q = \int_0^t J(t)dt = \int_0^\infty N(x,t)dx = 2\sqrt{\frac{D_B t_B}{\pi}} N_0$$
$$\approx \frac{1}{2} \cdot 2\sqrt{D_B t_B}\, N_0 = \sqrt{D_B t_B} N_0 \; [Cm^{-2}]$$

즉 위식은 실리콘내의 도펀트의 확산그림에서 하나의 확산 프로파일이 차지하는 면적이 된다. 즉 고체용해도의 도펀트의 증착확산 그림 2-41 (a)에서 선형눈금에서 프로파일 밑변의 길이가 $2\sqrt{D_1 t_1}$, 높이가 N_0인 삼각형으로 근사시킬 수 있으며 이 결과는 드라이브 인 확산시 사용되는 한 방법인 접합형성 깊이(Junction Depth)와 드라이브 인의 깊이가 가우시안 분포(Gaussian Distribution)가 되는 것에 적용이 가능함을 나타낸다.

2) 드라이브 인(Drive in) 확산공정

확산공정에서 도펀트를 주입하여 일정온도와 시간에 따라 확산되는 증착확산은 표면의 농도가 높고 확산의 깊이가 적어 불순물의 농도분포가 좁은(call "델타함수") 특성이 있으며 고체용해도 특성에 의하여 제한적이다. 그러므로 증착확산시 표면에 존재하는 과잉 도펀트 들을 제거하고 원하는 깊이에 원하는 양만큼을 확산시키기 위한 방법으로 대두된 것이 고온 확산로(Diffusion Furnace)를 이용한 드라이브 인(또는 call "후확산")이라는 방법이다.

드라이브인의 확산방정식은 증착확산의 도펀트의 농도분포 N(x, t) 수식에서 다음과 같은 조건을 가정하여 계산한다.

증착확산의 델타(δ)함수 소스로부터 Fick의 확산함수 경계조건을 다음과 같이 적용한다.

- $N(0^+, 0) = 0$
- $N(x, 0) = \infty$, $0 < x < 0^+$ -> 델타(δ)함수
- $N(\infty, 0) = 0$
- $\frac{dN}{dx}\big|_{x=0} = 0$이면 -> 전체 도펀트의 양 Q = 일정하다.

그러므로 $N(x, t) = \dfrac{Q}{\sqrt{\pi D_B t_B}} \exp[-\dfrac{x^2}{4 D_B t_B}]$

$= N_S \exp[-\dfrac{x^2}{4 D_B t_B}]$ [Cm^{-3}]이 된다.

이때 N(x, t)는 표면으로부터의 거리 x인 지점의 도펀트 농도, Q는 증착확산 시 결정 내로 주입된 도펀트의 양을 나타낸다. 이는 드라이브 인 확산시 도펀트 분포는 표면농도

N₀를 가지고 실리콘 벌크쪽으로 확산될수록 그림 2-44와 같이 점차 **가우시안(Gaussian) 분포특성**을 가진다는 의미가 된다. 이때 도펀트의 확산계수가 클수록 도펀트의 농도는 빠르게 감소하게 된다.

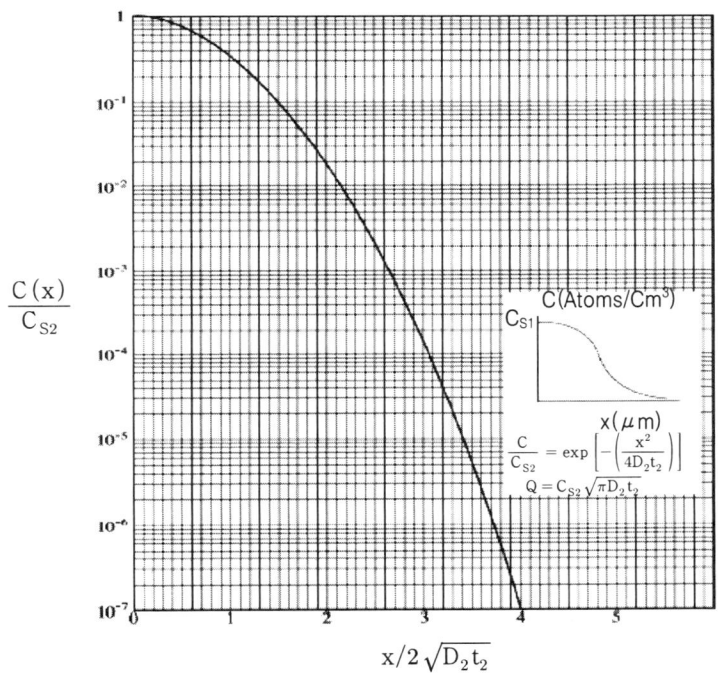

그림 2-44 가우시안 분포특성

(1) 접합(Junction) 내에서의 확산공정

드라이브 인 확산시 사용되는 한 방법으로 접합내에서의 도펀트의 확산은 다음과 같이 계산된다.

증착확산의 도펀트의 농도분포 N(x, t)를 나타내는 식은 다음과 같다.

$$N(x, t) = N_0 \, erfc \frac{x}{2\sqrt{D_B t_B}} \quad [Cm^{-3}]$$

이때 $\sqrt{D_B t_B}$는 임의의 주입된 원자에 대한 표면으로부터의 확산거리이며 이때 t_B는 주입된 원자의 증착확산시간, D_t는 도펀트의 확산계수이다.

여기서 주입되는 도펀트의 초기 농도를 N_b라 하면 위식은 다음처럼 나타낼 수 있다.

$$N(X_j, t) = N_0 \, erfc \frac{x}{2\sqrt{D_B t_B}} - N_b \, [\text{Cm}^{-3}]$$

이때 도펀트의 초기 농도 N_b가 확산시킨 도펀트와 반대형이면 pn 접합이 되며 pn 접합부의 경우 각각의 도펀트 확산 형태가 다르므로 도펀트의 농도분포 $N(X_j, t)$는 거의 0(zero)가 된다. 즉 $N(X_j, t) = 0$가 되므로 $N(X_j, t) = |N_B|$가 되어 다음과 같이 계산된다.

$$\text{접합의 깊이 } X_j = 2\sqrt{D_B t_B} \, erfc^{-1}\left(\frac{N_B}{N_0}\right)$$

pn 접합에 대한 도펀트의 농도분포를 나타내면 다음이 된다.

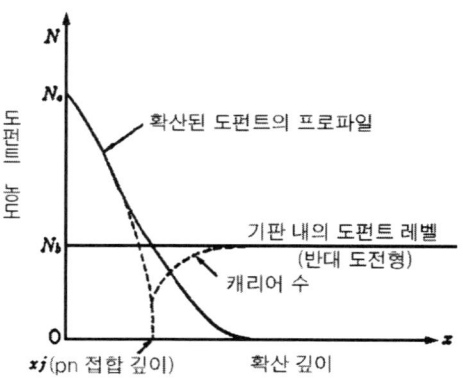

그림 2-45 pn 접합에서의 확산모델

위식은 증착확산의 도펀트 농도분포와 잘 일치함을 알 수 있으며 pn 접합의 도펀트에 대한 pn 접합의 깊이를 프로파일(Profile)로 나타내기 위하여 정상태의 도펀트 농도분포식을 정상상태(Normalized)화 하여 $\frac{x}{2\sqrt{D_B t_B}}$ 에 대한 프로파일을 나타내면 그림 2-46

이 된다.

$$X_j = 2\sqrt{D_B t_B}\,[\ln(\frac{N_S}{N_B})]^{\frac{1}{2}} = 2\sqrt{D_B t_B}\,[\ln(\frac{Q}{\sqrt{\pi D_B t_B}\,N_B})]^{\frac{1}{2}}$$

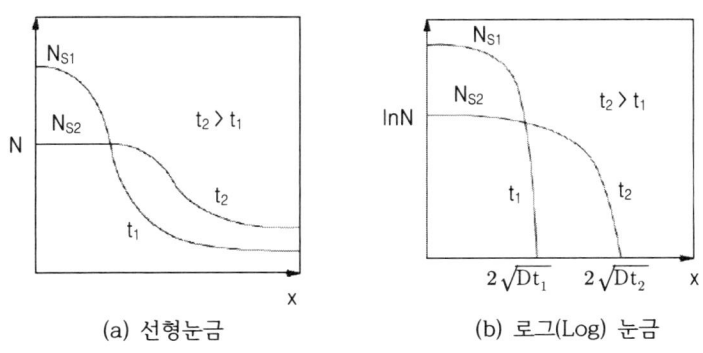

(a) 선형눈금   (b) 로그(Log) 눈금

그림 2-46 도펀트(Dopant) 프로파일

3) 2단계(증착확산 & 드라이브 인(Drive in) 확산공정

확산공정에서 도펀트를 주입하여 원하는 깊이에 원하는 양을 확산시키는 또 다른방법으로 증착확산과 드라이브인을 2단계로 진행하는 방법이다. 2단계 확산의 경우 다음과 같은 장점이 있다.

▶ 2단계 확산의 장점
- 주입되는 전체 도펀트의 양(Q)의 조절이 용이
- 증착 후 붕소(B) 및 폴리실리카글래스(PGS) 등의 제거 용이
- 확산 프로파일의 제어 용이

2단계 확산에서의 도펀트의 농도분포는 그림 2-47과 같으며 증착확산의 도펀트 농도분포에서 다음과 같이 구할 수 있다. 즉 각 단계에서 주입된 확산거리의 비(Rate)를 U라 하면 다음이 된다.

$$U = \frac{\sqrt{D_1 t_1}}{\sqrt{D_2 t_2}}$$

2단계 확산의 도펀트 농노분포는 다음이 된다.

$$N(x, t_1, t_2) = \frac{N_S(t_2)}{\tan^{-1}} \int_0^U \frac{\exp[-\beta(1+U^2)]}{1+U^2} du$$

이때 $\beta = (\frac{x}{2\sqrt{D_1 t_1 + D_2 t_2}})^2$, $N_S(t_2) = \frac{2N_{01} \tan^{-1} U}{\pi}$,

N_{01}은 도펀트 증착 후의 표면농도이다.

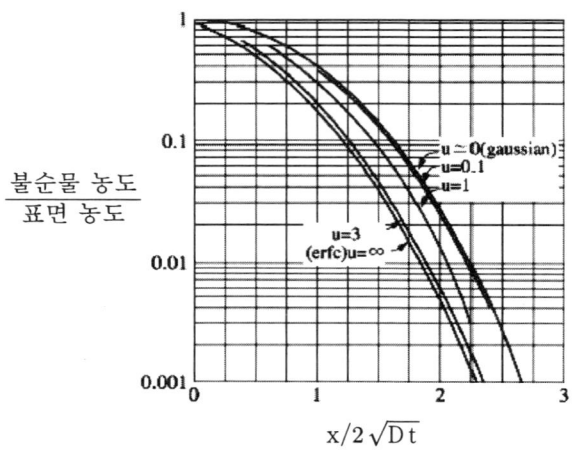

그림 2-47 2단계 확산 프로파일

여기서 각 단계에서 주입된 확산거리의 비(Rate), U는 다음과 같이 정리된다.

- U < 0.1 경우 N(x, t) -> 가우시안분포
- U > 3 경우   N(x, t) -> 상보오류함수(erfc) 분포

즉 주입되는 불순물의 농도가 적으면 도펀트 들이 가우시안 분포특성을 나타내어 실리콘 표면근처에 분포하고 불순물의 농도가 크면 상보오류함수 분포특성을 나타내며 실리콘 쪽으로 깊이 확산되는 분포특성을 나타내게 됨을 의미한다.

연습문제

01. 산화공정에서 습식산화와 건식산화의 차이는 산소(O_2) 또는 물(H_2O)을 사용한 것에 의하여 구분되는데, 습식 및 건식산화에 대하여 분자식으로 설명하시오.

02. 산화막 성장시 산화초기 성장률 특성은 무엇에 의하여 좌우되는지 설명하시오.

03. 산화막 형성방법 중 대표적인 방법은 직접산화 방법인데, 이 중에서 열산화방법에 대하여 설명하시오.

04. 확산의 원리는 도펀트 원자가 빈 격자 사이에 침투되는 격자간 확산이 대표적으로 사용되며, 격자간 확산원리를 Fick's의 법칙으로 설명하시오.

05. 확산공정 중 증착확산 공정에 대하여 원리를 상세히 설명하시오.

06. 확산공정 중 드라이브인(Drive in) 공정에 대하여 설명하시오.

07. 확산공정의 주요 응용분야는 어디인지에 대하여 토론하시오.

3. 포토리소그래피(Photolithography) 공정

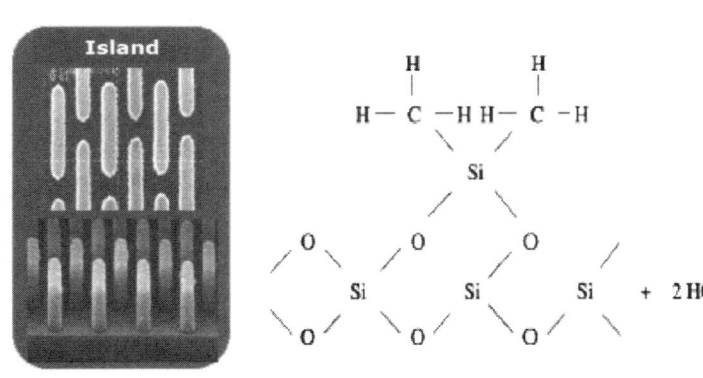

1. 기본특성

2. 감광막 형성공정

제3장
포토리소그래피(Photolithography) 공정

포토리소그래피 공정 즉 사진석판공정은 감광제(Photoresist)라는 감광물질을 이용하여 매스크 패턴이 포토레지스터 기판에 그려진 VLSI 영상(회로)을 패턴의 축소, 노광, 현상을 거쳐 웨이퍼에 옮기는 과정이다. 일반적으로 사진석판공정에 사용되는 감광물질은 수은, 아크 등의 강한 청자색에는 반응을 나타내지만 어두운 방이나 감광막 영역에 널리 사용되는 적색이나 황색 광에는 반응이 나타나지 않는 물질이 사용된다.

1. 기본특성

1.1 사진석판기술의 발전

사진석판공정은 웨이퍼 위에 감광제 도포에서 현상까지의 감광막 공정과 감광막의 패턴을 이용하여 패턴을 형성하고 감광막을 제거하는 식각공정으로 구성된다. 이 공정[석판공정(Lithography)]은 그리스어 "Lithos(돌)"과 "Graphein(쓰다)"이 합성된 말로 실리콘 웨이퍼위에 감광제 패턴을 형성하는 공정이다. 여기서 "Photo"란 말이 붙어 웨이퍼 위에 감광제 패턴을 형성할 때 빛을 이용하여[빛을 필요한 만큼 가려(Mask)] 원하는 패턴을 형성한다는 의미이다. 사진석판공정에서 반드시 고려되어야 할 사항으로는 해상도(Resolution), 초심심도(DOF, Depth of Focus), 정합(Registration), 처리능력(Throughput) 등이 있다.

현재 사진석판공정의 기술 그림 3-1과 같이 머리카락을 길이방향으로 2000개 이상 나눌 수 있는 수준으로 발전하였으며, 반도체국제전망(ITRS, International Technology Roadmap for Semiconductor)에 따르면 2012년이면 약 35[nm](이때 1[nm]는 10억 분의 1[m]임) 선폭을 갖게 될 것으로 예상하고 있다. 그 이후에는 무어의 법칙을 만족할 만한 새로운 기술이 요구되고 있으며 노광기술(Exposure Technology)이 한계에 봉착하면 더블패턴기술(Double Pattern Technology)를 통하여 집적도는 더욱 증가할 것으로 사료되며, 극초단 자외선(EUV, Extreme Ultraviolet)의 개발이 기대되고 있다.

노광기술은 1980년 초에 고압 수은등을 이용한 G선(436[nm] 파장) 자외선의 축소/투사 노광장치의 도입을 시작으로 1[µm]의 해상도에 이어 1993년 인텔사의 0.8[µm]를 기반으로 한 I선(365[nm])으로서 0.5[µm] 이하의 해상도에서 300[nm] 이하의 단파장 원자외선(Deep Ultraviolet) 노광기술로 0.2[µm] 이하의 고해상도를 가능케 하여 248[nm]의 KrF 엑시머레이저(Eximer Laser) 기술로 256M와 512M DRAM의 생산이 가능하다. 현재는 그림 3-2와 같이 193[nm]의 액침(Immersion) ArF 엑시머레이저를 사용하여 1GDRAM의 생산에 적용하였으며, 이중패턴기술을 이용한 32[nm] 공정을 4GDRAM 등의 양산에 적용한 이후 2013년에 22[nm] 공정이 가능하고, 157[nm]의 F_2 엑시머레이저를 이용한 방법이나 126[nm]의 Ar_2, 극초단 자외선(EUV), 전자주입(EP)을 이용한 11[nm] 노광기술이 개발되고 있다.

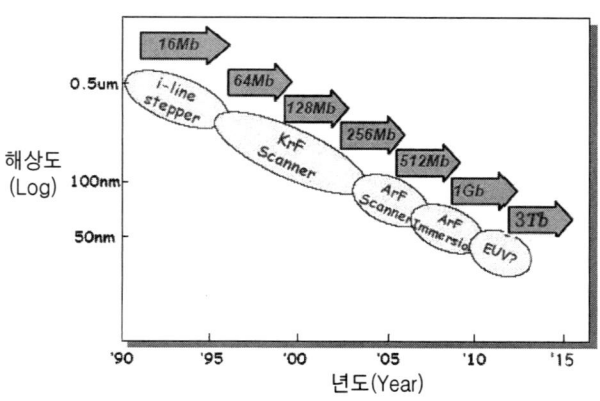

그림 3-1 사진석판기술의 발전

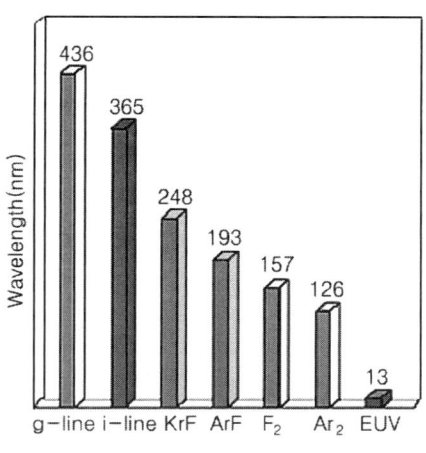

그림 3-2 광원의 종류

EUV 노광장치 기술은 2007년 "SPIE 2007"에서 네덜란드 ASML이 풀필터 노광장치(AD TOOL)를 사용하여 32[nm] 사이즈의 선폭/선간격 패턴과 홀 패턴의 노광결과를 보고한 이후 2009년 후반에 β기(機)에 이어, 2012년을 기점으로 양산에 적용할 수 있을 것으로 기대하고 있다. 삼성전자와 SK 하이닉스는 2012년 이미 'ASML'에 300[mm] 웨이퍼에 적용할 시생산용 EUV 장비 'NXE:3100'을 수주하여 양산에 적용하고 있으며 2013년 이후 10[nm]급 양산에 적용할 계획이다.

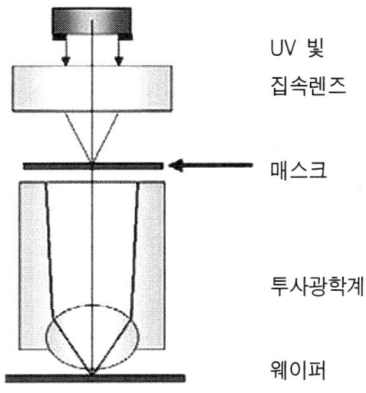

그림 3-3 투사 및 축소형 사진석판장치

그림 3-3에 투사 및 축소형 사진석판공정장치의 개념도를 나타내었다. 사긴석판 공정은 광원에서 나오는 빛을 균일한 면 광원으로 확산 및 접속시키는 조명부, 웨이퍼상에 패터닝 할 패턴 매스크, 매스크와 웨이퍼를 정렬시키고 일정한 배열이 되도록 하는 투사광하계와 웨이퍼 스테이지로 구성된다.

1.2 이미지형성(Imaging)

사진석판공정에서 사용하는 빛의 진행은 투사 및 축소과정을 거쳐 매스크 패턴을 웨이퍼 위에 형성시키는 역할을 한다. 그러므로 빛의 진행은 패턴형성에 있어서 중요한 요인이 되고 있다. 일반적인 빛의 전파는 그림 3-4와 같이 전방향으로 전파하게 된다.

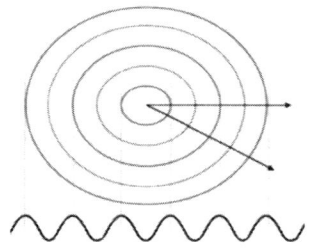

그림 3-4 빛의 전파(Propagation)

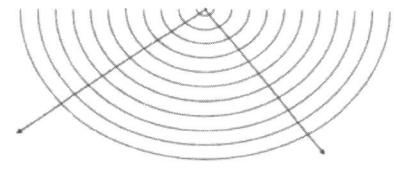

그림 3-5 빛은 파면에 360[°] 방향으로 전파

그러나 이러한 빛은 결과적으로 각 방향에 대하여 파면에 360[°]로 진행하게 되며 여기서 사진석판공정에 이용하기 위하여는 그림 3-5와 같이 특정한 방향으로만 빛을 투사시켜야할 필요가 있다.

1) 빛의 회절(Diffraction) & 간섭(Interference)

사진석판공정에서 빛을 이용하기 위하여 빛을 특정한 방향으로 전파하는 회절현상과 빛을 중첩시켜 같은 위상을 가진 파를 중첩시켜 빛의 세기를 크게하는 간섭을 이용하게 된다.

(1) 회절(Diffraction)

회절이란 장애물 끝에서 빛이 휘어지는 현상으로 정의 되는데 사진석판공정에서는 원하는 방향으로 빛을 전파시키는 목적으로 회절을 이용하며 이는 그림 3-6, 3-7, 3-8과 같이 회절현상과 Fraunhofer의 회절현상, 회절무늬의 세기로 설명된다.

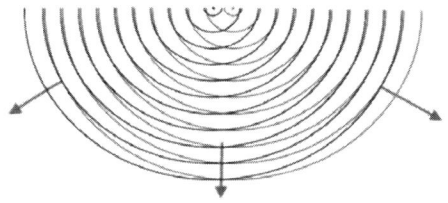

그림 3-6 빛의 회절현상

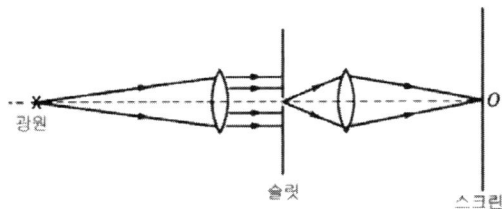

그림 3-7 Fraunhofer 회절장치

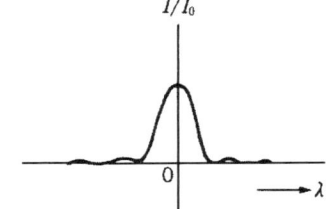

그림 3-8 회절무늬의 세기(Intensity)

즉 회절현상을 관찰하기 위하여 그림 3-7과 같이 회절 장애물 앞, 뒤로 각각의 수렴렌즈가 필요하며 광원이 장애물(Slot)을 통과하여 스크린에 상(Phase)이 맺힘을 관찰(call "근계(Near Field)회절")할 수 있다. 이때 광원이 슬릿의 가장자리를 통과하는 경우와 중앙을 통과하는 경우로 고려 할 수 있는데 이로 인해 광의 경로(Path) 차가 발생하여 다음과 같이 표현이 가능하다.

가장자리를 통과하는 경우와 중앙을 통과하는 경우의 빛에 대한 광 경로차는 그림 3-9에서와 같이 다음처럼 나타낸다.

$$\Delta = \frac{D}{2}\sin\theta$$

여기서 D는 슬릿의 폭, θ는 파면과 입사파의 방향이 만드는 각이다.

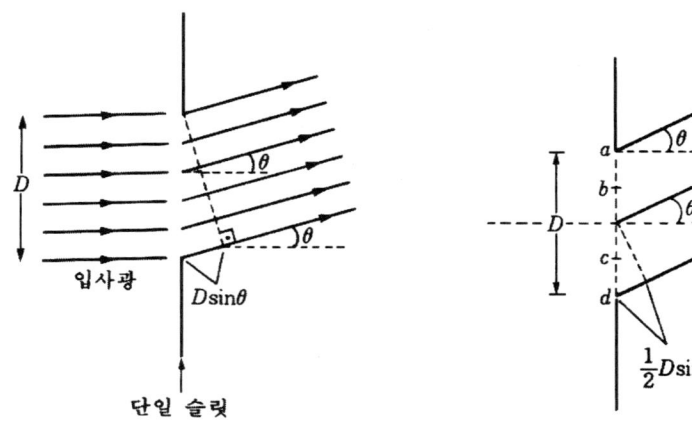

그림 3-9 단일슬릿에 대한 회절현상   그림 3-10 2중 슬릿의 회절현상

입사파는 파면에 수직으로 입사하고 파면을 형성하는 단위파도 중앙선에 수직으로 입사하므로 스크린 상에 도달하는 광선 θ는 0(Zero)이다.

그러나 이중슬릿의 경우는 그림 3-10과 같이 그림 3-10의 ①, 그림 3-10의 ②를 통과하는 빛은 각각 θ만큼 달라지므로 스크린상의 점 O에서는 밝기가 최대가 되고 그 외에는 각각 반파장 만큼씩의 차가 발생하게 된다.

$$\frac{D}{2}\sin\theta = \frac{\lambda}{2}$$

이처럼 반파장의 차가 발생하는 경우는 소멸간섭에 의하여 어둡고 다시 소멸간섭에 의한 파장보다 $\frac{1}{2}$배 차이가 나는곳은 보강간섭에 의하여 최대 강도로 빛이 밝게 된다.

즉 소멸간섭의 경우 $\frac{D}{2}\sin\theta$가 $\frac{1}{2}\lambda$, $\frac{3}{2}\lambda$, $\frac{5}{2}\lambda$로 홀수배 이고 보강간섭의 경우 정수배가 된다.

- 소멸간섭의 경우 : $\frac{1}{2}\lambda$, $\frac{3}{2}\lambda$, $\frac{5}{2}\lambda$
- 보강간섭의 경우 : 1λ, 2λ, 3λ

일반적으로 회절에 의한 빛의 강도(Intensity)는 진폭의 제곱 배로 나타내며 강도는 다음과 같다.

$$I = I_0 \left[\frac{\sin\frac{\phi}{2}}{\frac{\phi}{2}}\right]^2$$

이때 진폭 $E = E_0 \dfrac{\sin\frac{\phi}{2}}{\frac{\phi}{2}}$ 이다.

그러므로 사진석판공정에서는 회절강도가 제일 큰 보강간섭을 이용해야 하며 이때 가장 큰 빛의 강도를 이용할 수 있게 됨을 알 수 있다.

(2) 간섭(Interference)

간섭이란 그림 3-11과 같이 광원으로부터 방출된 빛이 슬릿을 통과해 다른 빛과 중첩되는 경우 빛의 세기가 0(Zero)에서 최대강도 사이로 변화하는 현상을 말한다. 동일광원에서 빛이 방출된 경우에 여러 광선 사이에는 위상과 진폭이 부분적으로 또는 완전히 결맞음(Coherence)이 발생하게 되며 여기서 간섭이 보강 쪽으로 일어나게 하여 그때의 빛을 이용하여 그림 3-12와 같이 사진석판공정을 진행하고자 하는 것이다.

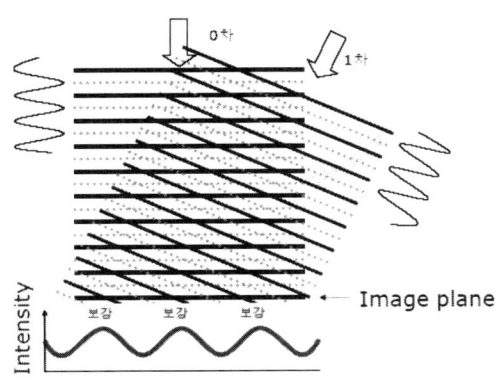

그림 3-11 빛의 회전 및 간섭현상

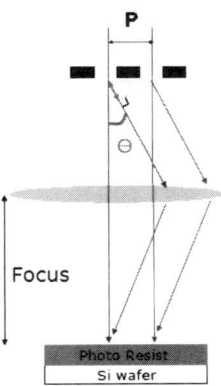

그림 3-12 간섭을 이용한 사진석판공정

이러한 간섭현상은 영(Young)의 간섭실험을 통하여 설명된다. 즉 그림 3-13과 같이 동일한 광원으로부터 방출된 빛을 두 개의 슬릿을 통과시킨 경우 빛의 간섭현상에 의하여 빛이 어둡거나, 밝은 빛이 교대로 나타(또는 "파면분리형 간섭현상")나게 된다. 이러 파면분리형 간섭현상으로 인해 두 빛의 전기장은 다음과 같이 두파의 합성으로 나타낸다.

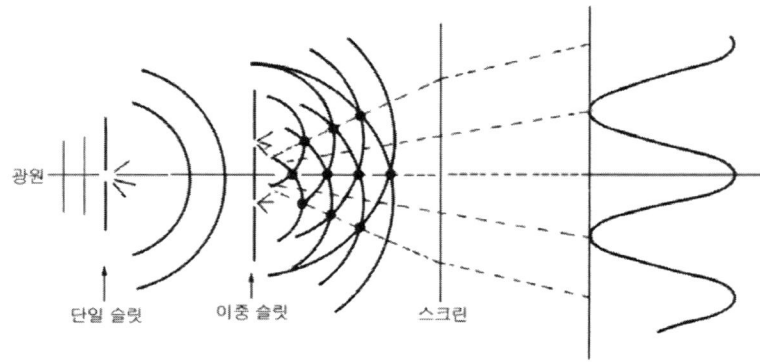

그림 3-13 영(Young)의 간섭현상

$$E_1 = E_0 \sin \omega t$$
$$E_2 = E_0 \sin (\omega t + \phi)$$

이 두파가 간섭에 의하여 만나는 경우의 전기장의 세기는 다음과 같다.

$$E = E_1 + E_2 = E_0 \sin \omega t + \sin(\omega t + \phi)$$
$$= 2E_0 \cos \frac{\phi}{2} \sin(\omega t + \frac{\phi}{2})$$

이때 보강간섭인 경우와 소멸간섭인 경우 위상차 ϕ는 다음과 같다.

- 보강간섭인 경우 : ϕ = 0, 2π, 4π, ...
- 소멸간섭인 경우 : ϕ = 1, 3π, 5π, ...

두파의 간섭에 의한 빛의 강도는 다음과 같이 진폭의 제곱이 되며 다음과 같다.

$$I \sim 4E_0^2 \cos^2 \frac{\phi}{2} \sin^2(\omega t + \frac{\phi}{2})$$

여기서 위상차 $\frac{\phi}{2}$ 는 다음과 보강 및 소멸간섭인 경우 각각 다음과 같다.

- 보강간섭인 경우 : $\frac{\phi}{2} = m\pi$
- 소멸간섭인 경우 : $\frac{\phi}{2} = (m+\frac{1}{2})\pi$

그러므로 빛에 대한 전체강도는 다음과 같이 계산된다.

- 보강간섭인 경우 : $I = 4I_0 \cos^2 \frac{\phi}{2}$
- 소멸간섭인 경우 : $I = I_0 \cos^2 \frac{\phi}{2}$

이때 $I_0 \sim E_0^2$ 이다.

즉 아래 그림 3-14와 같이 광경로차 $\frac{D}{2}\sin\theta$(Optical Path Difference)가 파장의 정수배 일 때 보강간섭이 일어나 파장의 세기가 커짐을 의미한다.

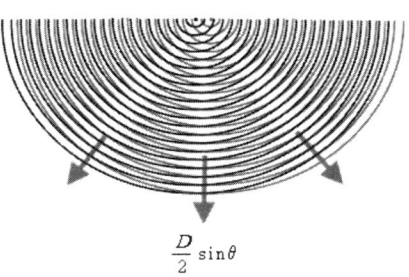

그림 3-14 빛의 간섭과 회절

이상의 결과로부터 사진석판공정은 빛에 대한 회절현상과 간섭현상을 이용하여 각각의 경우 보강간섭이 발생하는 조건에서의 빛을 광원으로 사용하여 공정을 진행하게 됨을 의미한다.

2) 이미지의 형성

사진석판공정에서는 이러한 빛의 회절과 간섭을 이용하여 보강간섭 조건일 때 빛의 세기가 제일 큰 것을 사용하게 되는데 웨이퍼에 이미지가 형성되려면 마스크 회절광($Sin\theta$)이 렌즈의 크기 NA(Numerical Aperture)보다 작아야 한다.

$$\frac{D}{2}\sin\theta = \lambda \rightarrow \sin\theta = \frac{\lambda}{D} \leq NA$$

이때 NA는 노광장치(스테퍼) 스캐너 투사광학계의 개구수를 의미한다.

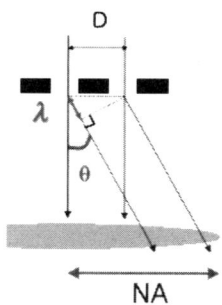

그림 3-15 광경로차와 개구수와의 관계

이미지는 그림 3-16, 3-17과 같이 광경로차 $\frac{D}{2}$가 다음과 같은 조건이 되면 형성이 되고 그렇지 않으면 형성되지 않음을 알 수 있다.

$$\frac{D}{2}\sin\theta = \lambda \text{ 에서 } NA = \sin\theta \text{이면}$$
$$\rightarrow \frac{D}{2} = \frac{\lambda}{NA}$$

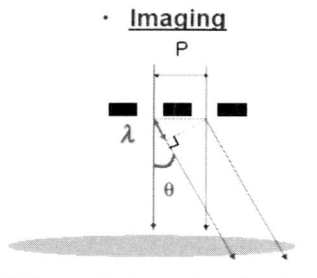

그림 3-16 이미지의 형성

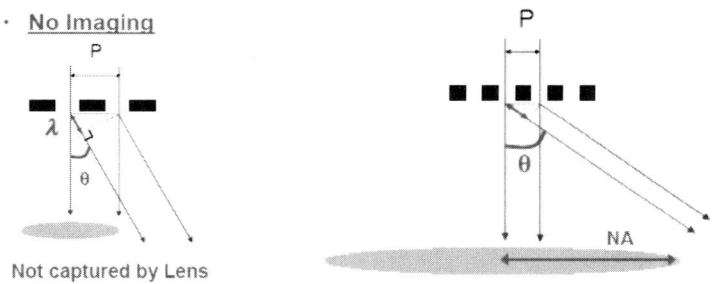

그림 3-17 이미지의 미(Non-imaging) 형성

1.3 해상도(Resolution)

파장이 매우 짧은 UV 광선을 사용한 회로의 최소선폭은 다음과 같이 계산된다.

$$l_m = \sqrt{\lambda g}$$

이때 λ는 빛의 파장, g는 감광막 두께가 포함된 웨이퍼와 마스크 사이의 거리를 나타낸다.

현재 UV광원 PMMA(Polymethylmethacrylabe)를 사용하는 경우 약 0.1[μm] 정도까지의 선폭제어가 가능하며 해상도를 발전과정을 그림 3-18에 나타내었다.

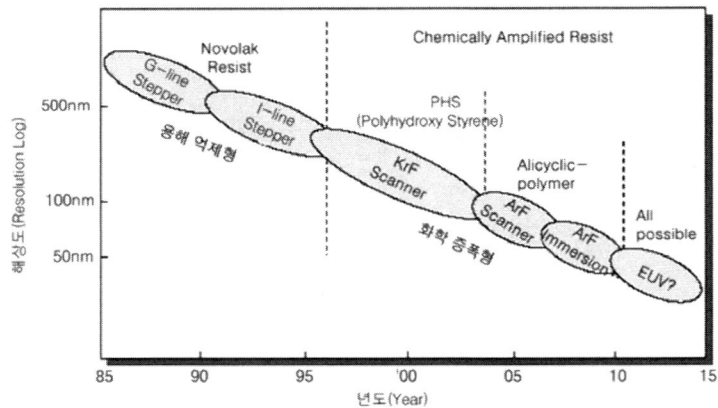

용해 억제형-빛 에너지(Sensitizer → Acid)
화학 증폭형-빛 에너지(Photo Acid Generator → Acid) + 열 에너지(Acid 활성화)

그림 3-18 해상도의 발전

해상도는 일반적으로 레일레이(Rayleigh)의 수식으로 나타낸다.

$$해상도(R) = 공정상수(K_1) \times \frac{광원의 파장(\lambda)}{랜즈의 크기(NA)}$$

이때 공정상수는 레지스터(Resist), 매스크(Mask), 광원 등에 의하여 달라지는 상수값이며 사진석판공정의 공정능력을 대변한다. 현재 최소값은 0.25 정도이나 약 0.3 이하 정도까지 제어가 가능한 상태이다. 위에서 높은 해상도로 미세한 패턴을 얻기 위하여는 파장을 줄이던지 개구수를 크게하는 방법인데 실제로는 이들은 어느정도 정하여진 상수값이므로 공정 상수값을 작게하는 방법 등이 연구 되어야 한다.

1.4 광원(Light Source)

사진석판공정을 위한 광원은 높은 압력의 수은(Hg) 또는 수은(Hg)-희귀 개스 방전램프를 사용하여왔다. 자외선 영역은 300~450[nm] 정도의 몇 개의 강판 피크를 발생하며 여기서 하나만을 이용하기 위하여 광학필터를 사용하여 365[nm]~436[nm] 범위의 단파장 영역에서 사용할 수 있는 성분(G-라인, H-라인, I-라인 등)을 선택하여 사용하게 된다.

자외선 영역의 파장은 다음과 같다.
- I-line : 365[mm], • H-line : 405[mm], • G-line : 436[mm]

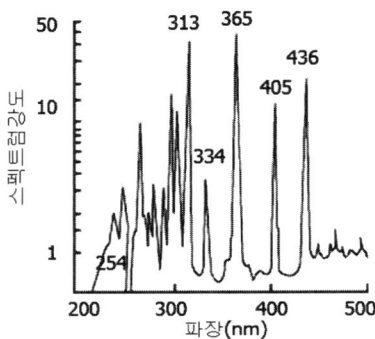

그림 3-19 제논-헬륨(Xe-Hg)의 스펙트럼

그러나 이런 단파장과 달리 심자외선(DUV, Deep Ultraviolet)원은 0.25[μm] 이하의 사진석판공정에 사용되며 주로 248[nm]의 KrF 엑시머 레이저나 193[nm]의 ArF 엑시머레이저 등을 사용된다. 표 3-1에 UV 광원의 특성을 나타내었다.

표 3-1 UV 광원의 특성

구분 UV 광원	λ(nm)	광학	광원	인쇄법
심자외선 (Deep UV)	150~300	Quartz	레이저	근접 인쇄법
		Calcium Fluoride(CaF$_2$)	공진(Resonance)	반사투사형인쇄법
중자외선 (Mld. UV)	300~350	Vacuum	Hg	
		Pyrex	Hg	반사투사형인쇄법
			레이저	접촉 인쇄법
근자외선 (Near UV)	350~500	Glass	Hg	스테퍼/반사투사형

표 3-2 심자외선 특성

광원	λ(nm)	엑시머레이저	λ(nm)
Cd 램프	240	F_2	157
Microwave Hg	200~500	ArF	193
Cd-Hg	200~500	KrCl	222
Excimer	엑시머레이저참조	KrF	249
D_2	200~300	ClF	284
Xe-Hg	200~400	XeCl	308
Xe flash	200~500	I_2	342
Br_2	180	XeF	351, 353

1.5 초점심도(DOF, Depth of Focus)

초점심도는 몇 μm의 단차범위까지 유효한 상을 얻을 수 있는가를 나타내는 기준이다. 즉 그림 3-20과 같이 입사된 광원이 렌즈를 통하여 웨이퍼 위에 초점이 맺힐 때 최적의 초점면이 형성되는 것을 의미한다.

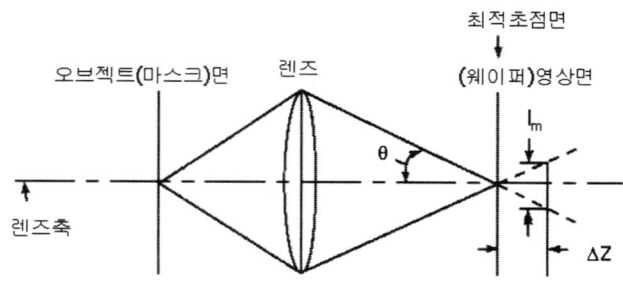

그림 3-20 초점심도

이를 레일레이(Rayleigh)의 수식으로 나타내면 다음이 된다.

$$초점심도(DOF) = 공정상수(K_2) \times \frac{광원의 파장(\lambda)}{랜즈의 크기^2(NA^2)}$$

이때 공정상수는 감광막, 공정, 이미지형성 등에 의하여 결정되는 상수이며 일반적으로 1.0을 사용한다. 다음에 초점심도의 개념도와 실제 패턴형성을 그림 3-21, 3-22에 나타내었다.

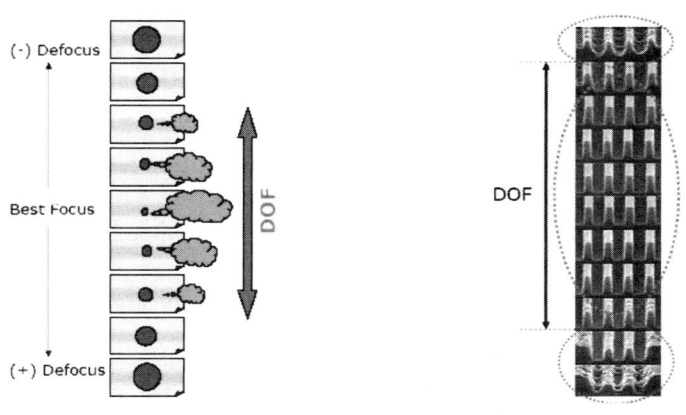

그림 3-21 초점개념도   그림 3-22 초점심도 SEM

즉 초점심도는 렌즈와 웨이퍼 사이에 이미지 프로파일을 위한 최적의 거리를 조절하는것을 의미하며 이는 패턴 크기의 이탈정도를 나타내게 된다. 이때 초점심도의 여유(Margin)는 렌즈와 웨이퍼 사이에 균일한(Uniform) 패턴 크기를 유지하기 위한 거리이다.

1) DOF 여유(Margin)

초점심도 여유는 그림 3-23과 같이 렌즈와 웨이퍼 사이에 초점을 벗어나 노광(Exposure)을 해도 패턴의 크기 및 모양이 메모리 소자에서 요구하는 스펙(Specification)에서 벗어나지 않는 초점거리를 나타낸다. 이는 반도체 소자의 집적도가 증가할수록 가장 중요하게 요구되는 기술이다.

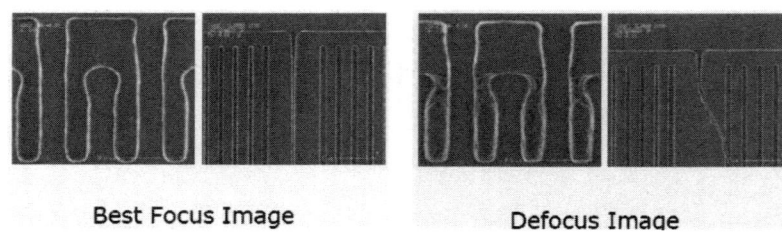

그림 3-23 초점심도 여유(Margin)

예를 들어 초점심도 0.1[μm]의 의미는 감광제가 도포되는 기판의 높낮이 차이가 0.1[μm] 이하가 되어야 마스크 상의 패턴이 정상적으로 웨이퍼에 노광된다는 의미이며 그림 3-24와 같다.

그림 3-24 초점심도 0.1[μm]의 조절

1.6 마스크(Mask)

마스크는 회로구성을 최종적인 소자배치에 맞추는 것으로 회로상의 모든 소자를 패턴(도형)으로 표시하고 각 소자의 점유면적을 최소로 면서 소자와 소자 및 외부와의 연결이 가능해야 한다. 즉 포토 마스크를 이용한 노광작업은 그림 3-25와 같이 감광제(Photoresist)가 코팅된 웨이퍼위에 포토마스크(PhotoMask)를 올려놓고 노광(Expose)을 하게 되면 노광된 부분은 반응을 하게 되고, 이를 현상 하게 되면 현상액에 녹아 없어지게 되며 식각을 통하여 필요한 부분의 패턴(Pattern)만 얻게 되는 것이다.

일반적으로 사용되는 매스크는 투명한 석영(Quartz) 기판위에 빛을 차단하는 크롬(Cr) 막을 입힌 바이너리 매스크(Binary Intensity Mask)를 사용하여 빛을 완전 차단 또는 투과기키거나 빛의 위상과 강도를 동시에 제어하는 위상변이 매스크(Phase Shift Mask)가 사용된다.

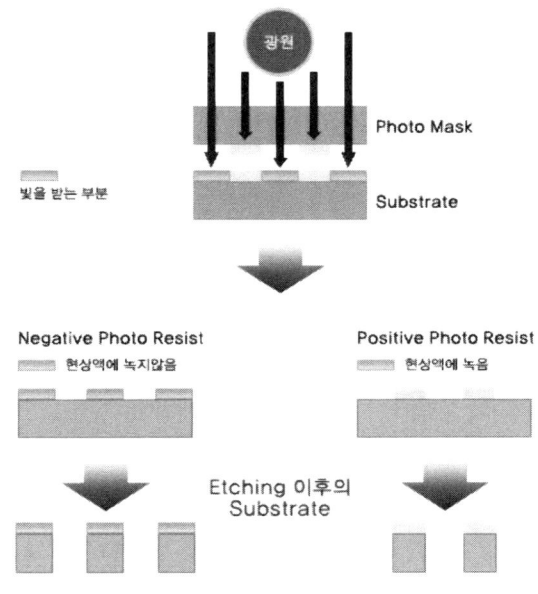

그림 3-25 포토 매스크의 노광원리

포토 매스크는 여러 장의 설계된 회로를 실제크기의 일정배율로 축소(1/10)하여 사진을 찍고 전진반복(Step and Repeat) 사진기와 10x 판을 이용하여 매스터(Master)라는 유리판에 옮겨 매스터만을 이용하여 부 매스터를 제작하여 실제 웨이퍼 위에 패턴을 이미지화 하는데 사용하게 된다. 이때 부 매스터의 작업판(Working Plate)은 감광제로 덮여 있는 감광유리판을 사용하게 된다. 유리판은 감광제로 덮여있어 긁힘과 인열(Tear)에 약하므로 크롬(Chrome), 실리콘(Si) 또는 산화철(FeO(OH), FeO_3)을 포함하는 유제를 사용하기도 한다. 이러한 매스크는 자외선노출을 사용하는데 다음에 주로 2.5[μm] 이상에서 사용되는 감광유제 매스크(Emulsion Mask)를 그림 3-26, 3-27에 나타내었다.

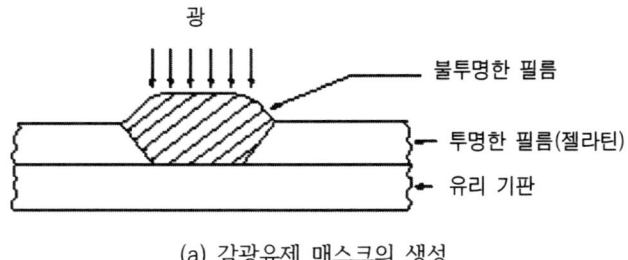

(a) 감광유제 매스크의 생성

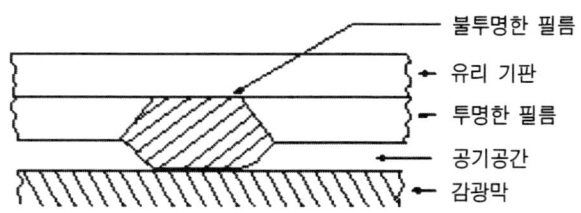

(b) 감광막(Resist) 위에 놓여있는 매스크

그림 3-26 감광유제 매스크

다음에 크롬을 사용한 매스크 패턴의 구조를 그림 3-27에 나타내었다.

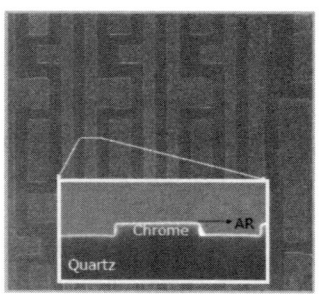

그림 3-27 매스크 패턴구조

1) 매스크의 제작

매스크는 빛의 투과성이 좋고 열팽창이 적으며 특히 플레이트(Plate)는 내구성이 좋아야 한다. 매스크의 제작은 크게 다음과 같이 3가지 단계로 제작된다.

▶ **1단계** : Hand Cut or Machine Cut의 도판(Artwork) 제작
- 보통 250배율로 만들고 2단계를 거쳐 사진기를 이용하여 축소
- 해상력 > 4 [μm]

▶ **2단계** : 광 패턴(Optical Pattern) 형성
- 유리판에 최종 패턴을 노광
- 해상력 > 2 [μm]

▶ **3단계** : e-빔 패턴(E-beam Pattern) 생성(Generation)
- 직접 감광막에 노광
- 해상력 < 0.5 [μm]

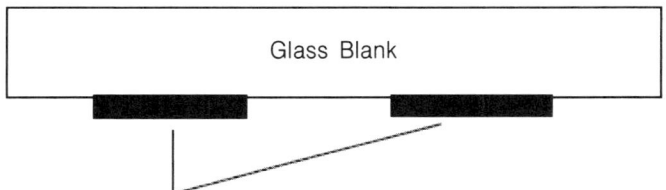

Plate : Chrome, Si, Iron Oxdie

Issues : Blank-빛의 투과성, 열 팽창, 표면의 평판도
Plate-패터닝, 내구성, 결함 농도

그림 3-28 매스크의 기본구조

포토마스크공정

고객으로부터 / 블랭크마스크 / E-beam, Laser 등으로 / PR을 Develop하여
받은 패턴 디자인 / (Quartz+Chrome / 노광하여 패턴 형성 / 패턴 형성(Photo
(CAD) / +PR) / (Pattern Whiting) / Resist Developing)

Cr층 식각 / PR을 Strip한 후 세정 / 검사 / 마스크 패턴 위에
(Chrome Etching) / / / Reticle을 덮음

그림 3-29 포토 매스크 제작공정도

그림 3-30 포토 매스크

다음에 포토 매스크 제작공정과 포토 매스크를 그림 3-29, 3-30에 나타내었다.

2) 매스크 패턴방법

제작된 매스크는 웨이퍼가 붙은 상태에서 인쇄되면 표면에 흠집이 생길 수 있으므로 그림 3-31, 3-32, 3-33과 같은 몇 가지 방법이 사용된다.

(1) 1 : 1 매스크 방법

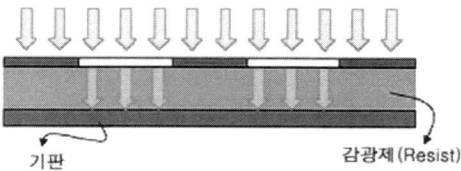

그림 3-31 접점인쇄(Contact Printing)

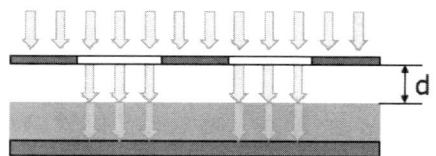

그림 3-32 근접인쇄(Proximity Printing)

(2) 축소(4 : 1) 매스크 방법

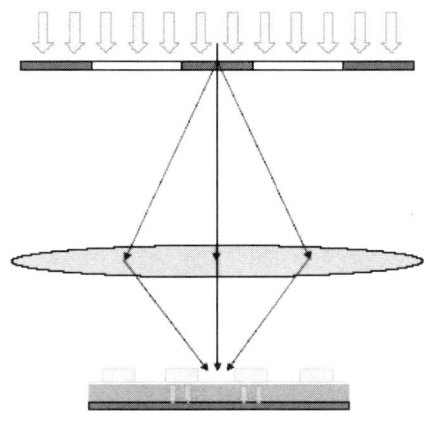

그림 3-33 주사인쇄(Projection Printing)

2. 감광제 형성공정

2.1 기본특성

감광제(PR)는 빛이 투사되면 분자구조가 변화하는 감광성 수지를 가리키며 감광제 공정은 웨이퍼 표면에 균일하고 얇게 입히는 공정을 의미한다. 감광제는 양성감광제(Positive Photoresist)와 음성감광제(Negative Photoresist)로 구분된다.

감광제공정은 감광제의 도포, 패턴노광, 현상, 식각 및 감광제 제거 등의 공정으로 이루어지며 감광제는 유기화합물이므로 무기물인 산화막(SiO_2) 위에서의 접착력이 충분하지 않으므로 현상 및 식각공정이후에는 표면으로부터 벗겨지던지 측면식각(Lateral Etch) 현상이 발생할 수 있다. 그러므로 감광제를 도포하기전에 산화막(SiO_2)과의 밀착성을 위해 유기막 HMDS(Hexamethyl Disilazane)를 도포하여 감광막과의 접착력을 향상 시키기도 한다.

▶ 감광제(PR)란?
  • 빛에 반응하는 감광성 수지
  • 기판 식각공정에 대한 유기장벽 재료

1) 감광제의 구성

감광제는 도포하기 전에 웨이퍼 표면을 세정(Cleaning)하여 오염물질을 제거하여야 하며 경우에 따라 정전기 방지제나 세정제를 첨가하며 스크러버(Scrubber)라고 하는 세정장치를 사용하기도 한다. 감광제는 크게 고분자화합물(Polymer), 광 감응제 및 용해제로 구성된다.

▶ 감광제의 구성
  • 합성수지
    - 송진(Resin)
  • 감응물질
    - 광 감응제(PAC, Photo Active Compound)
    - 광 산 발생제(PAG, Photo Active Generator)
  • 용해제(Solvent)
  • 첨가제(Additives)

고분자화합물은 분자량이 일반 화합물보다 매우 큰 화합물로 감광제의 특성을 좌우하며 광 감응제는 빛에 민감하며 자외선 파장의 빛을 조사하면 화학적 반응을 일으키며 반응이 일어나면 에너지를 고분자에 주어 이중결합을 깨뜨려 쉽게 용해되거나 또는 용해되지 않게 하는 특성이 있다. 용해제는 감광제를 도포할 때 원하는 두께로 점성을 유지하기 위해 용해시키는 목적으로 사용된다.

(1) 수지(Resin)
• 결합체(Matrix)
• 빛과 반응하지 않음
• PR의 접착력 및 에칭 저항력 향상
• 현상액에 의한 용해 용이

(2) 감응물질(PAC)
- 디아조키논(Diazoquinone)
- 빛과 반응하는 물질
- 빛과 반응전에는 현상액에 의해 용해되지 않음으로 수지가 현상액에 용해되는것을 방지
- 빛과 반응후에는 현상액에 의해 용해되는 carboxylic acid로 분해되어 더 이상 수지용해를 방지
- 현상액에 의한 용해속도
  - unexposed resist : 10~20 [Å/ses]
  - exposed resist : 1000~2000 [Å/sec]
  - novolac resin only : 150 [Å/sec]

(3) 용해제(Solvent)
- n-butyl acetate + xylene + cellosolve aceton으로 구성
- PR을 액화시키는 역할 수행

이외에 노광 광원의 파장에 따라 g, I, KrF, ArF용 감광제고 구분하기도 한다. 이런 Alicyclic 화합물은 식각공정 시 저항을 증가시켜주는 특성이 있으며 회사에 따라 그림 3-34, 3-35와 같은 종류로 사용되기도 한다.

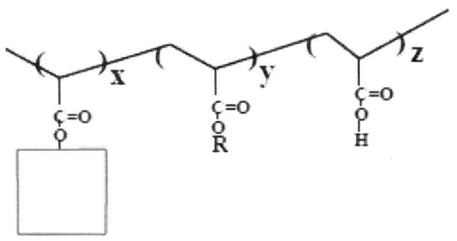

그림 3-34 ArF 감광제

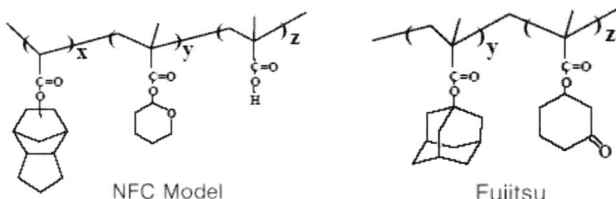

그림 3-35 Cycloolefin-maleic Anhydride(COMA) Copolymers 감광제

2) 양성 및 음성 감광제

감광제는 빛에 대한 반응방법에 따라 양성과 음성으로 구분되며 양성은 빛이 조사된 부분이 현상과정에서 제거되고 음성은 빛이 조사된 부분이 현상과정에서 제거되는 특성이 있다.

(1) 매개변수

감광제에 영향을 주는 여러 가지 특성에 대하여 알아보자.

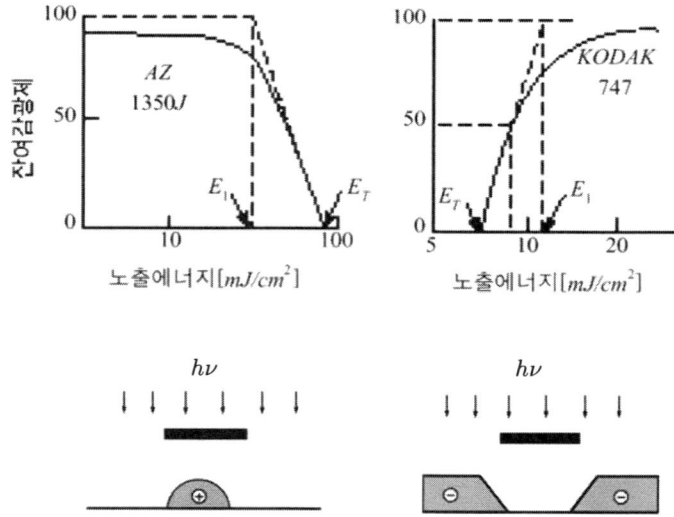

그림 3-36 문턱전압값(양성 및 음성 감광제)

① 문턱에너지(E_T, Threshold Energy)

문턱에너지 값은 빛의 조사정도에 따라 감광제의 잔류여부를 결정하는 에너지 값으로 그림 3-36과 같이 양성 및 음성에 따라 다른 에너지 값을 갖는다.
- 양성 : 빛이 조사된 부분에 감광제 찌꺼기가 전혀 생기지 않는 빛에너지 값
- 음성 : 빛이 조사된 부분일지라도 감광제가 완전히 녹을 있는 최소 에너지값

② 대조비(γ, Contrast Ratio)

조사되는 빛 에너지값에 대한 대조비는 다음과 같이 나타낸다.
- 양성

$$\gamma = [(\ln \frac{E_T}{E_1})]^{-1}$$

- 음성

$$\gamma = [(\ln \frac{E_1}{E_T})]^{-1}$$

③ 주요매개변수

감광제에 영향을 미치는 주요매개변수는 다음과 같이 정리된다.
- 감응물질(PAC, PAG) : UV에 의해 감광제를 녹게(녹지 않게)하는 물질
- 기본합성수지물질
- 용해제
- 빛의 흡수 -> 현상액에 녹는 물질로 변화(양성)
  현상액에 녹지 않는 물질로 변화(음성)

④ 감광제의 특성
- 음성감광제의 문턱에너지값 << 양성감광제 문턱에너지값
- 음성감광제의 생산력이 높음
- 해상도는 양성감광제가 우수
- 무기 산화물(SiO_2)과의 접착력은 음성감광제가 우수
- 가격은 음성감광제가 저렴(양성의 1/3배)

- 찌꺼기(Scum) 발생은 음성감광제에서 쉽게 발생
- 감광반응은 음성의 경우 표면에서 반응하므로 감광막이 얇아 핀홀 발생

감광제의 광 소스에 대한 특성을 표 3-3에 나타내었다.

표 3-3 감광제특성

Lithography	Name	Type	Sensitivity	γ
Optical	Kodak 747	Negative	9 mJ/Cm^2	1.9
	AZ-1350J	positive	90 mJ/Cm^2	1.4
	PR102	positive	140 mJ/Cm^2	1.9
e-Beam	COP	Negative	0.3 μC/Cm^2	0.45
	GeSe	Negative	80 μC/Cm^2	3.5
	PBS	positive	1 μC/Cm^2	0.35
	PMMA	positive	50 μC/Cm^2	1.0
X-Ray	COP	Negative	175 mJ/Cm^2	0.45
	DCOPA	Negative	10 mJ/Cm^2	0.65
	PBS	positive	95 mJ/Cm^2	0.5
	PMMA	positive	1000 mJ/Cm^2	1.0

(2) 양성감광제

빛이 조사된 부분이 현상과정에 의하여 제거되는 양성감광제는 감응물질(DQ)에 가용의 페놀계 합성수지(Phenol Formaldehyde) 물질과 유기용해제를 첨가하여 만들며 디아조키논(Diazoquinone)에 의해 빛에 의하여 물이나 알칼리에 잘 용해되는 특성으로 변하게 된다.

▶ 합성수지(노보락)+15%DQ(디아조키논 : 감응물질) $\rightarrow UV \rightarrow$
물이나 알칼리에 잘녹는물질로 변화
- DQ : 디아조키논
- K : 케텐(Ketene)(Carboxylic acid)
- A : 물이나 알카리에 잘 녹는 물질

심자외선(Deep UV) 노광법에 사용되는 양성감광제로는 PMMA(Polymethyl Methacrylate)와 PBS(Polybutene-1 sulfone) 등이 사용되며 해상도는 0.1[μm] 이상이며 양성감광제의 반응과정은 그림 3-37과 같다.

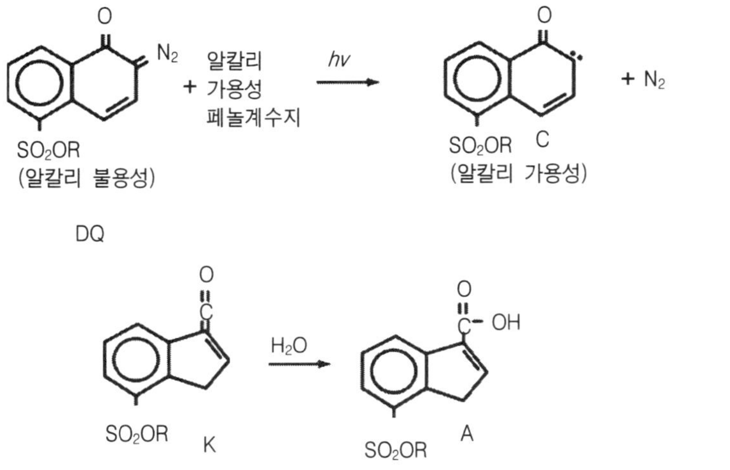

그림 3-37 양성감광제의 반응

(3) 음성감광제

빛이 조사된 부분이 현상과정에 의하여 남게 되는 음성감광제는 감응물질 비스아자이드(Azide)와 합성수지물질 및 유기용해제를 첨가하여 만들며 그림 3-38과 같이 빛에 의하여 감응제가 에너지를 흡수하고 연결고리를 형성한다.

▶ 합성수지(고리상 고무계 수지)+비스아자이드(감응물질) $\rightarrow UV \rightarrow$
  감응제가 빛에 흡수되어 연결고리 형성

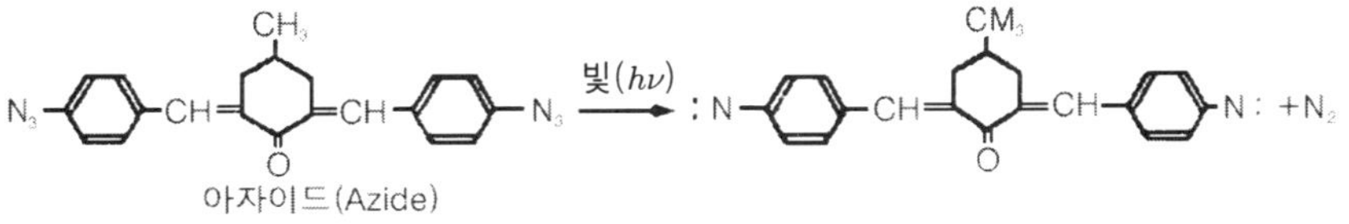

그림 3-38 음성감광제의 반응

2.2 감광막 형성공정(Photoresist Processing)

감광막 형성공정은 감광제의 도포, 패턴노광, 현상, 식각 및 감광제 제거 등의 공정으로 이루어지며 실제로는 각 공정을 진행하기 위하여 미세한 처리공정이 진행된다. 감광제 공정의 전체적인 구성은 크게 감광제 도포공정, 패턴노광공정, 감광제 현상공정, 감광막 제거공정으로 구성된다. 강광제 도포공정은 감광제(PR)의 밀착성을 향상시키기 위하여 HMDS(Hexamethyl Disilazane)라는 유기막을 도포하고 접착력을 증가시키거나 스트레스(Stress)를 제거하는 목적으로 베이킹(Baking)이 진행되며 노광시키는 스테퍼(Stepper)는 감광막이 입혀진 레티클(Reticle)을 이용하여 10 : 1(5 : 1, 4 : 1)에서 1 : 1로 축소방법으로 전사시켜 베이커와 경화(Curing)공정을 통하여 식각과 감광제 제거공정으로 감광제 공정이 진행된다.

감광막 형성공정 및 공정순서를 그림 3-39, 3-40에 나타내었다.

그림 3-39 감광막 형성공정

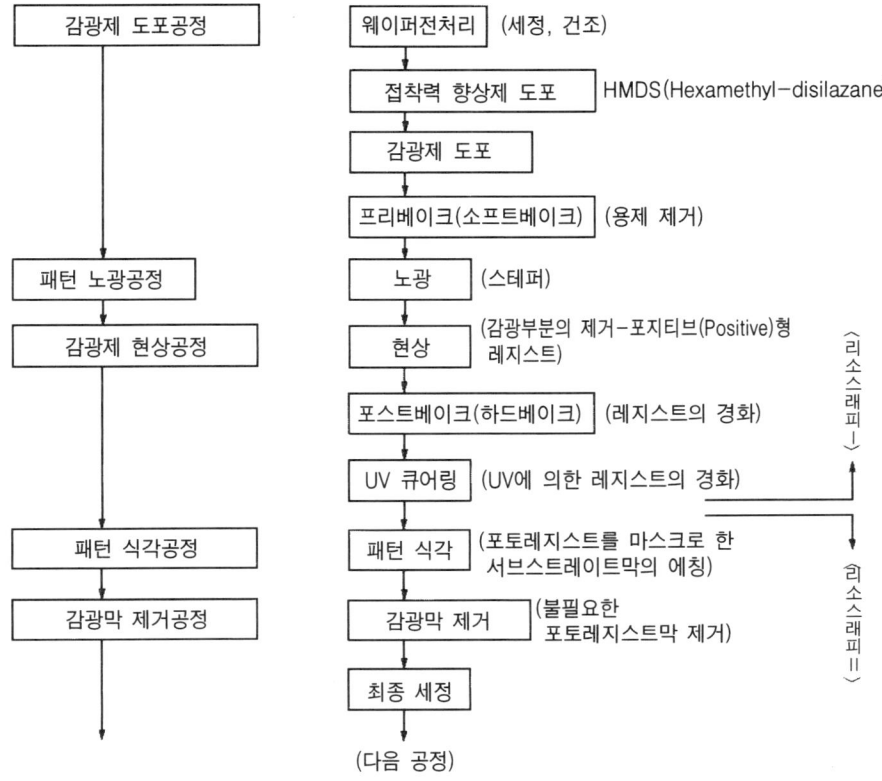

그림 3-40 감광막 형성공정 순서도

1) 감광제 도포공정(Protoresist)

감광제는 유기화합물이므로 무기물(SiO$_2$) 위에서 접촉이 좋아야하며 또한 웨이퍼 표면에 오염물질이 존재하여서는 안된다. 그러므로 감광제 도포공정은 다음과 같은 세부공정으로 진해이 된다.

(1) 웨이퍼 전처리(Substrate Cleaning)

웨이퍼 표면의 오염물질을 제거하기 위한 공정으로 세정 및 건조공정을 진행한다. 또한 목적에 따라 정전기 방지제나 세정제를 첨가하기도하며 세정은 주로 고압의 분사식과 브러시(Brush)를 이용하고 이를 위해 스크러브(Scrubber)를 사용한다.

(2) 접착력향상제 도포

웨이퍼와 감광제의 접착력 향상을 위해 HMDS라고 하는 유기막을 도포하여 표면의 접착력을 향상시키는 공정으로 회전(Spinning) 및 수증기 기폭제(Vapor Priming)로 코팅하게 된다.

(3) 감광제 도포

감광제는 빛이 조사되면 그 분자구조가 변하는 감광성 수지로 양성 및 음성 감광제로 나눠지며 광원에 따라 다른 감광제가 사용된다. 그림 3-41과 같이 주로 3,000 ~ 7,000 [rpm]에서 20~30초 동안 회전(Spinning)시키면서 도포한다. 감광막의 주께는 회전속도와 감광막의 점성도에 의해 결정되며 회전하는 동안 용해제의 증발로 인하여 웨이퍼의 온도가 하강하고 웨이퍼 습기가 흡수되는 것을 방지하기 위하여 습도를 50[%PH] 이하로 유지 하기도 한다.

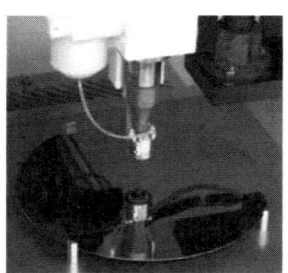

그림 3-41 감광제 도포

(4) 프리베이크(연화건조)

이 공정은 감광제의 용해제(Solvent)를 제거(20 ~ 20[%]->4 ~ 7[%])하고 접착력증가 및 회전하는 동안 형성된 스트레스(Stress)를 제거하는 목적으로 사용되는 공정이다.

감광제는 도포 후 회전(Spin)이 끝나면 거의가 증발되어 건조 상태이나 일부가 감광막에서 완전히 증발되지 않아 화학반응으로 감광막 형성에 문제가 발생할 수 있다. 그러므로 도포된 유기 감광제내의 유기용제 휘발은 필수적이다. 이를 위해 저온(90 ~ 120[℃])에서 열처리를 통하여 용제를 제거하고 웨이퍼 표면의 습기를 제거하는 공정이 그림 3-42의 프리베이크 공정이다. 이는 주로 적외선(IR) 발광체를 이용한 가열방식(Micro Oven)이 주로 사용된다. 여기에는 전도형(Hot Plate), 적외선(Infrares Oven), 대류식(Convection Oven), 가열식 등이 사용된다.

그림 3-42 프리베이크   그림 3-43 노광장치

2) 패턴 노광공정(Exposure)

노광공정은 그림 3-43과 같은 장치를 사용하여 마스크와 웨이퍼를 정렬(Align)하고 노광(Exposure)하는 공정이다. 이때 정렬은 마스크의 패턴을 웨이퍼 표면에 정확히 맞추는 역할이며 노광은 마스크를 통해 감광막을 적절히 빛에 노출시켜 원하는 마스크의 상을 감광막에 맺히게 하는 공정이다. 이 공정은 스테퍼라고하는 장치를 통하여 축소투영 방식을 통하여(10 : 1 ~ 1 : 1) 웨이퍼위에 전사되도록 한다. 노광공정을 적게하면 스컴(Scumming)이 발생하고 많이하면 "V"자형(Notching) 홈이나 핀홀(Pin Hole)이 형성된다.

3) 현상공정(Development)

현상공정은 노광공정에서 빛에 노출된 마스크의 패턴을 감광막으로 옮겨 마스크 패턴에 따라 빛을 받은 부분과 그렇지 않은부분으로 형성하여 감광액이 양성인 경우 빛에 노출된 부분(음성인 경우 노출되지 않은부분)이 자외선을 흡수하여 화학변화를 일으키며, 이 부분(감광제)을 화학적으로 식각하여 최종적으로 웨이퍼위에 패턴을 형성하는 공정이다. 현상액의 특성을 표 3-4에 나타내었다.

표 3-4 현상액의 특성

특성 구분	양 성	음 성
현상액	NaOH TMAH (Tetramethyl Ammonium Hydroxide)	Xylene Stoddard'd Solvent
세정액	H_2O(D.I. Water)	N-Butyl Acetate

(1) 현상

현상은 노광시간, 프리베이크 공정온도, 현상액 농도, 현상온도(보통, 23±0.5[℃]), 현상시간 및 에이징(Agitation)에 따라 다르게 된다. 이는 감응물질(PAC)이 광화학 반응으로 감광막내에 형성된 카르복실기(Carboxylic Acid)를 유지암모늄 수용액(Tetra Methyl 암모늄, Hydro Oxide)으로 제거하는 공정이다.

(2) 하드베이크(경화건조)

이는 감광막 및 식각 공정면에 잔류하는 현상액, 세정(Rinse)액 등을 휘발시켜 웨이퍼 표면의 접착력을 증가시키거나 감광막의 식각공정을 원활하게 하는 목적으로 사용되는 공정이다. 이 공정은 고온일수록 효과가 크므로 순간온도 120[℃]~150[℃]에서 실시하며 감광막의 경사가 최소한 80[°] 이상이 되도록 온도를 설정하여야 한다.

(3) UV 큐어링(감광제 경화)

현상공정에서 감광막의 내식각성을 크게 증가시키고자 할때에는 심자외선경화(Deep UV Hardening)를 조사하면서 고온(120[℃]~190[℃])에서 건조를 하기도 한다.

4) 패턴 식각공정(Etching)

식각공정은 감광막 형성공정 후 감광막을 필요에 따라 제거하는 공정이다. 식각공정은 크게 건식식각(Dry Etching)과 습식식각(Wet Etching)으로 나뉘어 지며 건식목적에 따라 플라즈마식각장치(Plasma Etching), 반응성 이온식각(RIE, Reactive ion Etching), 스퍼터 식각(Sputter Etching), 이온빔밀링(Ion Beam Milling) 장치 등이 사용된다.

5) 감광막 제거공정(Photoresist Stripping)

식각공정 완료 후 마지막으로 잔재하는 감광막을 제거하는 공정으로 감광막의 완전한 제거와 세정(Rinse)을 통하여 후속공정에 영향을 주지 말아야 한다. 일반적으로 황산(H_2SO_4)이나 고 순도의 수소(H_2O) 혼합액을 사용하여 산성용액이 금속층을 잘 용해 시키는 특성을 이용한다. 그러나 산성용액은 금속층이 노출된 공정에서는 금속층이 산화가 발생하므로 사용하지 못한다. 최근에는 플라즈마(Plasma), 고주파(High Frequency), 자외선(UV), 오존(O_3) 등을 이용한 건식공정(Dry Strip)과 함께 비휘발성 잔재 및 부산물 제거 목적으로 습식공정이 동시에 사용되고 있다.

6) 최종세정(Cleaning)

감광막을 제거하는 공정으로 감광막 형성공정은 완료하게 된다. 이후에는 웨이퍼 표면에 잔존하는 부산물을 제거하기 위하여 마지막으로 세정공정을 진행한다. 이러한 세정공정에는 초음파를 사용하여 아세톤이나 메탄올 및 탈 이온화수(Deionized Water)을 사용하여 상온에서 진행된다.

연습문제

01. 현재 사용가능한 포토리소그래피 기술에 대하여 설명하시오.

02. 포토리소그래피 공정은 빛의 회절 및 간섭, 굴절 현상을 이용하여 이미지를 형성하는데 이미지를 형성하려면 광경로차(D/2)와 랜즈의 크기(NA)가 어떤 조건이 만족되어야 하는지 설명하시오.

03. 리소그래피 공정은 광원을 사용하여 노광을 하는데 단파장에서 사용되는 G 라인의 파장은 얼마인지 설명하시오.

04. 초점심도(DOF)에 대하여 상세히 설명하시오.

05. 리소그래피 공정의 공정순서에 대하여 설명하시오.

06. 감광제(Photoresist)의 구성특성에 대하여 설명하시오.

07. 양성감광제의 특성과 구성에 대하여 상세히 설명하시오.

4 식각공정(Etch) 및 세정공정(Cleaning)

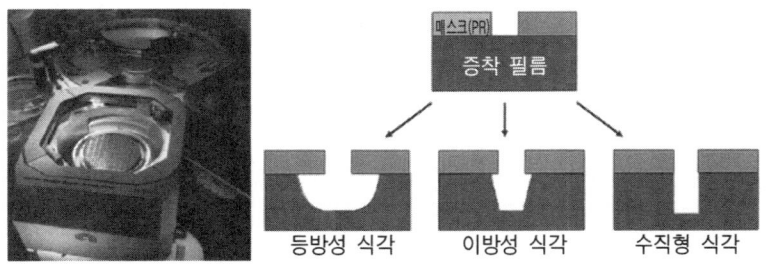

1. 식각공정

2. 세정공정

제4장
식각공정(Etch) 및 세정공정(Cleaning)

　식각공정은 웨이퍼 위에 일정한 회로패턴을 만들어 주기 위하여 화학약품이나 부식성 개스를 이용해 필요 없는 부분을 선택적으로 제거하는 공정으로 이방성식각과 등방성식각으로 나뉘며 여기에는 세부적으로 건식식각과 습식식각 방법이 사용된다. 세정공정은 웨이퍼 표면의 불순물, 유기물 및 오염(Contamination)을 화학적 또는 물리적 방법을 사용하여 깨끗하게(Cleaning)하는 공정으로 유기물의 제거에는 황산(H_2SO_4)이 주로 사용되고 산화막의 제거에는 불화수소(HF, Hydrofluoric)가 사용되며 금속 및 입자성 불순물(Particles)은 RCA(Radio Corporation of America, SC-1, SC-2) 세정방법을 통하여 제거하게 된다.

1. 식각공정(Etch Process)

1.1 식각원리

　식각공정은 마스크를 사용하는 선택식각과 마스크를 사용하지 않는 전면식각으로 나뉘며 고집적화의 진행에 따라 초미세 가공기술이 요구되고 있다. 전면식각은 주로 웨이퍼 표면을 세정하거나 불필요한 막을 제거하는 목적으로 사용되며 반도체공정의 결정결함을 제거하는 중요한 공정중의 하나이다.

식각공정은 크게 습식식각과 건식식각으로 나눠진다. 종래에는 주로 식각부분의 재질에 따라 HCL, HF, H_2O_2, H_2SO_4 등의 무기산을 조합하여 식각원(Etching Agent)을 선정하였으나 소자의 고집적화가 진행되면서 건식식각공정이 우세하며 필요에 따라 습식식각과 건식식각을 동시에 진행하기도 한다.

식각은 그림 4-1과 같이 기판재료가 화학물질과 반응하여 열적으로 활성화된 중성입자(Neutral Radical)와 휘발성(Volatile Products) 입자를 생성시켜 원하는 부분을 식각(없애주는)하는 것이다.

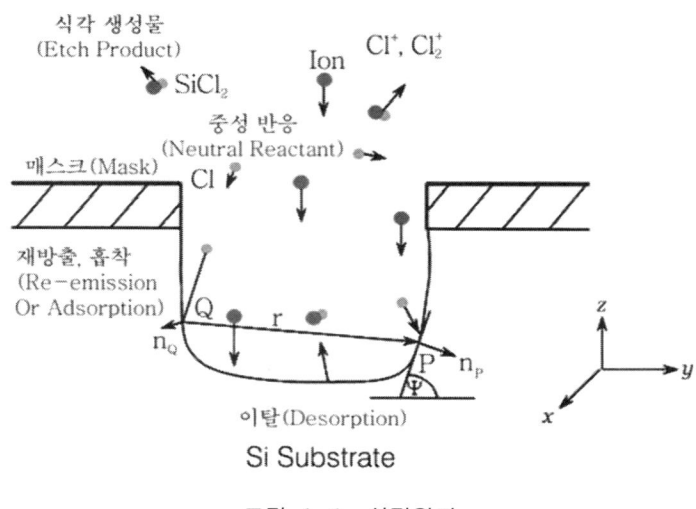

그림 4-1 식각원리

식각원리는 웨이퍼 위의 원하는 부분에 패턴을 형성하고 개스를 주입(Cl_2)하여 방전에 의해 반응 개스를 생성(Cl_2, e)하고 이를 이용하여 화학적 반응을 시켜 휘발 특성이 있는 물질로 만들어 식각하는 방법이다.

- 분자개스 Cl_2(Gas)
- 반응물질 생성 $e + Cl_2 \rightarrow Cl_2 + 2e$
                                 $e + Cl_2 \rightarrow 2Cl + e$
- 화학반응 $Si + 4HCl \rightarrow SiCl_4$
- 휘발성물질 생성 $SiCl_4$(Ads) $\rightarrow SiCl_4$(Gas)

식각에 의한 패턴 형성방법과 식각에 사용되는 장치는 그림 4-2, 4-3과 같다.

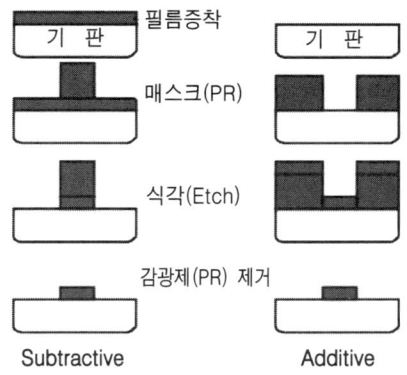

그림 4-2 식각패턴 형성방법

 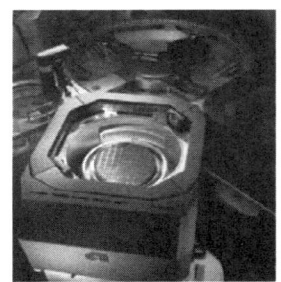

(a) Alliance(200mm)　　　　　(b) Applied material(200mm)

그림 4-3 식각공정 장비

1) 식각모드

식각은 식각방법에 따라 여러방법으로 원하는 부분을 식각 할 수 있다. 즉 그림 4-4 와 같이 방법에 따라 등방성식각(Isotropic Etch), 이방성식각(Anisotropic Etch), 수직 형식각(Vertical Etch) 등 원하는 부분을 선택적으로 식각할 수 있다.

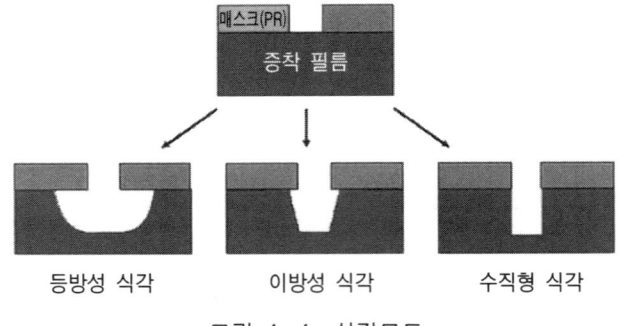

그림 4-4 식각모드

(1) 등방성 식각(Isotropic Etching)

이는 마스크의 가장자리(Edge) 부분에서 수직 및 수평의 양방향으로 식각이 진행되는 형태를 나타낸다. 식각형태는 가로방향이 급속히 진행되는 경우가 있으며(call "언더컷(Undercut)") 주로 증착된 필름과 감광제의 밀착성이 좋지않거나 증착된 필름이 다른 층으로 구성되는 경우(예를 들어 SiO_2, Si_3N_4 등) 식각속도 차에 의해 발생하게 된다. 이 방법은 주로 습식식각방법에서 사용하며 전기적인 손상(Damage)이 적은 방법이나 고집적회로에서는 매우 어려운 식각방법이다.

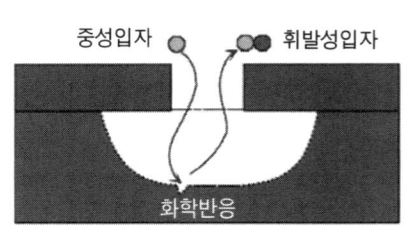
그림 4-5 등방성 식각

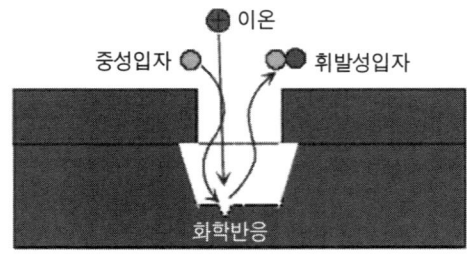
그림 4-6 이등방성 식각

(2) 이방성 식각(Anisotropic Etching)

이방성식각은 그림 4-6과 같이 식각이 수평방향으로는 거의 진행되지 않고 수직방향으로만 진행되는 방식으로 방향성식각(Directional Etch)이라고도 한다. 이는 주로 건식식각방법을 사용하므로 초미세 식각이 가능하나 화학반응에 의해 생성되는 이온(Ions)에 의한 손상(Damage)이 발생할 우려가 있다.

(3) 수직형 식각(Vertical Etching)

이 방법은 원하는 일정한 부분에만 식각을 하기위하여 사용하는 방법으로 측벽(Side Wall)으로의 식각을 방지하기 위하여 측벽을 반응억제제(Inhibitor)로 코팅(Passivation)하고 이온을 사용하여 식각하게 된다. 주로 비휘발성 고분자(Involatile Polymer Film) 물질을 식각할 때 사용하는 방법이다.

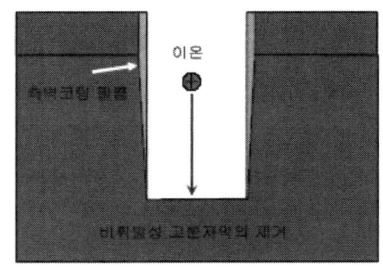

그림 4-7 수직형 식각

2) 식각소스(Etch Source)
식각에 사용되는 식각원은 일반적으로 다음과 같이 나뉘어 진다.

(1) 중성이온(Radical Ion)
- 1개 또는 그이상의 불완전한(Unsatisfied) 화학적 결합상태
- 전하를 띄지 않는 중성인 활성기체
- 이온화(Ionization)나 분해(Dissociation)에 의해 생성
  - $O_2 + e^- \rightarrow O^+ + O + e^-$
- 플라즈마내에서 (+)이온보다 높은 농도
  - 생성에 필요한 에너지가 (+)이온보다 낮음으로 높은 생성속도
  - 이온화로 인해 자주 분해를 동반
  - 생성기간은 2차 반응에 의해 영향
    예) $H_2 + F \rightarrow HF + H$
- 농도는 (+)이온보다 높지만 웨이퍼 표면에 도달하는 흐름(Flux)은 (+)이온의 속도가 중성입자에 비해 월등히 빠르므로 (+)이온 과 비슷

※ **Radical이란?**
중성(Neutral) 상태를 나타내며 공유결합에서 순간적으로 분리된 어떤 이온의 종(Species)을 의미한다. 이는 불안정하여 매우 짧은 시간 동안만 존재하게 되고, 반응성이 크기 때문에 화학반응의 '중간 생성물'로서 존재한다.

- F, O, Oh, CFx(x=1,2,3...)

(2) 양이온(Positive Ion)
- "+"의 특성을 나타내는 원자
- 3가지 종류의 플라즈마원이 존재
    - 아르곤 플라즈마 : 다수의 Ar^+, 소량의 Ar^{++}, Ar_2^+ 생성
    - 산소 플라즈마 : 다수의 O_2^+, 중간정도의 O^+, 소량의 O_3^+ 생성
    - 프레온 플라즈마 : 다수의 CF_3^+, 소량의 CF_2^+, CF^+, $C_2F_5^+$ 생성
- Cl^+, Cl_2^+, CF_3^+, HF^+, SiF_4^+ 등

(3) 음이온(Negative Ion)
- "-"의 특성을 나타내는 원자
- Cl^-, Cl_2^-, CF_3^-, F^-, SF_5^- 등

3) 식각공정의 문제점

웨이퍼 위에 일정한 회로패턴을 만들어 주기 위하여 화학약품이나 부식성 개스를 이용해 필요 없는 부분을 선택적으로 제거하는 식각공정은 공정방법과 식각방법에 따라 여러 가지 문제점이 발생하며 이러한 문제점을 최소하기 위한 여러 방법이 요구되고 있다.

(1) 얼룩 식각(Mottled Etch)

이는 완전히 식각된 부분에 한 두 개의 부분적으로 식각이 되지 않은 패턴이 남아 있는 것으로 식각공정에서 가장 조절이 난이한 문제점이며 식각공정 시 기포의 형성과 패턴의 보이지 않는 미세한 부분에 감광제의 잔재(PR Residue)나 불충분한 제거(Insufficient PR Removal) 등으로 감광막이 잔재하여 주로 발생한다. 식각 후 부분적으로 다른 컬러가 발생하거나 심한식각(Severe Undercut) 형태로 나타나며 얼룩식각이 발생한 웨이퍼는 재 식각을 할 경우 언더컷이 생성되고 크기조절이 난이하며 재식각 시 흡착된 물분자의 제거가 필수적이라 하겠다.
- 식각된 패턴의 부분적인 식각차이(Partly Etched Patterns)
    - 청색-갈색(Blue-Brown), 적색(Red), 녹색(Green)

- 과잉 식각(Further Etching)으로 가장자리 주위에 희미한 원형컬러
• 주 원인
  - 기포(Bubbles) 생성 : 표면장력이 높아 식각될 지역이 젖지 않아 발생
  - 감광제 잔재(PR Residue) : 패턴에 보이지 않는 감광막이 덮여 발생
• 불 충분한 PR 제거
  - 높은 소프트베이커(연화건조) 온도로 감광막의 열다중화 발생
  - 현상 시 충분한 세정 요구
• 과소 식각(Allowed Undercut)
  - 하드베이커(경화건조)후의 재 식각(Reetch)에 의한 언더컷 발생

(2) 언더컷 및 과잉 식각(Under-cut & Over Etch)

산화막의 식각공정 속도 차이로 인해 발생하는 언더 컷 형태는 습식식각 시 주로 발생하는 식각형태이다.

언더컷은 수직한 코어형태의 식각을 난이하게 하며 습식 식각시 등방성 식각으로 인해 수평과 수직이 같은 비율로 식각되면서 원하지 않는 매스크 아래가 식각되는 것으로 식각모형의 분해능 저하를 일으키는 한 원인이 되기도 한다. 그러므로 언더컷을 방지하는 방법으로 건식식각방법이 사용되기도 한다. 언더컷은 그림 4-8과 같이 주로 과도한 식각에 의해 옆면에 생기는 한쪽의 홈 도는 오목한 형태로 나타나며 산화막 패턴의 가장자리의 모양에 따라 주위의 검은 띠 같은 것들이 보이는 넓이로 평가한다.

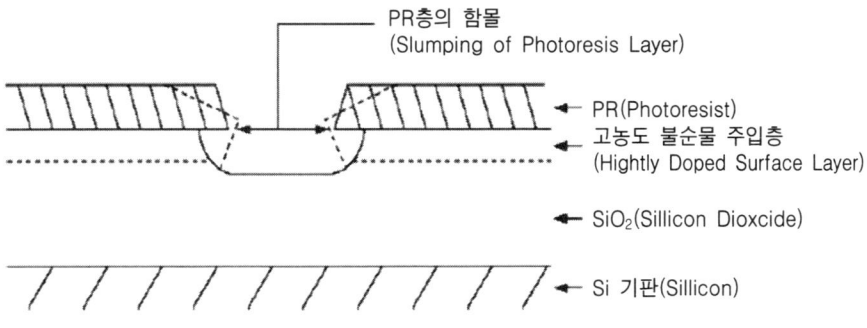

그림 4-8 언더컷 및 과잉식각

(3) 감광제의 일어남(Photoresist Lift Off)

감광제와 기판과의 접착력이 떨어져 감광제가 일어나는 것으로 이는 산화막의 가장자리에 언더컷의 차이로 인해 주로 발생되며 산화막 패턴의 색띠가 많이 나타나는 현상으로 알 수 있다. 감광제의 일어남은 감광제의 과소노출 또는 HMDS의 과도노출 등에 의해 발생되며 형태는 그림 4-9와 같다.

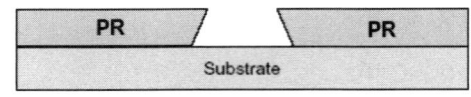

그림 4-9 감광제의 리프팅(Lifting)

- 산화막 패턴의 색띠로 판별
  - 산화막 가장자리 경사가 수 μm이면 3색 띠로 나타남
- 주 원인
  - 감광제의 과소노출로 발생(Insufficient Exposure)
  - 불충분한 HMDS(Insufficient HMDS)

> ※ HMDS(HexaMethylDiSilazane) 화학식은 $(CH_3)_3Si-NH-Si(CH_3)_3$로 기판의 접착력을 향상시키는 물질이다.

- 방지방법
  - PSG(PhosphoSilicate Glass) 위에 도핑되지 않은 SiO_2 증착

1.2 식각공정의 요구사항

식각공정은 막질별로 다양한 식각공정과 방법을 사용하여 원하는 패턴을 형성게되며 여기에는 여러 가지의 파라메터 값이 요구되게 된다. 식각공정을 위한 높은 선택비 (High Selectivity), 높은 공정속도(High Process Speed), 정교한 프로파일의 제어

(Precise Control Profile) 및 식각율(Etch rate), 균일도(Uniformity) 등이 요구된다.

1) 식각비(Etch Rate)

이는 단위시간당 식각되는 두께를 나타(Å/min, Å/sec)내며 여러 요인에 의하여 영향을 받게 된다.

$$식각비(E/R) = \frac{x}{t}$$

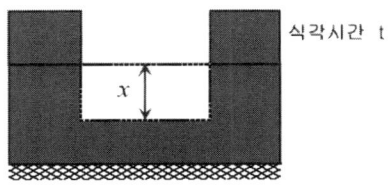

그림 4-10 식각비

다음에 식각비에 영향을 주는 요소들을 나타내었다.
- 무선전력(RF Power)
- 개스흐름 비(Gas Flow Rate)
- 압력(Pressure)
- 전극의 온도(Electrode Temperature)
- 패턴밀도(Pattern Density)
- B 전계(Gauss Field)

2) 선택도(Etch Selectivity)

선택도는 같은 조건에서 동시에 두가지 물질(Two Material)을 식각할 때 식각되는 속도비로 나타내며 대부분의 식각공정에서는 과잉식각(Over Etch)을 위해 필요한 파라메터 값이다. 선택도에 따라 식각형태의 크기(Feature Size)가 달라지게 되며 매스크(Mask)와 기판(Substrate)의 식각비가 차이가 나는 경우 균일도로서 식각도를 선택하게 된다.

$$선택비(S_{A/B}) = \frac{E_A}{E_B}$$

이때, E_A : A층(Layer)의 식각비, E_B : B층(Layer)의 식각비이다.

3) 균일도(Etch Uniformity)

식각 균일도는 웨이퍼내(With in a Wafer), 웨이퍼간(Wafer to Wafer), 런별(Run to Run & Lot to Lot)로 매우 중요한 요소이다. 이는 식각비에 영향을 주는 요소들에 의하여 영향을 받게 된다.

$$균일도(\pm\%) = \frac{E_{max} - E_{min}}{2 \times \sum \frac{E_i}{N}} \times 100\ \%$$

이때 E_i : 여러 포인트에서의 식각비, E_{max} : 최대 식각비
E_{min} : 최소 식각비이다.

4) 임계 값(Critical Feature Dimension)

사진공정과 식각공정을 진행한 후 규정된 규격에 의해 공정이 진행되었는지 점검할 때 사용하는 요소로 일반적으로 두가지로 측정된다.
- ADI(After Develop Inspection) : 웨이퍼 현상 후 현상부위 측정 폭
- ACI(After Clean Inspection) : 웨이퍼 식각 및 스트립(Strip) 후 식각부위의 폭을 측정한 값

이러한 임계값(치수)의 변화가 식각 바이어스(Etch Bias)이며 다음처럼 나타낸다.

$$CD\ 바이어스 = FICD - DICD$$

이때 FICD : 최종검사(Final Inspection) CD
DICD : 현상후(Develop Inspection) CD이다.

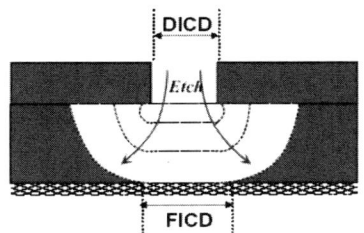

그림 4-11 임계값(CD)

5) 기타

그 외의 식각공정에서 요구되는 요소들은 다음과 같은것 들이 있으며 그림 4-12는 식각에 의한 트랜치 형성도를 나타내었다.

- 논 바이어스(No Bias) : 식각바이어스 = 0
- 휨(Bowing) : 과잉식각(Radical)
- 휀싱(Fencing) : 폴리머(Polymer) 또는 재 증착(Redeposition)에 의한 찌꺼기
- 전하효과(Charge Effect) : 포획전하(Trapped Charge)
- 결함(Damage) : 아래층의 식각(Under Layer Attack)
- μ 트랜치(Trenching) : 스퍼터링(Sputtering) 효과에 의한 작은 홀 형성

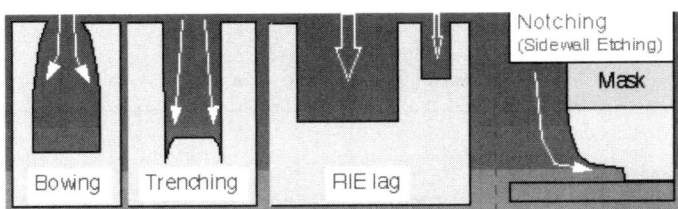

그림 4-12 트랜치 형성

1.3 식각방법

식각방법은 반도체에서 원하는 일정 패턴을 형성하기 위하여 일반적으로 일부(선택) 또는 전체적으로 화학약품(Chemical)을 이용한 습식식각이나 개스(Gas)를 이용한 건식식각공정을 사용한다. 이외에 여러종류의 공정 층에 따라 다양한 방법이 사용되고 있다.

표 4-1 식각방법

식각층	습식식각용액	식각온도 (℃)	식각률 ($Å/min$)	식각방식	식각방법
SiO_2	$HF : NH_4F=1 : 8$ BOE	상온	700	Dip & Wet	A
Pyrolytic Oxide	$HF : NH_4F=1 : 7$	상온	700	Dip & Wet	A
Si_3N_4	H_3PO_4	155	80	Dip	A
Poly Si	$NHO_3 : H_2O : HF=50 : 20 : 3$	상온	1000	Dip	A
Al	$H_3PO_4 : HNO_3=16 : 1$ $Acetic : Acid : H_2O=1 : 2 : 2$	40~50	2000	Dip & Spray Spray	A

※ A(이방성식각, Anisotropic Etching), I(등방성식각, Isotropic Etching)

다음에 식각방법에 따른 습식 및 건식식각 특성을 표 4-2에 비교하였다.

표 4-2 식각특성 비교

식각방법	식각 특성
습식식각(Wet Etch)	• 화학적 식각제 사용 • 등방성 식각 • 높은 생산성 • 플라즈마에 의한 감광제 패턴 손상 최소 • 플라즈마에 의한 손상이 전무 • 식각의 불 균일도(10%) • 공정변수가 다양 • 습식 및 건조공정이 필요

특성 식각방법	식각 특성
건식식각(Dry Etch)	• 반응성 개스 사용 • 이방성 식각 • 미세패턴 형성가능 • 막질별 선택비가 낮음 • 감광제의 들뜸현상 미비 • 용액기포에 의한 식각불량이 전무 • 균일한 식각(3%) • 식각종료시간 조절 용이 • 폴리머에 의한 오염발생 우려

1) 습식식각(Wet Etch)

이는 화학용액(Chemical Solution)을 사용하여 식각하는 방법으로 그림 4-13과 같이 식각방법은 등방성식각 방법에 해당한다. 습식식각은 주로 산화제와 불화수소 수용액을 이용하여 식각하며 표면에 반응 종을 공급하고 반응생성물을 분리(탈리) 시키는 방법을 이용하며 빠른 식각을 위하여 진동 스프레이(Agitation Spray)를 사용하기도 한다.

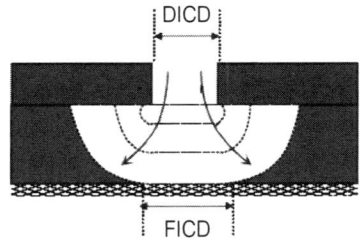

Vertical E/R=Horizontal E/R
Pure Chemical Reaction
High Selectivity
CD Loss or Gain

그림 4-13 습식식각

이러한 습식식각의 장, 단점과 식각시 PR의 들림현상 및 물반점 형성 등을 그림 4-14, 4-15에 나타내었다.

- 장점
  - 우수한 선택도
  - 신뢰성
  - 높은 처리율(Throughput)
- 단점
  - 등방성 식각(장, 단점)
  - 패턴의 크기 $\geq 3\,[\mu m]$
  - 개스 사용의 위험성
  - 기포발생
  - PR의 접착력 불량시 언더컷 발생
  - PR의 들림(Swelling)현상
  - 물 반점(Water Mark)

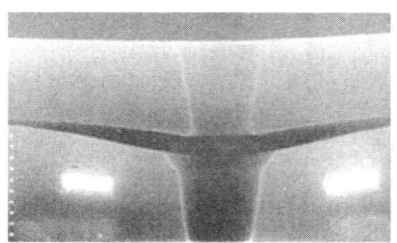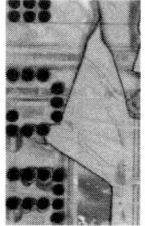

그림 4-14 PR의 들림현상(Lifting)

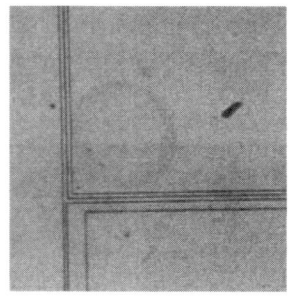

그림 4-15 물반점(Water Mark) 형성

등방성식각이란 깊이(Depth)와 옆면(Side)의 식각율이 같다는 의미이며 이로 인해 미세한 패턴의 형성이 어려워 건식식각과 동시에 사용되기도 한다. 등방성 식각의 단면과 SEM 결과를 그림 4-16, 4-17에 나타내었다.

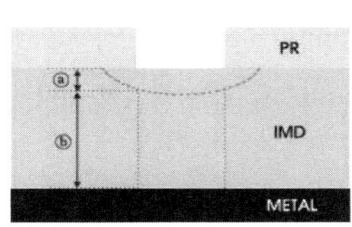 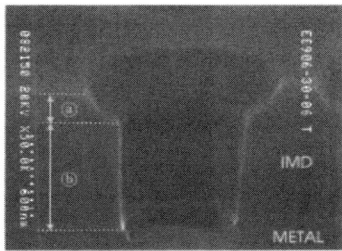

그림 4-16 등방성식각의 단면도   그림 4-17 등방성식각 SEM(VIA 형성)

일반적으로 습식식각의 경우 등방성식각으로 미세한 패턴의 조절이 난이한 특성이 있으나 공정선폭(Process Line Width)을 조절하기 위하여 과잉식각(10~20[%] Over Etch)을 수행하게 된다. 이때 사용되는 과잉식각의 각도(Af)는 그림 4-18과 같이 나타낸다. 즉 등방성의 과잉식각을 이방성의 각도를 사용하여 계산한다.

$$\text{이방성 각도 } A_f = 1 - \frac{b}{d}$$

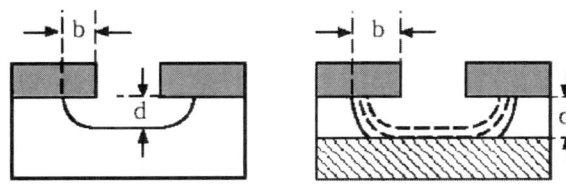

그림 4-18 과잉식각

2) 건식식각(Dry Etch)

건식식각은 그림 4-19와 같이 가스를 공급, 반응을 일으켜 증기압이 높은 물질이나 휘발성물질을 생성시켜 식각하는 이방성식각 방법으로 주로 할로겐(F 등) 원소를 사용하며 식각장치는 플라즈마를 이용한 플라즈마(Plasma)식각과 고주파 전력을 이용한 이온식각(RIE), 스퍼트식각(Sputter), 이온밀링식각(Ion Milling) 등이 사용된다. 이방성식각이란 수직 및 수평방향의 식각율 차이가 있는 식각방법으로 주로 수직으로의 식각율이 큰 식각방법이며 낮은 선택도와 임계값(CD) 바이어스가 없는 특성이 있다.

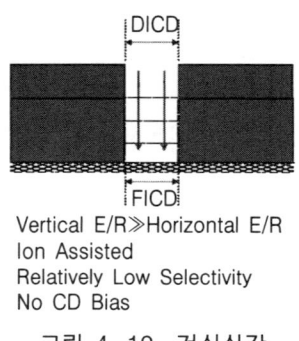

그림 4-19 건식식각

건식식각의 개념은 그림 4-20과 같이 고체분자를 액체분자로 변환하고 다시 플라즈마 소스에 의하여 이온과 전자상태로 만들어 휘발(탈착)시켜 원하는 패턴을 형성하는 방법이라 하겠다.

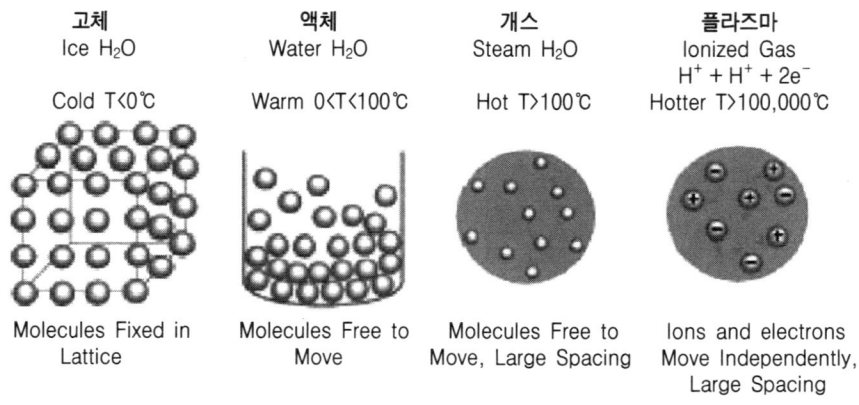

그림 4-20 건식식각 원리

이러한 건식식각의 장, 단점은 다음과 같으며 건식식각에 대한 개스특성을 표 4-3에 나타내었다.

- 장점
  - 이방성식각
  - 적은 개스 소모량
  - 깨끗한 공정(Clean Process)
  - 미세패턴 형성가능
- 단점
  - 공정제어 난이
  - 중성자(Radiation) 및 플라즈마(Plasma) 결함(Damage)
  - 금속층(Fe, Al, Ni, Al_2O_3) 식각 난이

표 4-3 건식식각 개스특성

식각층 \ 식각	식각개스	식각산물
Si, SiO_2, Si_3N_4	CF_4, SF_6, NH_3	SiF_4
Si	Cl_2, CCL_2F_2	$SiCl_2$, $SiCl_4$
Al	BCl_3, CCl_4, Cl_2	Al_2Cl_6, $AlCl_3$
유기물(Resist)	O_2, O_2/CF_4	CO, CO_2, H_2O, HF
무반응물질 & 실리사이드	CF_4, CCL_2F_2	WF_6

건식식각을 위한 대표적인 식각장치 특성에 대하여 알아보자.

(1) 플라즈마 식각(Plasma Etching)

플라즈마 식각은 그림 4-21과 같이 웨이퍼를 반응실내에 배열하고 반응실을 감압상태(0.1 ~ 10[Torr])로 유지시킨 후 반응개스를 유입하면서 고주파 전력을 걸어 플라즈마를 생성시켜 식각하는 방법이다. 이는 플라즈마 개스의 화학반응에 의하여 식각되며 주로 고주파전력, 개스압력, 기판의 온도 등에 의하여 식각율이 좌우되고 이방성식각

(Anisotropic Etch)이 가능한 특성이 있다.

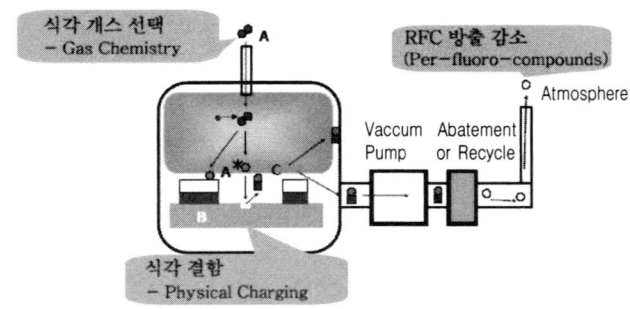

그림 4-21 플라즈마 식각 원리

① 식각과정

플라즈마를 이용한 식각과정은 다음과 같다.

㉮ 반응개스의 생성

글로우 방전을 사용하여 비활성 분자개스로부터 화학적으로 활성화된 반응개스(이온, 원자, 중성자 등)를 생성한다.

- 중성(전하가 없는)의 이온이 기판의 재료와 화학적으로 결합하여 휘발성 물질을 생성

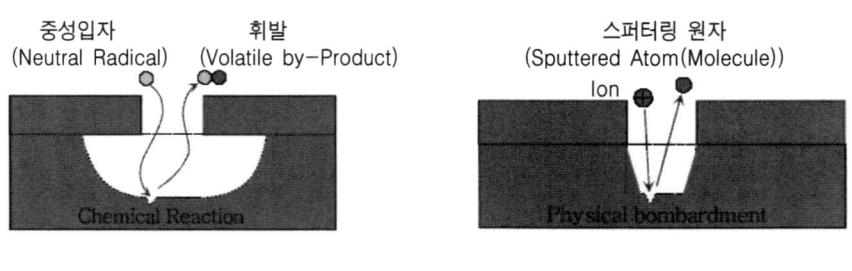

그림 4-22 반응개스 생성   그림 4-23 반응개스의 이동 및 부착

㉯ 반응개스의 이동 & 표면에 부착

반응개스를 식각표면으로 이동시켜 식각하고자하는 층(Material)에 부착하면서 이온에너지에 의하여 기판재료를 제거한다.

㉣ 표면에 반응 부산물 생성 & 탈착

고주파 전력에 의하여 이온을 활성화 시켜 반응물질과 기판재료를 반응시켜 부산물을 생성하고 이를 탈착시켜 개스흐름(Gas Stream)으로 확산하여 배기를 시키게 된다.

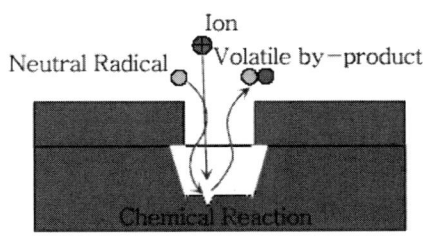

그림 4-24 부산물의 생성 및 탈착

② 반응개스의 생성

플라즈마 식각에서는 반응개스를 생성시켜 반응개스와 식각하고자하는 재료를 반응시켜 휘발성물질을 생성한 후 이를 탈착시켜 원하는 식각을 수행하게 된다. 그 과정은 다음과 같다.

- 개스분자의 주입 $Cl_2(Gas)$
- 글로우 방전(Glow Discharge) 생성 $e + Cl_2 \rightarrow Cl_2^+ + 2e$
- 반응물질(이온 & 전자) 생성 $e + Cl_2 \rightarrow 2Cl + e$
- 화학반응에 의한 휘발성물질 생성 $Si + 4Cl \rightarrow SiCl_4$
- 휘발성물질의 탈착(Pumping Away) $SiCl_4(Ads) \rightarrow SiCl_4(Gas)$

다음에 실리콘과 질화막의 반응개스 형성과정을 나타내었다.

$$SiO_2 + [O/F] \rightarrow \begin{bmatrix} SiF_4 \\ SiOF_2 \\ Si_2OF_6 \end{bmatrix} + O_2 + F_2 + CO_2 + H_2O$$

$$Si + [O/F] \rightarrow \begin{bmatrix} SiF_4 \\ SiOF_2 \\ Si_2OF_6 \end{bmatrix} + O_2 + F_2 + CO_2$$

$$Si_3N_4 + [O/F] \rightarrow \begin{bmatrix} SiF_4 \\ SiOF_2 \\ Si_2OF_6 \end{bmatrix} + O_2 + F_2CO_2 + H_2O$$

③ 플라즈마 식각의 특성

플라즈마 식각의 특성을 요약하면 다음이 된다.
- **빠른식각** 및 오염의 감소
- 감광제(PR)를 매스크로 사용가능
- 빛의 간섭(Interference)현상을 이용
- 식각 균일도 우수
- 고주파에 의한 표면경화(RF Hardening) 발생우려

(2) 반응성 이온식각(Reactive Ion Etching)

반응성 이온식각은 반응성기체의 화학반응 만을 이용하거나 반응성기체에 플라즈마를 형성시켜 화학반응 및 스퍼터링을 동시에 이용하는 방법이 있으며 일반적으로 반응성 기체와 플라즈마를 동시에 이용하여 이방성식각을 수행하게 되고 이를 반응성 스퍼터식각(RSE, Reactive Sputter Etching) 이라고도 한다. 식각원리는 그림 4-25와 같이 콘덴서 상, 하판 사이에 고주파 전력을 가하고 상부전극에 반응성기체를 주입하여 전극표면에서 이온의 충돌이 발생하는 이온 시스층(Ion Seath Later)을 형성시켜 활성화된 반응개스가 웨이퍼 표면에 가속되어 수직방향으로 식각이 진행되는 원리이다.

반응성 이온식각의 특성을 요약하면 다음이 된다.
- 반응기체(활성이온의 충돌)에 플라즈마를 이용
- 선택적 식각 가능(예로, Si 위에 SiO_2의 식각가능)
- 이방성식각 가능
- 높은 이온 에너지를 이용한 직류 자기바이어스(Self Bias) 이용

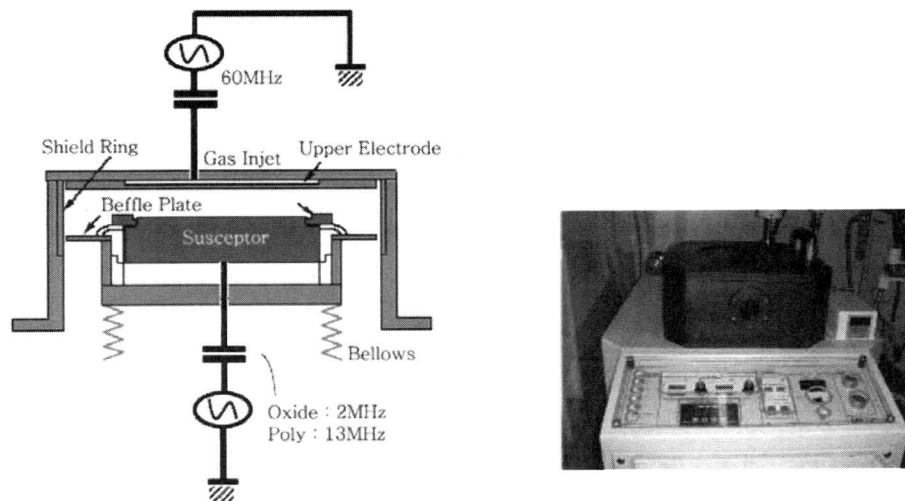

그림 4-25 반응성 이온식각

- 다결정 실리콘막의 패턴을 고정밀도로 형성 가능
- 전기적인 충격(단점)

반응성 이온식각의 특성은 표 4-4와 같이 식각층에 따라 식각속도와 식각방법이 차이가 있다.

표 4-4 반응성 이온식각의 특성

식각층	언더 레이어 (Under Layer)	식각속도 ($Å/min$)	식각속도비	식각방법
열산화막	Si	600	15 : 1	A
PSG(PhospoSilicateGlass)	Si	1400	30 : 1	A
폴리머	무기재료	1000	30 : 1	A
실리콘(Si)	Si	650	-	A
이온이 도핑된 실리콘 (Doped Poly Si)	SiO_2	1000	30 : 1	A
		2000	100 : 1	I
다결정 실리콘(Poly Si)	SiO_2	600	15 : 1	A
		2500	50 : 1	I
알루미늄(Al)	PSG	1200	20 : 1	A

1.4 식각공정

식각공정은 반도체에서 원하는 층(Layer)을 일정한 패턴으로 형성하는 공정으로 식각하고자하는 층의 종류에 따라 여러 가지 방법으로 식각을 하게 된다. 이때 식각방법은 습식식각과 건식식각으로 나눠지며 그림 4-26에 일반적인 DRAM 구조를 나타내었다.

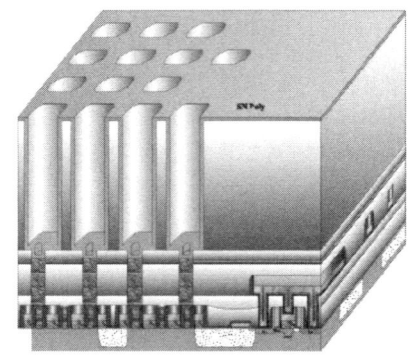

그림 4-26 DRAM 구조의 3차원 구조

1) 습식식각공정

일반적으로 단일층(Single Layer)의 식각은 주로 습식식각 방법을 이용하여 식각하며 다음과 같은 특성이 있다.

(1) 산화막(Oxide) 식각

산화막의 식각은 불화수소(HF)나 완충 불화수소(Buffered HF)를 사용하여 식각하게 된다. 일반적으로 열산화막에 비하여 CVD 산화막의 경우 식각속도가 매우 빠르다.

① HF

불화수소를 사용한 식각은 그림 4-27과 같이 불화수소(HF)와 물(H_2O)의 농도비에 의하여 식각율이 좌우되며 필요에 따라 물의 비율을 조정하게 된다.

• 반응식

SiO_2 + 6 HF -> SiF_6 + $2H_2O$ + H_2(일반적인 사용)

SiO_2 + 4 HF -> SiF_4 + $2H_2O$

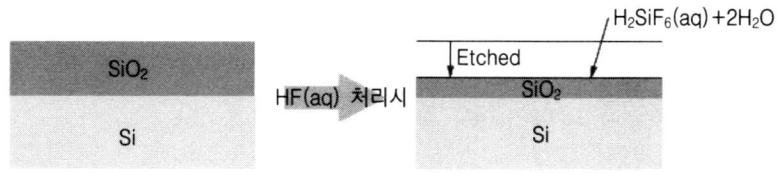

그림 4-27 HF 식각반응

- 식각속도(열 산화막 기준)

  49[%] HF : H₂O = 1 : 10 경우 -> 250~300[Å/min](at 22[℃])

  49[%] HF : H₂O = 1 : 50 경우 -> 60~75[Å/min](at 22[℃])

② Buffered HF

이러한 불소(F) 이온을 사용한 식각은 불소이온의 감소로 시간변화에 따라 식각 균일도가 떨어지므로 안정된 식각을 위해 완충제(Buffer)로 NH₄F를 첨가하여 식각을 하는것이 Buffered HF 식각이다.

- 49[%] HF : H₂O = 1 : 6 경우 -> 1000[Å/min](at 25[℃])

(2) 질화막(Nitride) 식각

질화막(Si_3N_4)의 경우 내성이 강한 막질로 높은 온도의 인산용액과 HF 외에는 식각이 되지 않는 특성이 있어 주로 인산(H_3PO_4)을 이용하여 약 180[℃]에서 식각하게 된다. 인산을 사용한 질화막의 식각원리는 그림 4-28과 같다.

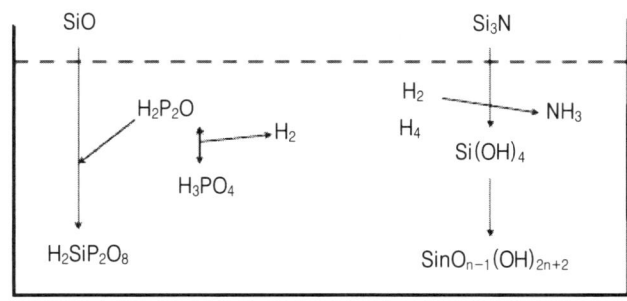

$Si_3N_4 + 4H_3PO_4 = 10H_2O \rightarrow Si_3O_2(OH)_6 + 4NH_4H_2PO_4$

그림 4-28 질화막 식각

- 반응식 : $Si_3N_4 + H_3PO_4 \rightarrow H_3PO_4 + N_2 + H_2$
- 용액 : 85%의 H_3PO_4(attached PR)
- 식각속도 : 18~22[Å/min](at 180[℃])

그림 4-29에 인산의 농도가 약 85.25±0.25인 경우의 인산과 물의 농도비에 대한 식각 선택비를 나타내었다.

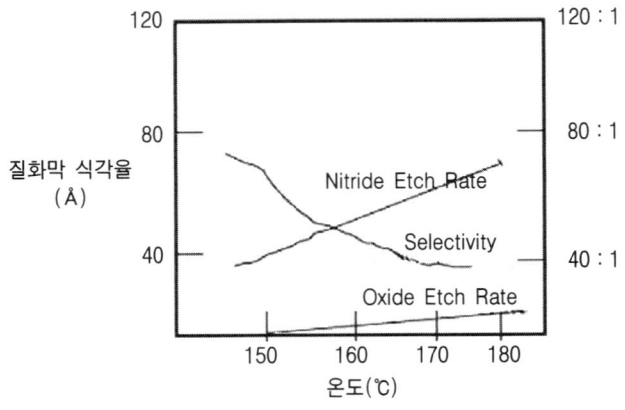

그림 4-29 질화막 식각비

인산용액을 사용한 필드 산화막의 식각패턴은 그림 4-30과 같이 질화막과 필드산화막이 동시에 노출된 경우에도 질화막과 산화막의 선택비가 40 : 1 정도로 선택적인 식각 특성으로 질화막 만을 선택적으로 식각이 가능함을 알 수 있다.

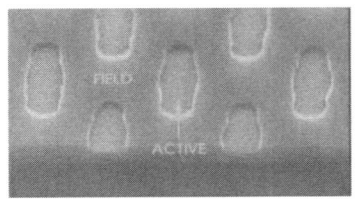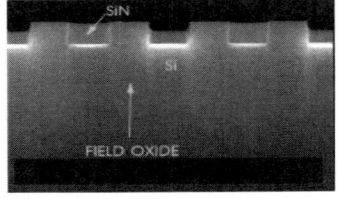

그림 4-30 질화막 식각 SEM

(3) 알루미늄(Aliminum) 식각

알루미늄은 인산과 질산(Nitric acid, HNO_3), 아세트산(Acetic acid, CH_3COOH), 물을 사용하여 식각하며 식각속도는 물의 양으로 조절하게 된다. 이때 질산에 의해 알루미늄은 산화알루미늄(Al_2O_3)으로 산화되고 동시에 인산과 물에 의해 용해되어 식각되게 된다.

- 용액

    $H_3PO_4 : HNO_3 : CH_3COOH : = 16 : 1 : 1 : 2$

- 식각속도

    $1000~3000[Å/min]$(at $35~45[°C]$)

(4) 실리콘(Si) 식각

실리콘의 식각은 그림 4-31과 같이 불화수소(HF)와 질산(Nitric acid, HNO_3)을 사용하여 식각하는 경우 아세트산(Acetic acid, CH_3COOH)을 사용하여 희석정도를 조절하여 식각하거나 플루오린(F)을 사용하여 식각하는 방법 등이 있으며 두 번째 반응식의 경우 암모니아(NH_4OH)를 사용한 식각반응으로 실리콘 표면의 거칠기(Roughness)가 급격히 나빠질 수 있으므로 혼합비율의 조절이 요구된다.

- 반응식

    $Si + 4HNO_3 + 18HF \rightarrow 3H_2SiF_6 + 4HNO_2 + 8H_2O$

    $Si + 2H_2O + 2OH^- \rightarrow Si(OH)_2(O^-)_2 + 2H_2O$

- 식각속도

    질산과 아세트산을 사용하는 경우 CH_3COOH로 희석

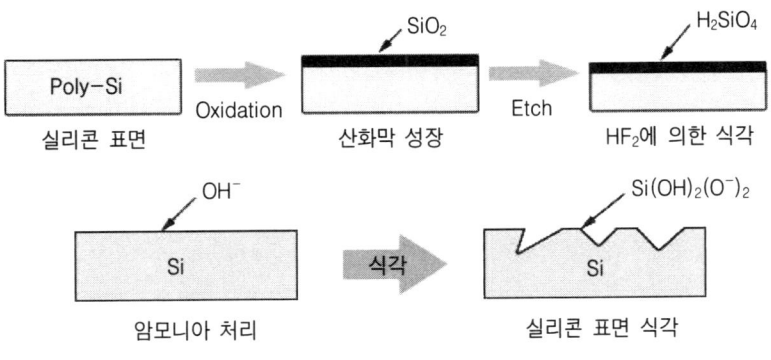

그림 4-31 실리콘(Si) 식각

2) 건식식각공정

건식식각은 주로 미세한 패턴형성을 목적으로 하거나 일정부분을 식각하고자 할 때 사용하며 다음과 같은 특성이 있다.

(1) 실리콘(Si) & 산화막(Oxide) 식각

건식식각을 사용한 실리콘식각은 플루오린(F)에 산소나 수소를 첨가하여 식각하는 방법 등이 사용되며 수소를 첨가한 경우보다 산소를 첨가한 경우가 식각속도가 **빠르고** 실리콘이 산화막보다 식각속도가 **빠르게** 된다.

이때 수소가 첨가되면 F의 농도가 급격히 감소하여 CF_3의 농도를 증가시켜 폴리머를 형성하여 식각속도를 느리게 하기 때문이다. 반면 산화막의 식각에서는 수소를 첨가해도 산화막(SiO_2) 내의 산소가 폴리머를 제거해 주기 때문이다.

- 개스

  방법1. 산소성분(O)을 사용한 식각
  - $CF_3 + F \rightarrow CF_4$ (CF_3는 F의 농도를 감소시키는 특성)
  - $CF_3 + O \rightarrow COF_2 + F$ (O는 F의 농도를 증가시키는 특성)
  - $COF_2 \rightarrow CO + 2F$

※ 산소농도가 23[%] 이상이 되면 희석되어 F의 농도를 감소시켜 F가 실리콘과 반응하는 것을 방해하며 산소는 12[%] 정도에서 가장 큰 식각속도를 나타낸다.

  방법2. 수소성분(H_2)을 사용한 식각
  - $H_2 + 2F \rightarrow 2HF$

※ 수소농도가 40[%] 이상이되면 실리콘의 식각속도는 거의 0(Zero)이며 산소를 첨가한 경우보다 식각속도가 느리다.

(2) 질화막(Nitride) 식각

질화막(Si_3N_4)의 경우 실리콘과 산화막의 중간정도 특성을 나타내며 플로우린(F)에 산소를 첨가하거나 삼불화질소(NF_3, Nitrogen Trifluoride)를 첨가하여 사용한다. 일반적으로 폭발(충격)이 없는 경우 식각속도는 산화막(SiO_2) -> 질화막(Si_3N_4) -> 실리콘(Si) 순으로 빠르게 된다.

- 개스
  $CF_4 + O_2 + CBrF_3$
  CH_2F_2 & CHF_3 & SF_6
  $Cl_2 + NF_3$
- 선택비
  질화막(Si_3N_4) : 실리콘(Si) = 1 : 8
- 인터할로겐 분자(FCl)
  $Cl_2 + NF_3$

그러나 할로겐분자의 중간특성을 나타내는 인터할로겐(Interhalogen) 분자의 경우는 산화막을 식각하지 않고 질화막만을 선택적으로 식각하는 특성이 있다.

(3) 알루미늄(Aluminum) 식각

알루미늄의 경우 일반적으로 염소(Cl)를 기본으로 한 개스가 사용(불소(F) 개스의 경우 비휘발성으로 사용금지)된다.

알루미늄 식각은 플라즈마 없이 알루미늄을 식각시킬 수 있는 장점이 있는 반면 염소 성분이 수소와 반응하여 염화수소를 형성(HCl) 하므로서 알루미늄을 부식시키거나 알루미나(Aluminate, Al_2O_3)를 식각하지 못하는 단점이 있다.

- 개스
  염소계 개스(BCL_3, CCL_4, $SiCl_4$, Cl_2 및 이들의 혼합)
- 식각 생성물
  - Al_2Cl_6(저온) 및 $AlCl_3$(고온)

- 단점
    - 염소개스가 진공펌프 오일을 오염(오일점도 증가)시키고 독성(산성특성)을 나타냄
        -> 형성물질 : HCL, C_2Cl_3H, Polymers
    - 산소 & 습기와 반응하여 파티클(Particles) 발생
    - 웨이퍼 표면에서 응축현상 발생
    - 감광제를 열화(Degradation)
    - 식각후 잔재하는 염소개스가 수소와 반응하여 HCL형성 후 알루미늄을 부식
    - 염소가 알루미늄과 잘 반응

그러나 알루미늄 식각의 알루미늄표면에 생성된 알루미나이트(Aluminate계, Al_2O_3)인 알루미늄 산화막(약 30[Å])을 먼저 제거한 후 알루미늄을 식각하여야 한다. 먼저 (+)이온을 충돌시켜 유도반응(Reduction Reaction)을 통해 이온반응을 촉진시켜 식각하는 원리가 사용된다.

- Al_2O_3의 식각
    - (+)이온의 충돌
    - 유도반응

        $Al_2O_3 + CCl_x$ (x>4) -> $AlCl_3 + CO$

        $Al_2O_3 + BCl_x$ (x<3) -> $AlCl_3 + B_2O_3$

- Al_2O_3막에 의해 발생되는 문제
    - Al 식각 번 유도시간이 필요
    - 산소가 알루미늄 격자사이로 이동하여 과잉식각(Over Etch)필요하며 이로 인해 알루미늄 표면의 거칠기 증가

(4) 실리사이드(Silicide) 식각

반도체 공정 중 층을 연결(Interconnection)하는 한 방법으로 실리사이들 형성하여 바이어스를 가하거나 소자의 특성을 측정하는 용도로 실리사이드를 형성한다.

이러한 실리사이드의 식각은 불소(F)계를 사용하기도 하지만 이는 n^+ 다결정에 대한 언더컷의 발생 등에 대한 단점으로 일반적으로 염소(Cl)계를 사용하며 이때 실리사이드와 n^+ 폴리실리콘의 식각율은 같게 된다.

- 개스

  염소계 개스(CCl_4, CCl_2, Cl_2, CF_4)
  - $TiSi_2$: $CCL_4 + O_2$
  - WSi_2 : CCl_2F_2
  - $MoSi_2$: $CCL_4 + O_2$
  - $TaSi_2$: $Cl_2 + CF_4$

- 식각조건
  - 양호한 수직 식각 프로파일
  - 실리사이드 식각율 = n^+ 다결정 실리콘 식각율
  - 산화막에 대한 양호한 선택비(>10)
  - 적은 감광제의 침전(Erosion)

- 불소계의 문제점
  - 충분한 F 개스 : n^+ 다결정이나 실리사이드에 언더컷 발생
  - 불충분한 F 개스 : 산화막에 대한 낮은 선택비

(5) 카본(C) & 유기박막(Organic Solids) 식각

카본이나 유기박막소자에 대한 식각은 산소성분(O)이나 불소(F)를 사용하며 산소성분이나 불소는 여기(Excited) 전자밀도를 증가시켜 식각율을 증가시키게 된다.

- 개스

  산소성분(Oxygen) & 불소(F) 개스
  - 빠른식각 : $CH_2 + 2O \rightarrow CO + H_2O$
  - 느린식각 : $CH_2 + 6F \rightarrow CF_4 + 2HF$

- 특성
  - 여기된 전자밀도가 에너지를 생성하여 산소의 분해속도 증가
  - 불소가 수소성분(H)과 반응하여 산소성분(O)과 카본(C)의 반응속도를 증가

3) 층별(Layer) 식각공정

식각공정방법을 사용한 식각공정은 반도체공정에서 요구하는 각 층(Layer)을 형성하

는데 사용되어진다. 다음에 대표적인 반도체 층을 형성하는 식각공정에 대한 3차원 구조와 상세도를 각각 그림 4-32, 4-33에 나타내었다.

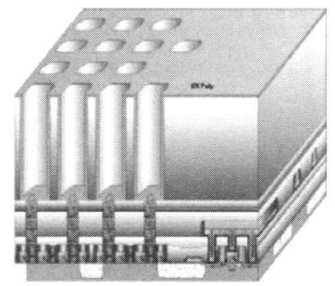
그림 4-32 DRAM의 구성(3D 구조)도

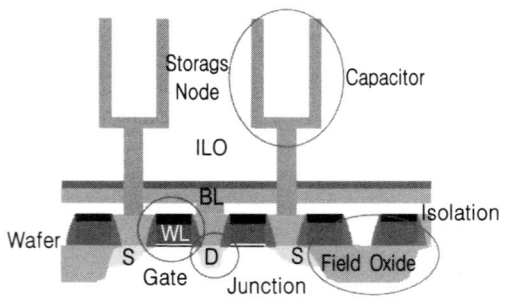
그림 4-33 DRAM의 상세 구성도

(1) ISO(Isolation) 식각

반도체 공정 중 p형 반도체 및 n형 반도체 위에 각각 n웰과 p웰을 형성하여 각 웰 영역 위에 활성소자를 형성하기 위하여 희생산화막(Sacrificial Oxide) 또는 패드산화막(Pad Oxide) 위에 게이트 산화막을 형성하고 각 활성영역을 분리시키기 위하여 형성하는 공정이 분리영역(Isolation)이다. 일반적인 경우 이 분리영역은 필드 산화막(Field Oxide)으로 형성하며, 근래에는 이를 트랜치(Trench) 영역으로 구성하기도 한다. 이 층의 경우 모두가 아래에는 웰(Well) 영역이 존재하며, 이를 고려한 식각이 이루어져야 한다. ISO 영역의 식각 형태를 그림 4-34에 나타내었다.

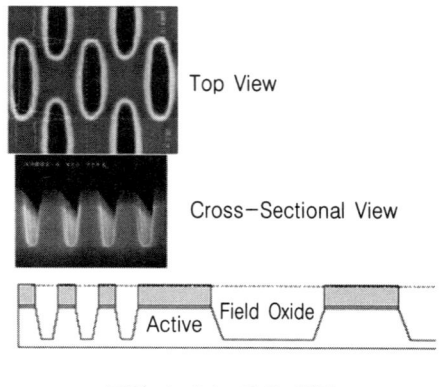
그림 4-34 ISO 식각

(2) 게이트(Gate) 식각

반도체 공정중 n웰과 p웰을 형성한 후 각 웰 영역위에 활성소자를 형성하기 위하여 희생산화막(Sacrificial Oxide) 및 패드산화막(Pad Oxide) 위에 게이트 산화막을 형성하게 되며 게이트 산화막 형성후의 식각은 게이트층 아래의 희생 또는 패드 산화막과 분리영역을 고려하여 그림 4-35와 같이 식각되어야 한다.

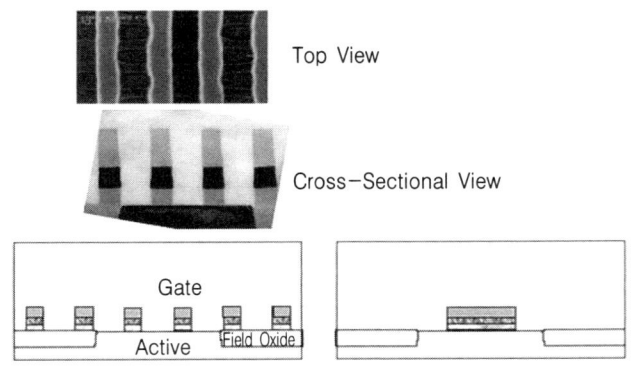

그림 4-35 게이트 식각

(3) LPC(Landing Plug Poly) 식각

이는 반도체 공정중 금속전극으로 사용되는 비트라인(Bit Line)을 형성하는 목적으로 식각하는 공정이며 비트라인으로 사용되는 금속과 n^+ 및 p^+ 영역을 연결하여 활성영역과의 옴성 접촉(Ohmic Contact)이 되도록 양호한 식각이 요구되는 공정이다.

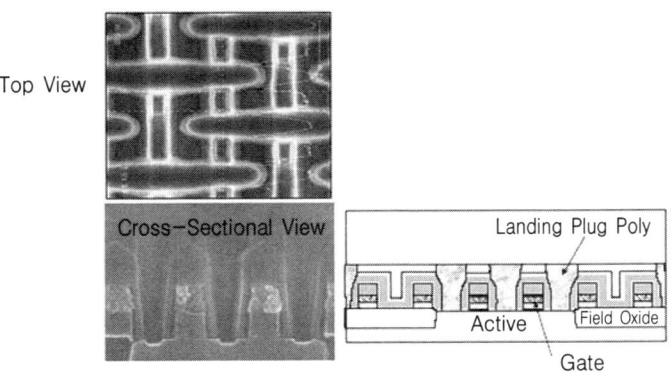

그림 4-36 LPC 식각

이 층 밑에는 층의 평탄화를 위해 LTO(Low Temperature Oxide)와 BPSG(Boro-phospho Silicate Glass)층이 있어 식각시 이들을 식각하는 공정방법이 요구된다.

(4) SN(Storage Node) 식각

이는 반도체 공정중 저장공간을 형성하기 위하여 식각하는 공정으로 그림 4-37과 같이 형성한다.

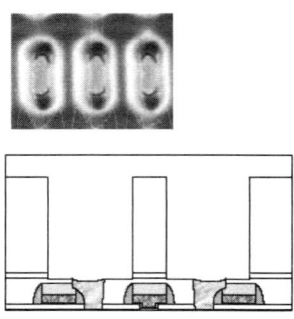

그림 4-37 SN 식각

(5) M1(Metala 1 Contact) 식각

반도체 공정은 필요에 따라 여러 층의 금속전극을 형성하며 금속전극은 그림 4-38과 같이 비트라인으로 사용될 전극을 형성하는 공정으로 회로요소들의 연결과 소자간의 상호배선 및 와이어 본딩(Wire Bonding)을 통한 외부와의 연결을 통하여 전류를 공급하기위한 전극으로 사용된다.

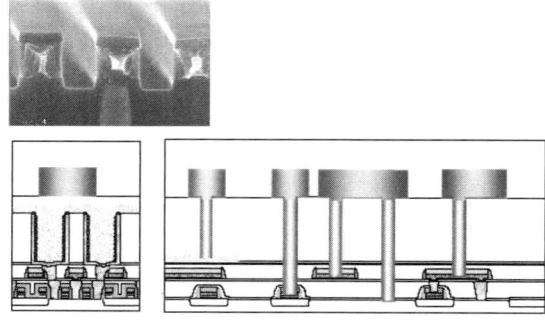

그림 4-38 금속층(M1) 식각

2. 세정공정(Cleaning Process)

2.1 세정공정 소스

반도체공정의 진행은 공정 층을 성장하고 식각하는 과정을 반복하게 되는데 한 공정이 끝나고 다음 공정으로 넘어가기 전에 화학약품(Chemical)과 물을 이용하여 웨이퍼 표면의 부산물을 제거하는 공정이 세정공정이다. 이런 세정공정은 소자의 고집적화가 진행되면서 입자상 불순물(Particle), 유기물 오염, 표면피막을 세정하는 방법으로 화학약품을 이용하는 방법, 개스 플라즈마를 이용하는 방법, 자외선(UV) 및 오존(O_3)을 조사하는 방법에 브러쉬(Brush)와 스크러버(Scrubber)를 사용하는 방법 등이 사용되고 있다. 미래의 세정방법은 환경 친화적인 오존(O_3), 전해 이온수, 건식식각액 등이 주류가 될 것으로 예상된다. 표 4-5에 집적도와 먼지와의 관계를 나타내었다.

표 4-5 세정공정의 발전

구분 \ 연도	1999	2000	2001	2002	2003	2004	2005	2008	2011	2014
중심기술(nm)	180	-	130	-	-	90	-	60	40	30
웨이퍼크기(mm)	200 1	-	300 2.25	-	-	-	-	-	450 5.06	-
집적도 공정스텝	256M 380	- 397	512M 413	- 430	1G 447	- 463	2G 480	6G 530	10G 580	48G 630
셀면적(μm^2)	0.26	0.18	0.13	0.10	0.082	0.065	0.039	0.019	0.0064	0.0032
제거대상(nm)	90	75	65	58	50	45	40	30	20	15

※ ITRS(International Technology Roadmap for Semiconductors)

반도체 제조공정은 어떤 막질의 특성을 나타내느냐에 따라 수율의 차이를 결정하므로 공정막의 조건에 큰 의존성을 가지고 있다. 거의 모든 공정에서 막질은 물과 화학적인 반응에 의하여 화합물을 생성하거나 오염(Contamination) 발생의 원인이 되며 오염원은 표 4-6과 같이 분류 하였다.

표 4-6 공정별 오염원

공정 \ 구분	오 염 원
확산공정(산화막 성장)	설비(Tube), 개스, 시스템 오염
이온주입공정	이온주입장치
감광제공정(Ashing)	감광제, 설비
식각공정	설비, 상호오염(침식)
핸들링(Handling)	Tweezer, 캐리어 박스, 사람
세정공정	화학약품, 부산물, 공급장치

반도체공정 에서의 오염중 이온성(Na^+, Li^+, K^+, F^-, Cl^-) 오염은 알칼리 금속이온 등이 웨이퍼 표면에 흡착되어 소자의 신뢰성에 큰 영향을 주며 유기물(F, Ni, Cr, Au, Cu, C, 알루미나 등) 오염은 인체로부터 박리(비듬, 땀, 때 등)되어 청정상태에 영향을 주고 무기물은 주로 중금속에 의하여 소자의 성능에 영향을 주는 것으로 알려져 있다.

2.2 세정방법

세정은 오염원의 종류에 따라 여러 가지 방법이 사용되며 여기에는 습식세정과 건식세정 및 기계적인 세정 방법으로 나눠진다. 습식세정은 화학적 용액에 의하여 오염원을 제거하는 방식으로 린스(rinse)와 건조(Dry)로 구성되며 건식세정은 개스상태에서 표면의 오염을 제거하는 방법이다. 기계적 세정은 얼음, 드라이아이스, 아르곤 에어졸 등을 불어서 세정하는 방법이며 요즘은 화학기계연마(CMP, Chemical Mechanical Polishing) 방법이 효과적으로 사용되고 있다. 세정공정의 진행 및 종류에 대하여 표 4-7에 나타내었다.

표 4-7 세정공정

세정공정 \ 적용	공 정
전처리(Pre-treatment)	확산공정 전 세정 산화막공정 전 세정 CVD & 금속전극 & 실리사이드 전 세정 감광막형성공정 전 세정 에피성장 전 세정
후처리(Post-treatment)	황산 스트립(Strip) 유기물 스트립 CVD & 금속전극공정 후 세정 CMP후 세정
습식식각	산화막 식각 질화막 식각 금속 식각

1) 세정방법

세정방법은 크게 습식 및 건식, 기계적인 방법으로 나눠지며 표 4-8과 같이 필요에 따라 여러 가지 방식이 사용되고 있다.

표 4-8 세정방법

세정방법 \ 구분	방식	특성
습식세정 (Aqueous or Liquid Phase Cleaning)	Dip 방식	• 보편적 방법 • 웨이퍼를 화학용액 또는 DIW가 담겨있는 배스(Bath)에 담구어(Dipping) 세정 • 초음파(Megasoinic)를 인가하여 세정
	Spray 방식	• 회전하는 웨이퍼에 화학용액을 분사, 세정 • 간단, 저비용 • 안정확보 유리

세정방법 \ 구분	방식	특성
건식세정 (Gas Phase Cleaning)	Vapor 방식	• 화학용액을 수증기 상태로 만들어 세정
	Plasma 방식	• 플라즈마를 이용하여 중성, 반응성 개스를 형성하여 표면세정
기계적세정 (Brush)	Roll Brush 방식	• 주로 CMP 후 세정에 사용 • 강한 입자성 불순물(Particle) 제거효과
	Spin Scrubbing	• 주로 CVD, 금속층 적층 후 세정 • 갭(Gap)을 조정하여 낮은 결함조건 선택필요

2) 세정액

표 4-9 오염원에 대한 세정

오염원 \ 구분		오염물질	세정액	화학용액	발생원인
이온성		금속이온 (Na^+, Li^+, K^+)	염산/과산화수소/물	$HCl/H_2O_2/H_2O$	인체에 의해 전이
		음이온 (F^-, Cl^-)	염소	Cl	감광막 형성공정
비이온성	유기물	금속	콜린, UV/O_3	$(CH_3)_3N-CH_2CH_2OHOH$	감광막 형성공정
		중금속 (Fe, Ni, Cr)	콜린/과산화수소/물	$(CH_3)_3N-CH_2CH_2OHOH/H_2O_2/H_2O$	웨이퍼 핸들링
		귀금속 (Au, Cu, Ag)	황화암모늄/황산	$(NH_4)_2SO_4/H_2SO_4$	부품재료
		알칼리금속	염산/과산화수소/ 물, SC-2, UV/Cl_2	$HCl/H_2O_2/H_2O$	인체에 의해 전이
	무기물	산화막/산화물 (SiO_2/SiO_x)	불화수소/물/불화암모늄	$HF/H_2O/NH_4F$	확산공정
		카본(C)	불화수소	HF	인체 & 확산공정

세정방법에 사용되는 세정액은 세정목적과 오염원에 따라 표 4-9와 같이 분류한다.

2.3 세정공정

세정공정은 크게 습식세정과 건식세정으로 구분되며 일반적으로 두가지 방법이 교대로 사용되고 있다. 습식세정에 대표적인 공정방법으로는 RCA, Piranha 세정방법이 대표적으로 사용되고 건식에서는 오존과 자외선을 이용한 세정방법이 사용되고 있다. 세정공정 순서는 그림 4-39와 같다.

1) 습식세정

습식세정의 대표적인 방법인 RCA 세정기술은 1970년대에 RCA사의 W. Kern 등에 의해 개발된 세정 기술로 그 기본은 입자성 불순물(Particle) 제거를 목적으로 한 암모니아수-과산화수소수로 된 SC-1세정(Standard Clean 1=APM), 금속 불순물 제거를 목적으로 한 염산-과산화수소수로 된 SC-2 세정(Standard Clean 2=HPM)을 조합시킨 세정 기술이다. 초기에는 브라운관의 세정 기술로 개발된 기술이었지만, 그 높은 신뢰성으로부터 40년 이상에 걸쳐 반도체 웨이퍼의 세정에 이용되어 왔다. RCA 세정의 특성을 요약하면 다음이 된다.

- SC-1 세정액 중에 Fe 등의 금속 불순물이 존재하는 경우 실리콘 웨이퍼 표면에 대단히 흡착하기 쉽다.
- SC-1 세정액이 실리콘 표면을 산화, 세정하는 것을 기본 메커니즘으로 하기 때문에 세정 후의 실리콘 웨이퍼 표면의 작은 거칠정도(Micro Roughness)가 증대한다.
- SC-2 세정액에는 염산을 사용하기 때문에 금속재의 부식이 진행되어 입자성 불순물(Particle)의 오염원이 된다.
- 공정이 길다. 특히 300[mm] 웨이퍼에 있어서는 매엽식 세정이 많이 이용되고 있기 때문에 생산성의 문제가 대두되고 있다.
- 폐수나 폐액이 많다.

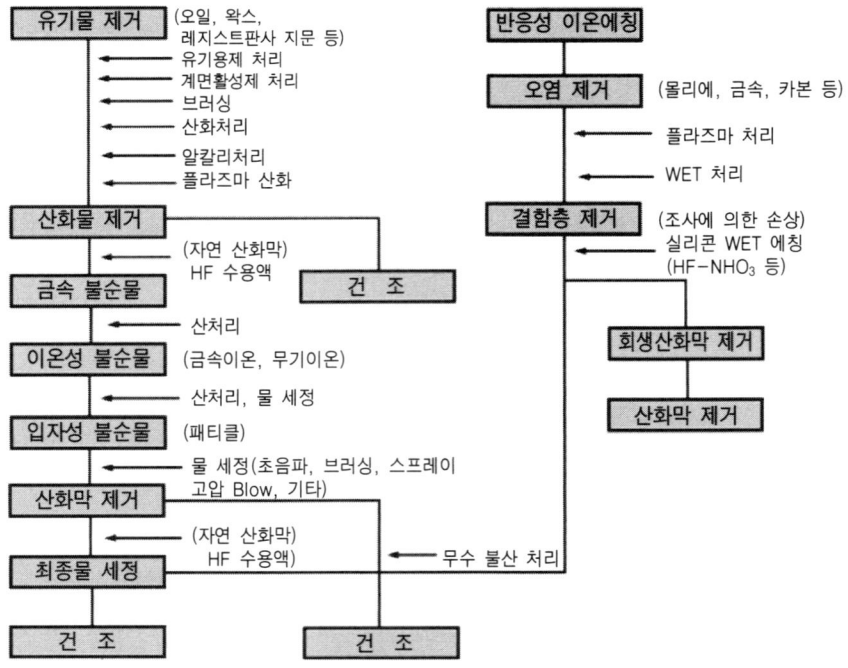

그림 4-39 세정공정 순서

RCA 세정은 과산화수소(H_2O_2)를 기본으로 하여 입자성 불순물의 제거목적으로는 SC1이 사용되고 중금속의 제거용으로 SC2, 유기오염물 제거용으로 Piranha 세정방법 등으로 구성되어 있다. 이러한 습식세정 공정들은 모두 산화제를 포함하고 있어 세정 공정 후 웨이퍼 표면에 화학적 산화막이 생성되게 된다.

(1) SC-1(APM) 세정

SC1 세정은 그림 4-40과 같이 과산화수소(H_2O_2)를 기본으로 하여 입자성 불순물의 제거목적으로 사용되며 실리콘 웨이퍼 표면을 과산화수소수에 의해 산화하고 실리콘 산화물을 알카리성인 암모니아에 의해 식각하여 박리(Lift Off)시켜 각종 불순물을 제거하게 된다. 이는 암모니아와 과산화수소, 물을 각각 1 : 1 : 5로 혼합하여 약 75~90[℃]에서 세정을 하며 입자성 불순물의 제거에 우수하다. SC-1 세정방법이 암모니아를 사용하므로 이를 APM(Ammonium Peroxide Mixture)이라고도 한다.

SC-1 세정의 주로 입자성 불순물을 제거하는 목적으로 반응은 다음과 같다.
- 반응식

  $2H_2O_2 + C \rightarrow CO_2 + 2H_2O$

  $Cu + H_2O_2 \rightarrow CuO + H_2O$

  $CuO + 4NH_4OH \rightarrow Cu(NH_4)_4$

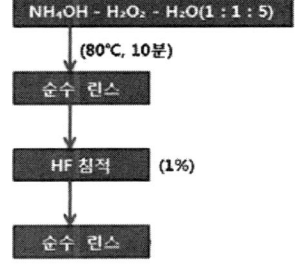

그림 4-40 SC-1 세정

SC-1 세정의 세정과정을 요약하면 다음이 된다.
- 용해(Dissolution)
- 보호막 감소(Passivation Degradation)와 용해
- 표면의 적은(Slight) 식각에 의한 박리(Lift Off)
- 웨이퍼 표면과 입자성 불순물(Particle)간의 전기적 반발력에 의해 세정

SC-1 세정은 암모니아에 의해 식각하여 박리(Lift Off)된 입자성 불순물이 재부착되지 않는데 이는 알칼리세정(SC-1)이 갖는 "제타 포텐셜(Zeta Potential)" 때문이다. 제타 포텐셜의 개념은 그림 4-41과 같다.

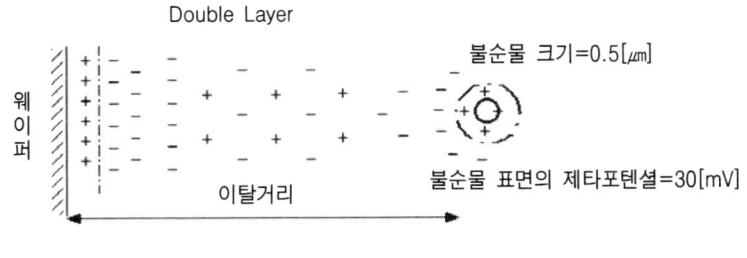

그림 4-41 제타 포텐셜

※ **Zeta Potential 이란?**
pH가 낮을(강산) 때 "+" 전하를 띄고, 높을(알칼리) 때 "-" 전하를 갖는 성질을 의미한다. 이때 pH는 물속의 수소이온(H+)의 농도로 pH의 숫자는 수소이온이 $\frac{1}{10^n}$ (n=pH농도) 만큼 물속에 있음을 의미한다.

이러한 SC-1 세정방법은 세정공정동안 세정액내의 과산화수소(H_2O_2) 농도가 점차 감소되어 암모니아에 의한 식각이 증가하므로 표면의 거침(Roughness) 정도가 심한 단점이 있으며 표면의 산화환원(Reoxidation) 전위에 의해 금속오염을 피할수 없는 단점이 있어 이를 보안한 방법으로 계면활성제를 이용한 세정방법이 대두(SC-2) 되게 되었다.

(2) SC-2(HPM) 세정

SC-2 세정은 그림 4-42와 같이 실리콘 표면상의 금속이 과산화수소수에 의해 산화되고 생성된 금속 화합물을 염산에서 착화(錯化)하여 용해, 제거하는 것을 특징으로 하고 있다. 이 세정 공정은 염산, 과산화수소 그리고 물을 1 : 1 : 5의 비율로 혼합하여 75~90[℃] 정도의 온도에서 천이성 금속 오염물을 제거하며 과산화수소와 염산에 의한 전지 화학적 반응에 의해 웨이퍼 표면과 전기적으로 결합한 금속 오염물을 효과적으로 제거하게 된다. 이는 과산화수소와 염산을 사용한 세정이므로 HPM(Hydrochloric Acid Peroxide Mixture)이라고도 한다.

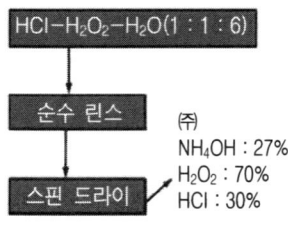

그림 4-42 SC-2 세정

SC-2 세정의 경우 염산의 독성과 부식력 및 입자성 불순물로 인해 현재는 거의 사용되지 않는 세정방법이며 반응식은 다음과 같다.

• 반응식

  $Na^+ + HCl \rightarrow H^+ + NaCl$

  $Cu + H_2O_2 + \rightarrow CuO + H_2O$

  $Cu) + 2HCl \rightarrow CuCl_2 + H_2O$

(3) Piranha(SPM) 세정

황산과 과산화수소를 혼합한 SPM(Sulfuric Acid Peroxide Mixture)은 주로 유기물의 제거나 고온에서 감광제나 계면활성제 같은 유기 오염물을 제거하기 위해 사용하고 있다. 과산화수소에 의한 유기물 산화와 용해 반응과 황산에 의한 유기물 연소(Burning)반응에 의해 효과적으로 유기 오염물을 제거한다. 일반적으로 황산(H_2SO_4) 98[%],

과산화수소 30[%]를 혼합한 SPM과 황산(H_2SO_4) 98[%]에 오존(O_3)을 혼합한 용액 (SOM)이 주로 사용되며 장, 단점은 표 4-10과 같다.

- SPM

  $H_2SO_4 + H_2O_2 \rightarrow H_2SO_5$(카로산, Caro's Acid) + H_2O

- SOM(Sulfuric Onone Mixture)

  $2H_2SO_4 + O_3 \rightarrow H_2S_2O_8$(Dipersulfuric Acid) + $O_2 + H_2O$

표 4-10 Piranha 세정

특성 \ 구분	SPM	SOM
장점	• 고농도 과산화수(85~90%) 사용 - 상온에서 사용가능 - 저 부식성 • 저농도 과산화수소(31%) 사용 - 많은 물 사용으로 고온사용 필요	• 저온에서 사용가능 • 저 가격 • 친환경적 • 긴 수명
단점	• 고농도 - 폭발위험 - 취급난이 • 저농도 - 짧은 수명	• 긴 공정시간

(4) 스핀 스크러브(Spin Scrubber) 세정

습식세정공정에서 입자형 불순물의 크기가 크거나(>0.5[μm]) 습식용액으로의 세정이 곤란할 경우에는 스크러브(Scrubber)를 이용하여 세정을 하기도 한다. 이는 그림 4-43과 같이 스크러브의 회전력과 브러쉬(Brush)의 접촉력을 이용하여 물리적인 방법으로 세정하는 방법이다. 웨이퍼를 척에서 회전시키면서 이온수를 분사하고 부러쉬를 이동하여 접촉시키면서 입자형 불순물을 제거하고 스핀드라이로 건조시키는 방법이다. 브러쉬를 적용하지 못하는 경우에는 초음파(Megasonic 0.5[MHz])를 이용하여 불순물을 제거하게 된다.

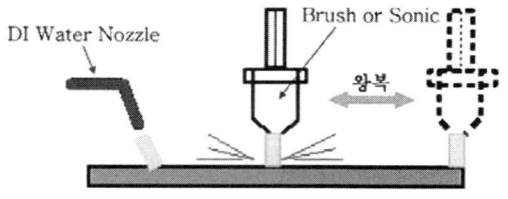

그림 4-43 스핀 스크러브 세정

다음 그림 4-44에 스핀 스크러브 세정방법에 의한 분순물제거 과정을 나타내었다.

그림 4-44 불순물 제거

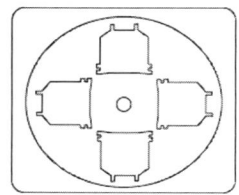

그림 4-45 스핀 드라이어

(5) 희석된 HF(DHF, Dilution HF)

불화수소는 주로 산화막(H_2O) 제거를 위하여 인온화된 물(DIW, Deionized Water)과 혼합하여 1 ~ 0.01 [wt%] 까지의 비율로 사용되고 있다. 주로 0.5 [wt%]가 많이 사용되며 알루미늄과 철 등은 쉽게 세정이 되는 반면 구리(Cu)는 재 흡착이 되는 문제가 있다. 이를 위해 HF와 과산화수소(H_2O_2)를 혼합하여 사용하는 방법이 있으나 널리 사용되고 있지는 않다. 희석시킨 HF(dilute HF) 용액은 세정 공정 중 주로 마지막에 수행 함으로써 웨이퍼 표면의 자연산화막을 효과적으로 제거하고 동시에 자연 산화막 내에 포함되어 있는 금속 오염물을 효과적으로 제거하는데 사용된다.

(6) 건조공정

건조공정은 세정의 마무리이며 실제로는 가장 중요한 공정중의 하나라 하겠다. 스핀 건조(Spin Dry)가 가장 일반적인 방법이기는 하지만, 장치 자체에서의 불순물발생, 고속회전으로 인한 정전기 발생 등이 가장 큰 문제이며, 또한 워터마크(Water Mark)라고 하는 "얼룩"이 표면에 남는 것이 문제시 되고 있다. 워터마크는 건조의 최종단계에서 수

분이 증발할 때 그 물방울 중에 농축되어 있는 결함(Particle)이 표면에 남아서 만들어지는 모양이며 디바이스의 양산율에 매우 심대한 영향을 준다. 이를 피하기 위해 근래에는 이소프로필알콜(IPA)의 증기건조 또는 IPA와 DI의 계면을 통과하여 웨이퍼를 수직으로 끌어올리며 치환. 건조 시키는 방법 등이 도입되고 있다.

① 스핀 드라이어(Spin Dryer)

회전건조기(Spin Dryer)의 배기 방식을 개선한 습식 세정장치의 회전 건조기에 관한 것으로서 수평형과 수직형이 있으며 수평형은 약 5000 [RPM] 이상을 사용하고 수직형은 15000 [RPM] 정도를 사용하여 건조하는 장치이다. 스핀드라이어를 그림 4-45에 나타내었다.

- 수평형
  - 회전속도 : 3000~5000 [RPM]
  - 카세트 사용방식
- 수직형
  - 회전속도 : 15000 RPM
  - 카세트 무 사용(Cassette Less) 방식

② IPA 드라이어(IPA Dryer)

IPA(Iso Propyl Alcohol) 드라이어는 그림 4-46과 같이 휘발성을 이용하여 건조시키는 방법으로 IPA와 물 표면의 장력 차이를 이용하여 건조시키는 장치이다.

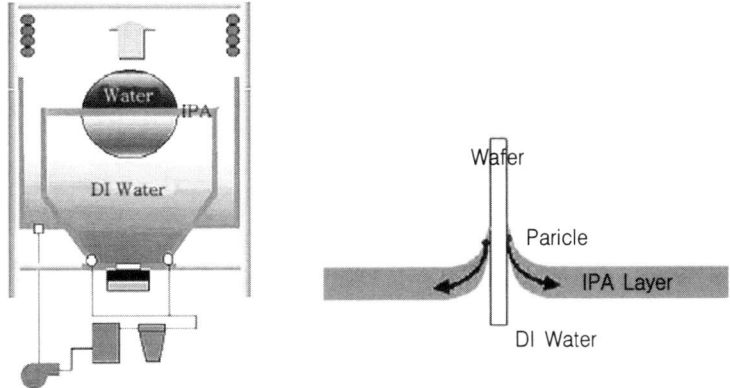

그림 4-46 IPA 드라이어

이는 IPA를 물 상부에 띄워 건조시키는 방법이다. 스핀드라이어와 IPA 드라이어의 특성은 표 4-11에 요약 하였다.

표 4-11 드라이어 특성비교

구분 특성	Spin	IPA
장점	• 저 가격 & 저 유지비 • 사용편리 • 유지 및 관리 용이	• 입자성 불순물이 상대적으로 적음 • 세정효과 우수 • 단차가 있는 경우의 건조가능
단점	• 건조중 웨이퍼 파손우려 • 단차가 있는 경우 건조 불량 • 회전에 따른 입자성 불순물 • 유발 가능성	• IPA의 휘발성으로 화재위험 • 유기용재 사용으로 유기물 잔재 • 화학용액 사용으로 유지비 고가

2) 건식세정

건식세정 공정은 기존의 습식세정이 반도체 공정의 고 집적화로 산호간의 비 호환적 성격과 화학약품에 의한 역 오염, 대량의 이온수(DIW), 폐기물의 처리 등 여러 문제를 보안하는 방법으로 제기된 것이다.

건식세정은 그림 4-47과 같이 주로 UV오존(O_3)이나 자외선 등을 이용하여 세정하는 방법이 많이 사용되며 오존의 경우는 강한 산화력을 응용한 장치이며 자외선은 184.9[nm]의 파장을 이용하여 유기물 또는 오존의 흡수에 의해 오존을 산소로 재 분해하여 휘발성 분자로 만들어 세정하는 원리이다. 최근에는 건식세정의 단점을 보완하는 방법으로 증기를 이용한 증기세정방법(Vapor Phase Cleaning)이 사용되기도 한다. 이러한 건식세정의 종류 특성을 표 4-12에 나타내었다.

- 건식세정 과정
  - 스퍼터링(Sputtering)
  - 오염물질을 휘발성으로 변화
  - 오염물질 언더 레이어의 물질을 제거(Lift Off)

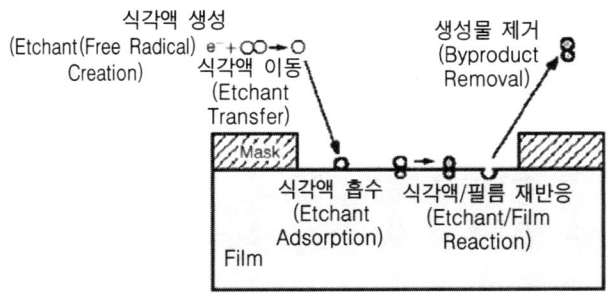

그림 4-47 건식 세정

표 4-12 건식세정의 종류특성

오염원 방법	대량의 유기물	소량의 유기물	금속원	자연산화막
UV/O_3 & UV/Cl_2	· UV/O_3	· UV/O_3 · UV/O_2 H_2O 증기	· UV/Cl_2	· UV/HF : CH_3OH · UV/NF_3 : H_2 : Ar
플라즈마 (Plasma)	· O_2/H_2 제어 플라즈마	· O_2/H_2 제어 플라즈마	· HCl 제어 · 플라즈마	· H_2 제어 플라즈마 · NH_3/H_2 플라즈마 · NH_3/H_2 ECR 플라즈마
스퍼터링 (Sputtering)	-	-	-	· 저 에너지 · Ar 스퍼터링
열적에너지 (Thermal)	· 산화	· 산화 · NO : HCl : N_2	· HCl열처리	· H_2 열처리 · 고온/UHV · 중간온도/UHV · GeH_4 : H_2
증기 (Vapor)		· HCl : HF : H_2O증기		· HF : H_2O증기 · HF : CH_3OH

(1) UV/O_3 & UV/Cl_2 세정

최근에 매우 주목을 받고 있는 대표적인 건식세정방법으로 산소(O_2)를 사용하여 오존(O_3) 또는 염소(Cl_2)를 사용한 자외선 세정방법으로 나눠진다. 이는 주로 금속층의나 폴리머 등 유기물을 세정하는 용도로 사용된다. 여기에는 오존(O_3) 또는 염소(Cl_2)를 사용하여 폴리머 및 금속불순물을 세정하게 된다.

① UV/O_3 세정

이는 그림 4-48과 같이 자외선이 고분자를 분해(Depolymerization)하는 능력을 이용하여 휘발성 분자인 물(H_2O), 이산화탄소(CO_2), 질소(N_2) 등으로 휘발시키는 과정을 통하여 오염물을 제거하게 된다.

이는 유기화합물의 제거에 매우 효과적이며 세정후 표면에 산화막을 형성시켜 기판표면을 보호하는 특성이 있고 산화막은 HF/H_2O 기상 세정이나 Ar/F 플라즈마 세정이 필요하다. 단 오존의 유출을 막기 위하여 세라믹과 같은 완전히 밀폐된 무기질재료가 사용되어야 한다. 다음에 반응과정을 나타내었다.

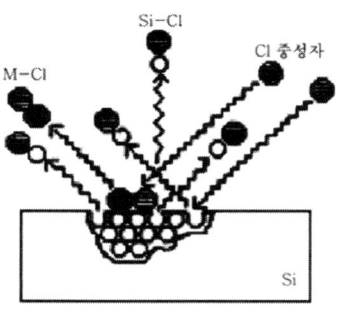

그림 4-48 UV/ Cl_3 세정

- 여기반응(Excited) : 200~300 [nm] UV 사용

  유기오염물 + 자외선 에너지($h\nu$) -> 여기된 유기오염물로 변화

- 자외선에 의해 산소원자(분자)로 분해 : 184.9 [nm] UV 사용

  O_2 + 자외선 에너지($h\nu$) -> 2O

- 분해된 산소원자가 오존을 생성

  O + O_2 -> O_3

- 오존을 자외선에 의해 산소원자와 분자로 분해 : 243.7 [nm] UV 사용

  O_3 + 자외선 에너지($h\nu$) -> O + O_2

- 생성된 산소원자와 오존이 유기오염물을 휘발성 화합물로 변화, 제거

  여기된 유기오염물 + (O, O_3) -> > 휘발성 화합물

② UV/ Cl_3 세정

이는 금속불순물을 제거하는 용도로 사용되며 염소개스 분위기 내에서 실리콘 기판을 자외선에 노출시키면 Cl_2^- 반응기(Radical)가 형성되고 실리콘기판을 식각하면서 금속불순물을 염화물(MC_X) 형태로 제거하는 방식이다. 그러나 나트륨(Na)과 같은 알칼리금속의 경우는 완전 휘발이 난이하여 습식세정 SC-2와 병행하여야 한

다. 이 세정의 세정 후 실리콘 표면이 불균일하게 식각되거나 과 식각되어 거칠어지는 특성이 있다.

(2) 플라즈마(Plasma) 세정

플라즈마를 이용한 세정방법은 화학적인 방법과 물리적인 방법이 있으며 실제로 두가지의 방법이 동시에 사용된다.

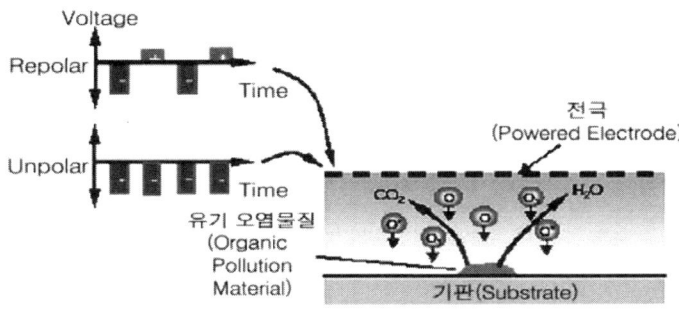

그림 4-49 화학적 플라즈마 세정

① 화학적 플라즈마 세정

오염물질을 플라즈마 내에 존재하는 활성종과 반응시켜 제거하는 방법으로 방전개스는 산소를 사용하며 산소원자, 오존, 여기입자들이 유기물과 반응하여 기체 상태인 수분과 이산화탄소의 형태로 제거되게 된다.

② 물리적 플라즈마 세정

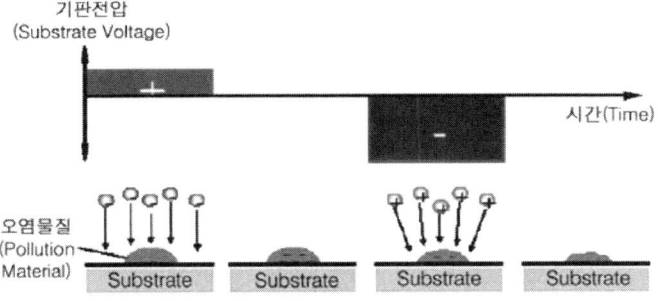

그림 4-50 물리적 플라즈마 세정

이는 그림 4-50과 같이 표면에 고에너지를 충돌시켜 표면의 오염물질을 제거하는 방법으로 표면의 개질특성과 무기물의 제거에 매우 효과적이다.

(3) 스퍼터(Sputter) 세정

표면으로 가속되는 이온종과 오염물 사이의 운동량 이동(Momentum transfer)에 의하여 세정하는 방법이다. 즉 그림 4-51과 같이 아르곤(Ar)과 같은 중금속(Heavy Metal)을 이용하여 저에너지 스퍼터링을 하여 기판의 오염을 제거하는 세정방법이다. 이는 순수한 물리적인 방법을 이용하여 제거하는 것으로 선택적 세정이 난이하고 스퍼터에 의해 실리콘기판이 손상 받을 수 있으며 대면적의 경우 제거된 오염종의 재오염이 우려된다.

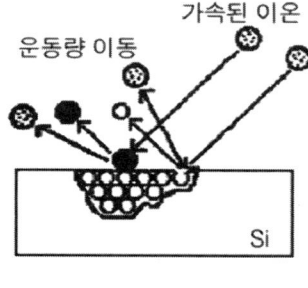
그림 4-51 스퍼터 세정

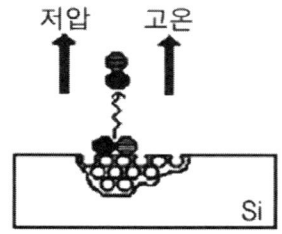
그림 4-52 열적 에너지 세정

(4) 열적에너지(Purely Thermally Enhanced) 세정

외부에서 가해진 열적 에너지를 기판과 유입된 개스에 동시에 가하여 오염물과 활성화 개스의 상호 반응에 의하여 오염물분자의 탈착을 이용한 세정방법이그림 4-52의 열적에너지 세정방법이다. 자연 산화막의 경우 수소(H_2) 분위기에서 1000[℃]로 가열하여 기판의 탄소와 산소를 제거하게 된다.

(5) 증기(Vapor Phase Cleaning) 세정

세정액을 증발시켜 발생된 증기로 오염물질을 분리해 내는 세정으로 주로 증기 HF 세정을 사용한다. 이는 무수(Anhydrous) HF 기체와 수증기를 적당한 비율로 혼합하고 질소(N_2) 또는 아르곤(Ar)을 진공장내로 주입하여 세정하게 된다. 이 경우 세정완료 후 표면이 불소(F)로 종단(습식의 경우 수소로 종단)되며 자연 산화막의 제거는 다음과 같

이 이루어 진다.
- HF & 수증의 혼합
  $2HF + H_2O \rightarrow H_3O^+ + HF_2^-$
- 산화막이 HF와 수증기에 노출되어 응축된 **액상박막 형성**
  $SiO_2 + 3H_3O^+ + 3HF_2^- \rightarrow \underline{H_2SiF_6 + 5H_2O}$
- 산화막은 불화규소(SiF_6)로 제거되고 액상박막은 증발되어 세정
  $SiO_2 + 2H_3O^+ + 2HF_2^- \rightarrow SiF_6 + 4H_2O$

이 공정의 경우 세정 후 잔류 불소(F)가 표면과 반응하여 축적될 수 있으므로 이온수(DIW)로 린스 등 후속공정이 필요하다.

연습문제

01. 식각공정의 원리에 대하여 상세히 설명하시오.

02. 식각모드는 등방성식각, 이방성식각, 수직형식각으로 나눠지는데 각 식각모드의 특성에 대하여 그림과 함께 설명하시오.

03. 식각공정의 문제점 중 얼룩식각(Mottled Etch)에 대하여 설명하고 식각패턴의 컬러에 대하여 설명하시오.

04. 식각공정에서는 식각비, 선택도, 균일도 등을 요구하고 있는데 각 특성에 대하여 상세히 설명하시오.

05. 건식세정 방법은 증기(Vapor) 방식과 플라즈마(Plasma) 방식 및 스퍼터(Sputter)로 구성되는데 이들의 세정방법에 대하여 설명하시오.

06. 습식세정 방법 중 SC-1 방법에 대하여 설명하시오.

07. 건조공정에서 IPA 및 Spin 드라이어에 대하여 설명하시오.

5. 이온주입 공정 (Ion Implantation)

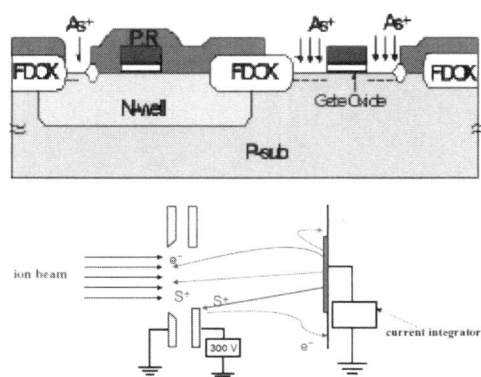

1. 기본특성

2. 이온주입 공정

제5장
이온주입 공정(Ion Implantation)

 이온주입이란 움직임이 있고 전하를 띤 원자나 분자들이 직접적으로 기판에 주입이 되는 프로세스를 말한다. 웨이퍼에 불순물을 주입시키기 위한 방법으로서 1970년대 초반까지는 확산에 의한 불순물 주입 방법이 지배적 이었으나 낮은 농도영역(단위 Cm^2당 1015개 이하의 원자)에서의 농도조절이 어렵고 MOSFET에서는 오차가 큰 단점이 있어 최근에는 확산에 의한 불순물의 주입보다는 이온주입법에 의하여 불순물을 반도체에 주입하고 있다.

1. 기본특성

1.1 이온주입의 특성

 기존의 열확산법(Thermal Diffusion)을 이용하여 불순물 원소를 원하는 곳에 분포시키는 방법은 로(Furnace)를 이용하여 불순물 소스를 기판과 함께 로에 배치하여 열적 에너지에 의해 불순물을 확산시키는 것이었다. 이 방법은 저농도 영역 에서의 농도 조절이 어렵고 불순물이 웨이퍼에 파고들어 접합깊이의 조절이 어려울 뿐만 아니라 고온에서의 확산이 진행되는 동안, 먼저 주입된 불순물이 실리콘 웨이퍼 내에서 수직방향은 물론 수평방향으로도 확산되므로 소자 상에서 실제 원하는 확산 영역보다 더 큰 영역이 형성되어 오차가 크고 고온에서는 시간이 많이 걸리는 단점이 있었다.

그리하여 최근에는 확산에 의한 불순물의 주입보다는 단일 불순물 이온을 가속화시켜 주입 깊이와 주입량을 조절하여 원하는 불순물의 양을 정확히 제어할 수 있는 이온주입법이 주로 사용되며 소자의 고집적화가 진행되면서 미세패턴의 형성과 더불어 pn 접합 영역 및 농도와 프로파일(Profile)의 제어에 더욱 요구되는 공정이라 하겠다.

이온주입공정은 원자 이온을 원하는 지점(Target)에 원하는 양을 주입하는 공정으로 붕소(B), 인(P) 등의 도펀트를 높은 에너지(300~500 [KeV])로 가속하여 실리콘 표면으로부터의 일정깊이(주로 100~1000 [Å])로 주입시켜 주입된 이온이 실리콘 결정격자와 충돌하면서 에너지를 잃어버리는 지점에 위치하게 되는 공정이다. 이러한 이온의 주입은 주로 가속전압이나 이온 에너지에 의해 결정되며 주입과정에서 고에너지의 이온은 실리콘 격자와의 충돌로 손상(Damage)이 발생하기도 한다. 이온주입법의 장, 단점은 다음과 같으며 이온주입에 의한 방사손실은 어닐링(Annealing)으로 해결이 가능하다.

1) 장점
① 빠르고, 균일하며, 재연성이 있다.
② 모재 자체(Bulk)로서의 좋은 특성은 변화시키지 않으면서 표면특성만 향상시킬 수 있다.
③ 정확한 도펀트(Dopant)의 조절이 가능하다.
④ 순도 높은 도펀트의 분포를 얻을 수 있다.
⑤ 여러번의 다른 에너지의 이온을 주입함으로 비 가우시안 분포(Non-gaussian)를 얻을 수 있다.
⑥ 비평형 공정(Non-equilibrium)이므로 용해도(Solubility), 확산(Diffusion) 등의 열역학적 제한을 받지 않는다.
⑦ 상온 공정이므로 온도상승에 따른 재료의 열화를 막을 수 있다.

2) 단점
① 수평적인 확산이 적고 깊은 주입이 어렵다.

② 이온주입중에 방사손실(Radiation Damage)이 일어날 수 있다.
③ 격자결함이 생성될수 있다.
④ 생산성이 열확산에 비하여 낮다.
⑤ 많은양의 주입은 많은 시간을 필요로 한다.

1.2 이온주입의 원리

이온주입기술은 이온을 고에너지로 가속시켜 재료의 표면에 주입하여 표면에 개질된 층을 만드는 대표적인 표면개질 기술 중 하나이다. 이온주입기술은 주입되는 이온의 양이나 에너지에 따라서 주입 깊이, 분포 및 조성을 쉽게 조절할 수 있으므로 고집적회로(IC)를 위한 반도체의 도핑(Doping)과정에 주로 사용되고 있다. 이온 빔을 이용한 이온주입방법은 그림 5-1과 같이 원하는 에너지로 가속시킨 이온을 이온소스(Source)에서 추출(Extract)하여 시료표면에 래스터(Raster)하는 방법이다. 이러한 이온 빔 이온주입은 이온 빔과 시료가 직선상(Line-of-sight)에 위치하므로 시료표면에 균일한 주입을 위해서는 복잡한 시료의 조작이 필요하며 이는 처리할 수 있는 시료의 크기나 모양에 제한을 주게 된다.

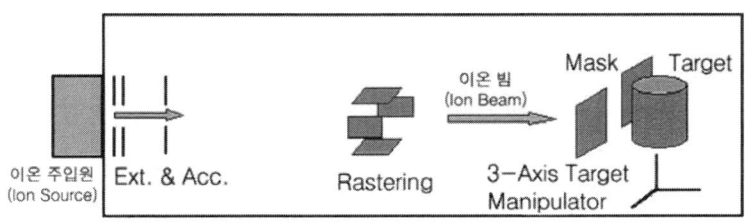

그림 5-1 이온주입 원리

이온주입에서 가속이온과 타겟 원자 사이에서는 이온들과 전자 및 핵의 반응이 일어나며 그 특성은 다음과 같이 나타낸다.
- 이온(Ions) <-> 원자내에서의 전자(Electrons in Atom)
- 이온(Ions) <-> 원자내의 핵(Nuclear in Atom)

이러한 이온들과의 반응에서 전자 및 핵은 각각의 전자저지력과 핵저지력에 의하여 자신들이 가진 에너지를 잃어버리게 되며 다음과 같은 수식으로 나타낸다.

$$-\frac{dE}{dx} = NS_n(E) + S_e(E)$$

이때 $S_n(E)$=핵저지력(Nclear Stopping Power)
$S_e(E)$=전자저지력(Electronic Stopping Power)
N=타겟원자의 농도(atoms/cm^3)이다.

여기서 이온이 이동한 평균거리를 투영거리(R, Range)라 하며 다음과 같이 나타낸다. 즉 이동한 이온의 평균거리는 핵저지력과 전자저지력에 의하여 결정되게 됨을 알 수 있다.

$$R = \int_0^R dx = \frac{1}{N} \int_0^{E_0} S_n(E) + S_e(E)^{-1} dE$$

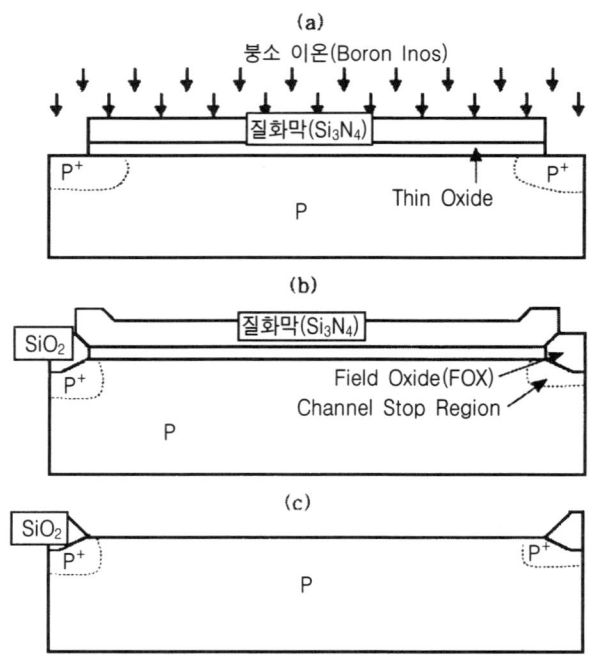

그림 5-2 이온주입 개념도

이온주입의 방법은 그림 5-2와 같이 이온주입 특성과 원리를 이용하여 원하는 영역을 선택적으로 차단(감광제 또는 질화막 등)한 후 이온주입장치를 통하여 원하는 이온을 주입하게 된다.

다음에 MOS 구조에서 채널영역에 붕소이온을 주입하는 개념도를 나타내었으며 이때 주입되는 이온의 차단영역은 질화막을 사용한 경우이다. 즉 질화막을 차단막으로 하여 붕소이온을 주입(그림 a)하고 질화막과 산화막을 제거하여 채널영역에 붕소이온을 주입하게 된다.

1.3 이온주입의 분포특성

이온주입은 결정내부의 원자핵(핵 저지력, Nuclear Stopping Power)과 외각전자(Electronic Stopping Power)와의 충돌과정을 겪으면서 에너지를 잃어 정지하게 되며 이온주입 분포는 비정질과 단결정내에서의 분포특성으로 설명된다.

1) 비정질 내에서의 분포특성

비정질 내에서의 분포특성은 이온이 주입되어 최종적으로 정지하게 된 거리 즉 이온이 이동한 평균거리를 투영거리(R, Range)라하고 결정표면에서 수직방향으로 조사된 이온이 이동한 거리를 투사거리(R_P, Projected Range)라 한다. 투사거리의 차이를 표준편차(ΔR_P)라 한다.

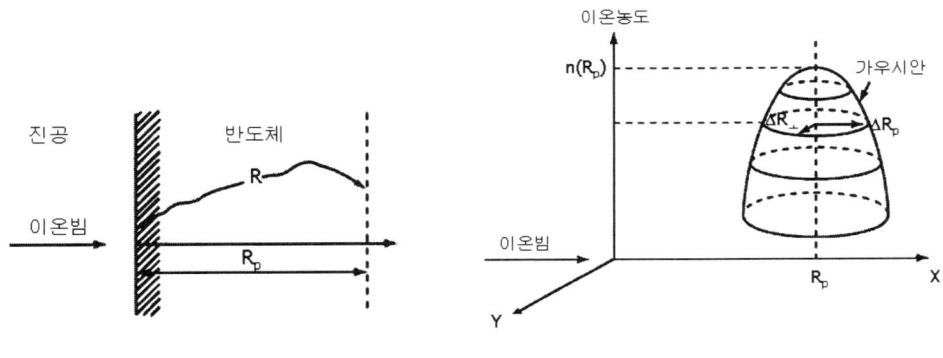

그림 5-3 가우시안 분포특성   그림 5-4 이온주입분포도

이러한 주입되는 이온의 분포상태는 이온의 도달거리와 주입방향으로 나타내며 이는 LSS 이론(Linhard Scharff Schioff)에 의하여 통계적으로 나타낸다. 즉 이는 그림 5-3, 5-4와 같이 반도체표면에서 수직으로 거리 x점에 주입된 이온의 분포를 근사적으로 가우시안(Gaussian) 분포특성으로 나타내게 된다.

이러한 비정질 내에서의 이온주입분포특성을 수식으로 나타내면 다음이 된다.

$$N(x) = \frac{N_0}{\sqrt{2\pi \Delta R_p}} exp - \frac{(x-\widehat{R_p})^2}{2\Delta R_p^2} \; [\text{Cm}^{-3}]$$

이때 N_0 : 단위면적당 이온주입량, R_p : 이온의 투사거리
$\widehat{R_p}$: 이온의 평균 투사거리, ΔR_p : R_p의 표준편차
x : 깊이방향의 거리이다.

여기서 주입되는 이온의 분포특성은 x=R_p에서 최대값을 가우시안 분포특성으로 나타내게 됨을 의미한다.

$$N(x) = \frac{N_0}{\sqrt{2\pi \Delta R_p}} \cong \frac{0.4 N_0}{\Delta R_p} \; [\text{Cm}^{-3}]$$

즉 이온주입의 최대농도는 투사거리(R_P)에 좌우됨을 알 수 있으며 다음에 비정질 내에서의 붕소(B) 분포특성을 그림 5-5에 나타내었다.

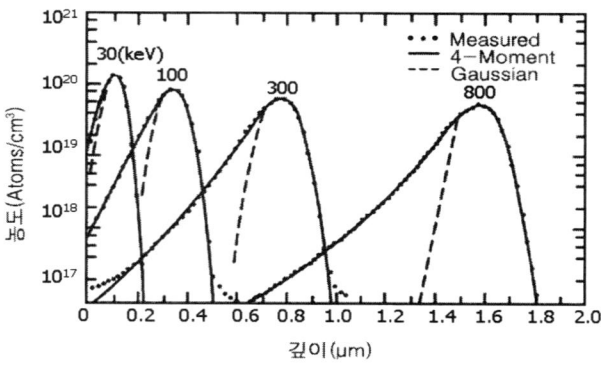

그림 5-5 비정질 내에서의 붕소(B)의 분포특성

다음에 일반적으로 가장 많이 사용되는 실리콘(Si)과 산화막(SiO_2) 내에서의 붕소(B), 인(P), 비소(As)에 대한 투사거리(R_P), 즉 가우스분포의 표준편차(ΔR_P) 특성에 대하여 나타내었다.

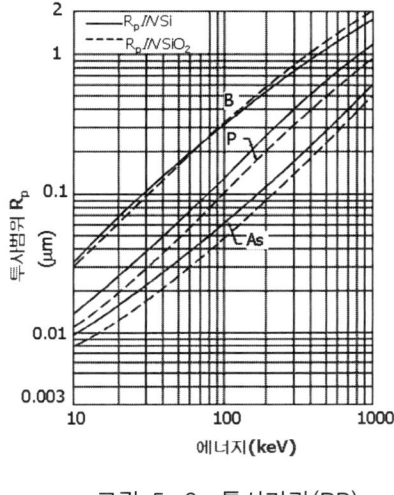

그림 5-6 투사거리(RP)

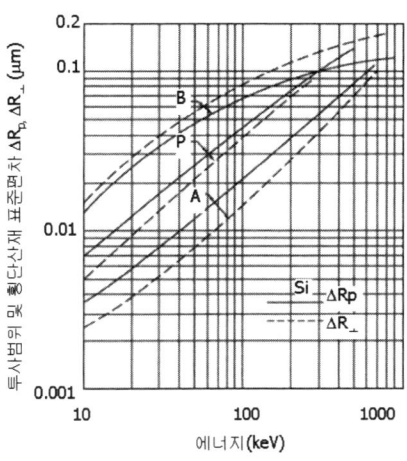

그림 5-7 표준편차(ΔR_P)

2) 단결정내에서의 분포특성

가우시안 분포특성에 나타낸 것처럼 결정격자가 무작위로 배열된 비정질 내에서의 분포특성과 달리 단결정 기판은 그림 5-8과 같이 이온주입 시 주입이온의 주입방향이 규칙적인 배열을 하고 있어 주입되는 이온의 입사각과 원자배열 간격을 통하여 예상보다 깊숙이 들어가서 분포하게 된다. 이를 채널링(Channeling) 이라하며 이러한 현상은 기판의 면방위, 입사각도, 이온의 종류 및 가속에너지에 따라 의존성이 크다.

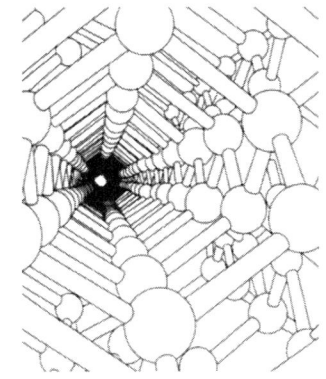

그림 5-8 〈110〉축에서의 Si 격자구조

이러한 채널링 현상은 단순입방구조에서는 주입되는 이온의 입사각과 원자배열 간격을 통하여 채널링 현상이 나타나며 가우시안 분포특성에서는 그림 5-10과 같이 깊이가 깊어질수록 채널링이 발생하여 꼬리(Tail)가 형성됨을 알 수 있다.

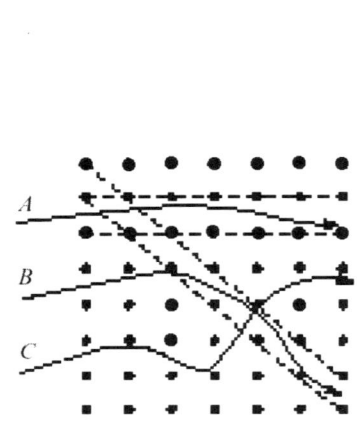 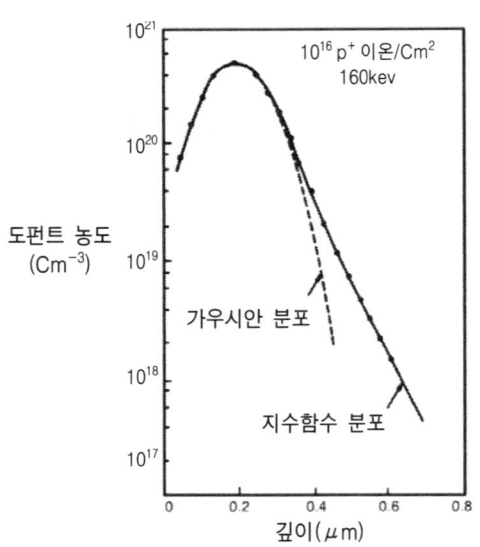

그림 5-9 단순입방 격자구조의 채널링현상   그림 5-10 가우시안 분포에서의 채널링현상

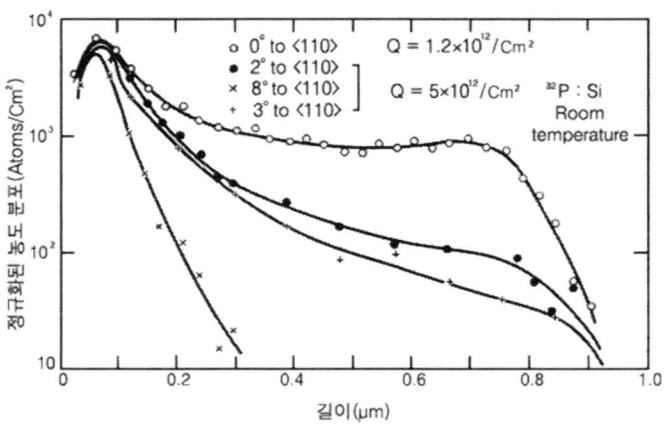

그림 5-11 이온빔의 각도에 의한 채널링현상

여러 조건에 의존성이 있는 채널링 현상은 다음과 같이 <100> 실리콘 표면에 대하여 이온주입 시 이온빔의 방향을 달리하게 되면 그 현상을 관찰할 수 있으며, 일반적으로 빈공간들이 채널을 형성하므로 이온들이 LSS 이론보다 예상값의 2배정도 이상으로 깊이 들어가게 된다. 그림 5-11은 실리콘 내에서의 인(P)의 채널링 현상(40[eV] 주입)이 약 8[°] 기울기에서 불규칙한 분포특성을 나타내며 이온빔의 각도를 증가할수록 점차 채널링 현상이 줄어들게 됨을 알 수 있다.

> **※ LSS 이론이란?**
> Lindhard, Schraff, Schiott(LSS)가 비정질체(Amorphous)에 이온주입시 이온정지(Ion Stopping) 면에서 가장 성공적인 R 및 Rp 프로파일(Profile)을 예측한 이론이다. LSS 이론과 가우시안분포(Gaussian Distribution)는 현재에도 비정질과 단결정체에 대한 이온주입의 도핑분포(Doping Distribution)의 예측에 일반적으로 사용되며, 다른모델(Higher Moments)에서 보다 정확한 결과를 얻기 위한 방법(Fine Tuning) 등에 사용되고 있다.

① 투영거리(Range), R

$$n(x) = \frac{\phi}{\sqrt{2\pi}\,\Delta R_p} exp[\frac{-(x-R_p)^2}{2\Delta R_p^2}]$$

where, φ : 이온주입(Dose) [number/cm²]
          ΔRp : Standard Deviation of Gaussian Distribution(Project Straggle)

> **※ R(Range)**
> 이온이 물질 내로 주입되어 물질 내에 분포하는 범위이다.

② 투사거리(Projection Range), Rp

$$R_p \approx \frac{R}{1+[\frac{M_2}{3M_1}]}$$

LSS 모델에서 비정질체로 주입된 이온은 대칭적인 Gaussian 분포를 보이는 것으로 가정된다.

③ 투사거리의 표준편차(Projected Straggle), ΔRp

$$\Delta R_p \approx \frac{2R_p}{3} \left[\frac{\sqrt{M_1 M_2}}{M_1 + M_2}\right]$$

또한, Rp에서의 최대 이온주입(Dose) 농도는 다음과 같이 나타낸다.

$$n(x = R_p) = \frac{\phi}{\sqrt{2\pi} \, \Delta R_p} \cong \frac{0.4\phi}{\Delta R_p}$$

> ※ **Rp(Projection Range)**
> 투영거리(Range) 중 주입된 이온(Ion)의 밀도가 가장 높은 지점이다.

1.4 결정결함(Lattice Defect)의 발생

이온주입 공정은 실리콘 격자의 결합에너지(13eV) 보다 매우 크므로 실리콘 결정의 원자가 격자구조로부터 벗어나게 하는 원인이 되며 이는 주입이온이 무거운 이온이냐 가벼운 이온이냐에 따라 결함정도가 달라진다. 이러한 결정격자의 결함은 이온들의 충돌에 의한 것으로 가벼운 이온의 경우 주입이온과 원자핵과의 거리 사이에서 충돌에너지가 적어 전자저지력(Electronics Stopping Power)이 우세하여 표면으로부터 원거리에 결함이 존재하나 무거운 이온의 경우 충돌에너지가 크게되어 핵저지력(Nuclear Stopping Power)이 우세하여 표면으로 가까운 거리에 결함이 존재하는 특성이 있다.

1) 가벼운 이온

가벼운 이온의 경우 높은 에너지 영역에서는 전자저지력이 우수하여 주입된 표면근처에서는 격자손상이 적은반면 보다 깊이 들어갈수록 붕소이온 자체가 가지는 에너지가 적어 최종 이온위치 근처에서 핵 충돌로 인하여 많은 격자가 손상을 받게 됨을 그림

5-12를 통하여 알 수 있다.
- 가벼운 이온 : 전자 저지력(실리콘 표면으로부터 원거리) 우세
  - 붕소(B)

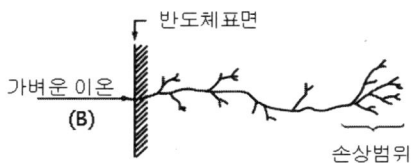

그림 5-12 가벼운 이온(B)의 결정결함

2) 무거운 이온

무거운 이온의 경우 높은 에너지 영역에서는 핵저지력이 우수하여 그림 5-13과 같이 표면근처에서 무수한 격자 덩어리로 인해 많은 격자 손상이 발생하게 된다.
- 무거운 이온 : 핵 저지력(실리콘 표면으로 부터 근거리) 우세
  - 비소(As), 안티몬(Sb), 인(P)

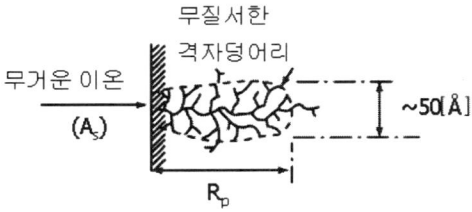

그림 5-13 무거운 이온(B)의 결정결함

이러한 결정결함은 일반적으로 열처리(Annealing)를 통하여 제거하거나 감쇠 시키게 된다.

3) 열처리(Annealing)

이 공정은 이온주입으로 손상된 영역과 격자결함에서 기인하는 캐리어의 이동도와 수명 등에 대한 특성에 미치는 영향을 제거하는 것이 목적이다. 즉 약 500[℃] 이상의 열처리를 통하여 비정질을 단결정화 시키고 캐리어의 활성화를 통하여 주입된 이온의 전

기적 활성도를 향상시켜 결함을 제거하게 된다. 가벼운 이온이나 무거운 이온의 경우 열처리를 통하여 열적 에너지를 증가시켜 결정결함 손실이 감소하는 특성을 그림 5-14에서 관찰할 수 있다.

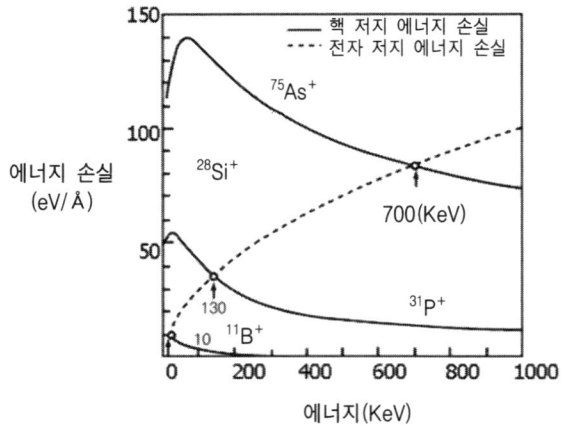

그림 5-14 열처리에 따른 결정결함 감소

1.5 이온주입기술의 변화

이온주입기술은 이온을 고에너지로 가속시켜 재료의 표면에 주입하는 기술로 1952년 입자성불순물(Particles)의 방사(복사) 에너지(Radiation Damage)에 대한 연구가 시작된 이래 1957년 Shockly가 결정에 대한 재결정화(Recrystallization)를 목적으로 이온주입 후 열처리를 처음 실행하는 등의 과정을 거쳐 1970년대에 중전류(Medium Current) 이온주입기술이 실용화되었다. 그후 1980년대에 고전류, 고에너지를 이용한 이온주입기술이 상용화되어 2000년대에 플라즈마 이온주입과 클러스터(Cluster) 이온주입기술이 개발되어 현재에 이르고 있다. 이러한 이온주입기술은 여러 가지 복잡한 공정에서 고에너지 주입에 의한 트리플 웰(Tripple Well)의 형성이나 미세화 패턴의 형성 및 300[mm]에서의 이온주입기술 등에서 요구하는 기술의 변화와 발전이 요구되고 있다. 다음에 이러한 이온주입의 기술변화도를 표 5-1에 나타내었다.

표 5-1 이온주입 기술의 변화

IMPLANT CATEGORY	1997 250mm	1999 180mm	2001 150mm	2003 130mm	2005 100mm	2009 70mm	2012 50mm
ISOLATION	LOCOS	Shallow Trench Isolation				Fully depleted SOI?	
WELL	Furnace Driven well		Implanted Well		Triple Well in Logic		
		Triple Well in Memory					
CHANNEL	Vt Anti-Puchthrough			Uniformly Doped/Super Steep Refrograde Channel		Epi-channel?	
GATE	SelfAligned implant at S/D dopping				Stand-alone gate doping	Metal Gate Material?	
EXTENSION		Hale/Pochet Implant	LDD/Drain Extension			Single Drain	
CONTACT JUNCTION	Implanted RTA Junction			Ultra Fast Anneal		Elevated S/D	

1.6 이온주입장치

이온주입 장치는 이온주입기술의 변화에 따라 정확한 이온의 제어와 생산성 등을 고려한 장치들로 발전하여왔다. 1970년대에 중전류(Medium Current) 이온주입기술의 실용화로 집적회로에 적용 가능한 장치로 발전하였으며 이는 크게 가속전압과 이온 전류값에 따라 장치구성이 달라지며 일반적으로 1[mA] 이하의 중전류 장치와 1[mA] 이상의 고전류 장치로 분류된다.

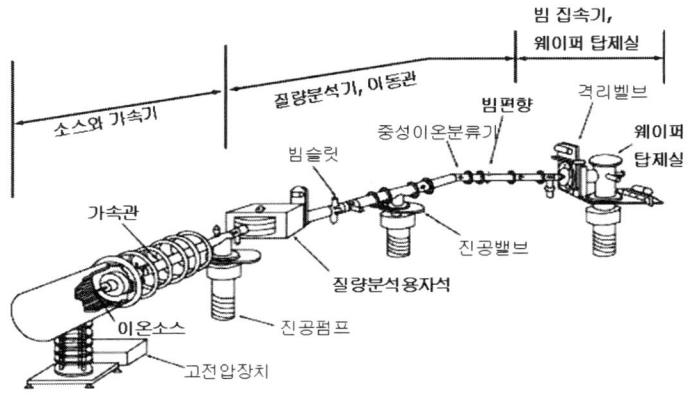

그림 5-15 이온주입장치

1) 이온소스 & 가속기

(1) 이온소스

이온화 시스템은 그림 5-16과 같이 개스공급 장치로부터 공급받은 개스분자를 이온화 시스템에서 이온화(+ Charged Atoms/Molecule) 시켜 강한 전계(수십 [uA] ~ 수 [mA])로 여기 시켜 이온빔(Ion Beam) 상태로 만들(Extraction)어 사용하게 된다. 이온화 시스템의 기능은 이온화(Ionization), 추출(Extraction), 억제(Suppression), 빔 조정(Manipulator) 등으로 구성된다.

- 중전류 경우 : BF_3, BCl_3, PH_3, AsH_3, $SiCl_4$ 등
- 고전류 경우: PH_3, AsH_3

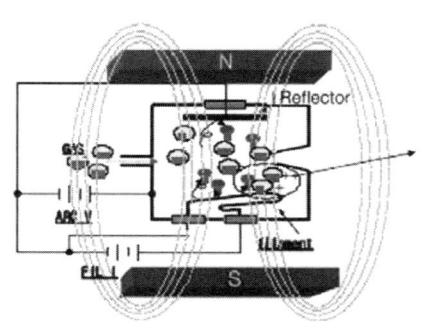

그림 5-16 이온화 시스템 개념도

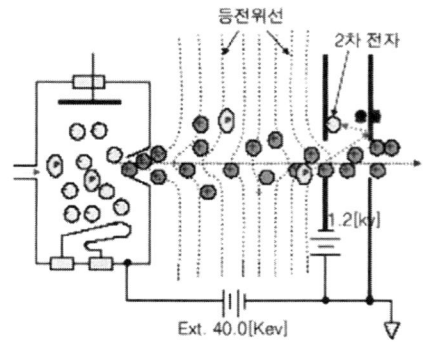

그림 5-17 이온추출 개념도

① 이온추출(Extraction)

이온추출은 그림 5-17과 같이 아크 챔버(ARC Chamber)로부터 이온을 추출하는 장치이다. 이온추출 시 억제전극을 통과한 이온이 기저전극(Ground Electrode Aperture)에 도달하여 충돌함으로서 발생되는 2차 전자는 높은 정(+)의 이온소스로 가속되어 이온소스에 부딪혀 x선을 발생하고 정지하는 역할을 하며 되도록 2차 전자의 생성을 억제하여야 한다.

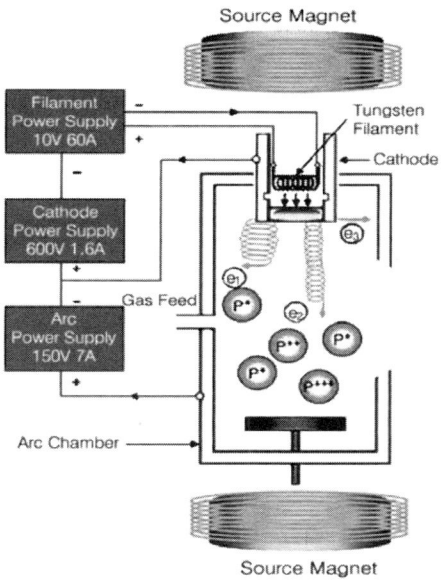

그림 5-18 이온화 시스템 개념도

참고적으로 아크 챔버에서의 이온화는 그림 5-18과 같이 텅스텐 필라멘트에 전류를 인가하여 발생된 전자는 Source Magnet에 의하여 움직임이 달라진다. 전자 e_3은 Magnet에 자기장이 없을 경우 전자는 + 전위를 가지는 아크 챔버벽 쪽으로 곧바로 이동하게 된다. Source Magnet에 정상적인 자기장을 만들어 주면 열전자 e_2는 맞은편 Repeller Plate 쪽으로 이동하게 된다. Source Magnet의 자기장이 매우 높을 경우 전자는 e1 처럼 나선형의 운동이 심해지며 밑으로 이동하게 되고 이때 가스 분자와 충돌하여 이온화가 이루어지게 된다.

② 억제(Suppression)

이는 그림 5-19와 같이 2차 전자의 발생을 최대로 억제하기 위한 시스템으로 (-) 전압을 높게 걸어 전자가 도망가지 못하게 함으로서 2차 전자 발생을 방지하는 시스템이다.

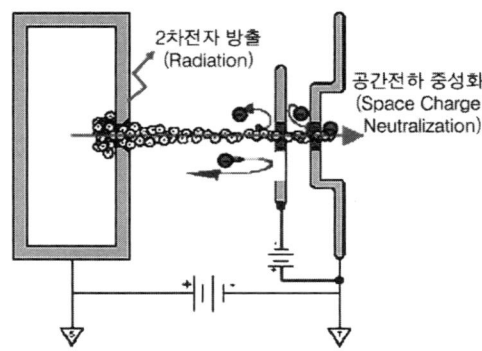

그림 5-19 2차 전자 발생 방지시스템

③ 빔 조정(Manipulator)

이는 3축을 가진 구동장치에 의해 억제(Suppression)와 기저전극(Ground Electrode)이 움직여 이에 따라 등전위선의 모양을 변화시켜 빔의 초점을 조정(Steering)하는 장치(그림 5-20)이다.

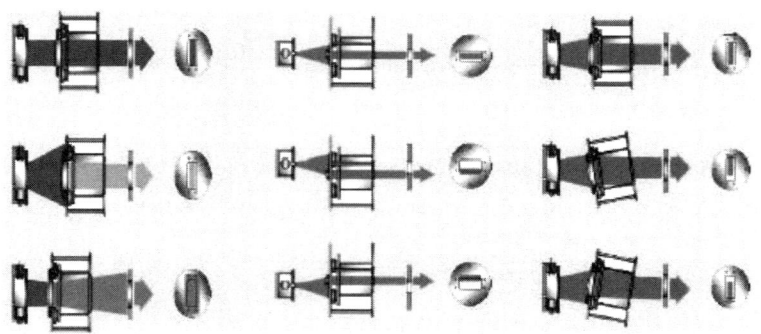

그림 5-20 빔의 초점 조정장치

(2) 가속기(Acceleration)

양(+)이온에 서로 다른 위치에너지를 가하여 높은 전위에서 낮은 전위방향으로 양이온이 이동하게 하는 장치가 그림 5-21이다.

가속기는 추출된 이온을 직류전압의 전압차를 이용하여 공정에 필요한 에너지만큼 가속시키거나 에너지를 줄여 이온을 주입할 목적으로 사용되게 된다.

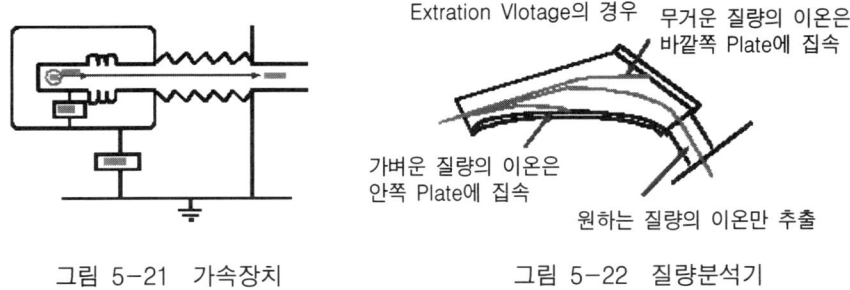

그림 5-21 가속장치   그림 5-22 질량분석기

2) 질량분석기(Mass Analyzer)

소스에서 생성된 빔에는 동위원소를 포함해 여러 가지 이온들이 포함 되어있으며, 질량분석기는 그림 5-22와 같이 소스이온 중에서 주입될 이온들만을 찾아내는 역할을 하는 것이다. 이온소스에서 발생된 서로 다른 질량을 가진 양이온을 자기장(전기장)을 이용하여 특정한 질량을 가진 양이온을 끄집어내는 것으로 이는 가속하기 전에 필요로 하는 이온을 사전에 걸러낸 후 가속분석기(Post Acceleration Analysis) 방식과 전 가속분석기 방식으로 구분된다.

질량분석기는 무거운 이온은 가속력과 무게에 의해 휘어지는 각이 적고, 가벼운 이온은 휘어지는 각이 큰 특성을 이용하여 분석기로 들어온 빔을 플레밍의 오른손 법칙에 의해 휘어지게 하는 역할을 하며 이온의 운동에너지는 그림 5-23과 같다.

• 운동에너지(KE, Kinetic Energy)

$$0.5 * mv^2 = eV$$

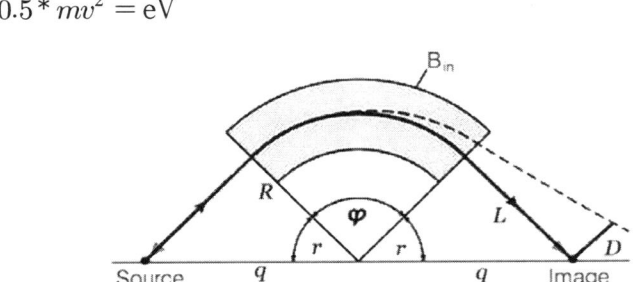

그림 5-23 이온의 운동에너지

자기장 자체는 이온들의 운동에너지를 변화시키지 못하지만 방향은 바꿀 수 있다. 즉, 휘어지는 반지름 R은 이온의 속력에 비례하므로 다음과 같은 수식에 의하여 이온에 따른 기울기 반지름을 구하게 된다.

$$R = \frac{mV}{qB}$$

이때 V : 이온속도, q : 이온전하량
m : 이온질량, B : 자기장의 세기이다.

3) 빔 집속기 & 빔 스캐닝
(1) 빔 집속기(Beam Focusing)

이온빔의 퍼지는 현상을 억제하기 위하여 자장이나 전기장을 이용하여 빔의 모양을 잡아주는 스캐닝을 사용한 장치가 그림 5-24의 빔 집속기이다. 균일도를 높이는 방법으로 수평 또는 수직 주파수 차이를 크게 하거나 작게 하여 조정하게 된다.

• 수평 : 수직 편향 비
  - 10[Hz] : 1[Khz]
  - 999[Hz] : 1[Khz]

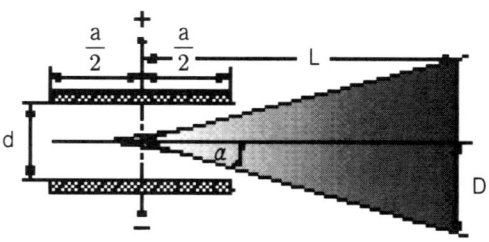

그림 5-24 빔 집속기

이온빔의 편향거리는 다음과 같이 조정된다.

$$D = L\tan\alpha = L\frac{a}{2d}\frac{V_a}{V}$$

이때 V_a : 편향판 전압, V : 가속기 전압이다.

(2) 빔스캐닝(Beam Scanning)

불순물을 웨이퍼위에 균일하게 주입시키기 위하여 양이온을 기계적 또는 전기적으로 편향시켜 이온을 주입하는 목적으로 사용되는 장치이다. 스캔방식은 크게 3가지로 나눠진다.

① 정전 스캔(Electro-static Scan)

이는 (-)이온이 (+)극에 의해 끌려오는 현상을 이용하여 미고 당기고를 주기적으로 반복하는 특성을 이용한 스캔방식으로 웨이퍼는 고정하여 사용한다.

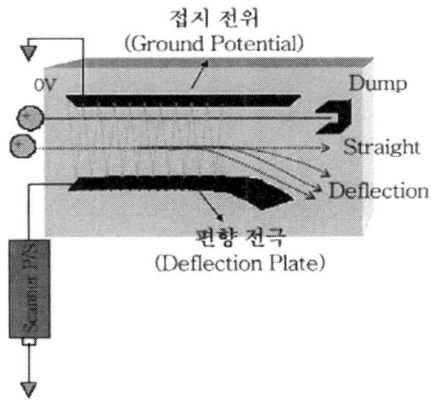

그림 5-25 정전 스캔

② 하이브리드 스캔(Hybrid Scan)

이는 웨이퍼를 상, 하로 움직여 빔이 좌우로 스캔하여 스캐닝 하는 방법이다.

③ 기계적 스캔(Mechanical Scan)

이는 웨이퍼가 상, 하, 좌, 우로 이동하면서 스캔하는 방식이다.

2. 이온주입 공정

2.1 다결정 실리콘의 이온주입

이온주입기술을 사용한 이온주입공정은 반도체소자의 설계와 공정에 따라 달라질 수 있으며 이온주입 공정의 응용으로는 그림 5-26과 같은 것 들이 있다.

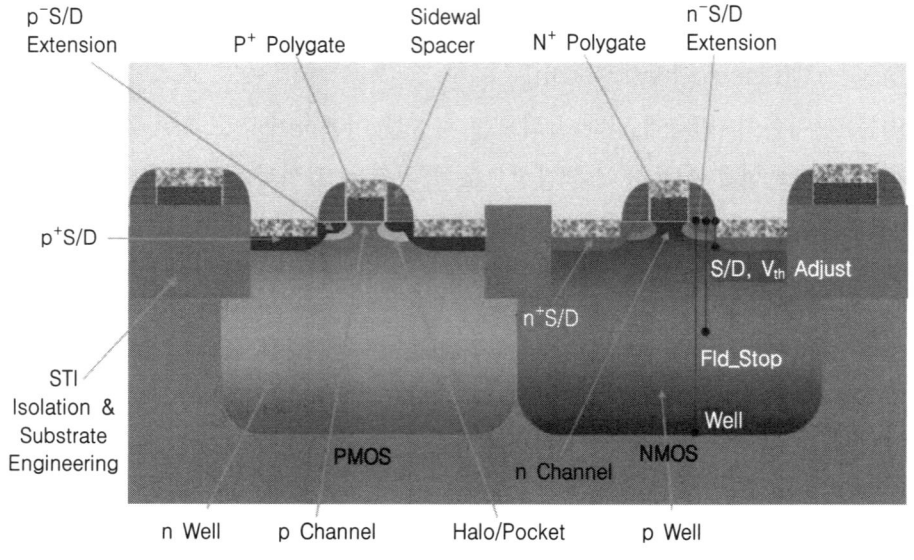

그림 5-26 이온 주입공정의 응용

이온주입 공정은 다결정 실리콘의 전도도(Conductivity)를 증가시키기 위하여 다음과 같은 이온을 주입하게 된다.
- n 형 : 비소(As)
- p 형 : 붕소(B)/불화붕소(BF_2)

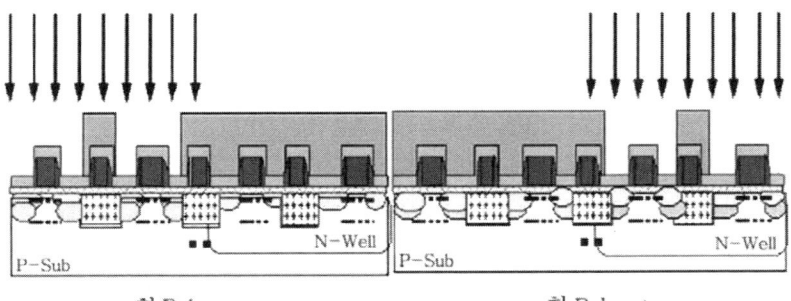

그림 5-27 다결정 실리콘의 이온주입

2.2 n 및 p 웰(Well)의 이온주입

1) n 웰 형성

n 웰은 p형 기판위에 PMOS 트랜지스터의 벌크영역(Bulk Resign)을 형성하기 위하여 이온주입하는 영역(그림 5-28)으로 인(P_{31})을 주입시키는 공정이다. 이온주입 후 균일한 확산을 위하여 드라이브 인(Drive-in) 공정을 사용하며 주입된 이온에 열을 주어 활성화 상태로 만들어 농도차를 이용하여 확산 시키게 된다.

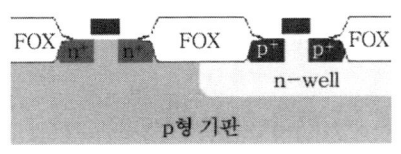 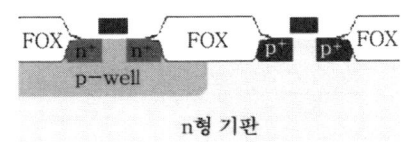

그림 5-28 n 웰 형성   그림 5-29 p 웰 형성

2) p 웰 형성

p 웰은 n형 기판위에 NMOS 트랜지스터의 벌크영역을 형성하기 위하여 이온주입하는 영역(그림 5-29)으로 작은 양의 붕소(B_{11})를 선 확산으로 주입 후, 후 확산시켜 형성하게 된다. 이때 후 확산공정은 주로 고온에서 드라이브 인(Drive-in) 공정을 통하여 확산하게 된다.

3) 트윈(Twin) 웰 형성

이는 n 및 p 채널소자의 특성을 동시에 형성하기 위한 방법으로 사용되며 이온주입을 통하여 각 채널의 문턱전압값(V_t)을 별도로 조절하게 된다.

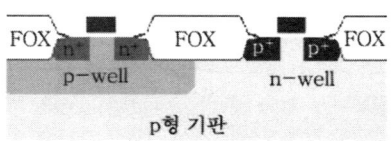

그림 5-30 트윈 웰 형성

2.3 소오스 & 드레인의 이온주입

소오스 및 드레인 형성공정은 n 채널에 전자, p 채널에 호울을 주입하는 공정이며 주입되는 이온은 웰(Well) 영역내의 전도도(Conductivity)와 반대되는 이온을 주입하게 된다. 일반적으로 소오스 & 드레인 형성공정 전에 소오스 & 드레인 산화공정을 수행하여 이온주입시 베리어 역할을 하게 되는 소오스 & 드레인 전 산화공정(Pre S/D Oxidation)을 진행하게 된다. 이때 드레인은 소오스 쪽으로 채널을 횡단하는 캐리어원이 되는 장소이기도 하다.

1) n⁺ 소오스 & 드레인 형성

이는 NMOS 트랜지스터의 소오스 및 드레인을 형성하기 위하여 n⁺ 마스크를 베리어(Barrier)로 사용하여 비소(As_{75}) 이온을 주입하는 공정(그림 5-31)이다.

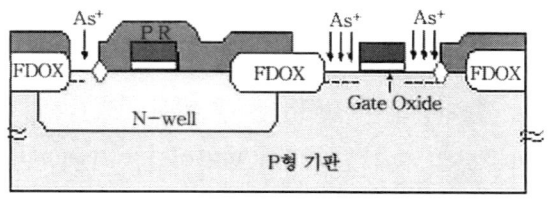

그림 5-31 n⁺ S/D 형성

2) p⁺ 소오스 & 드레인 형성

이는 PMOS 트랜지스터의 소오스 및 드레인을 형성하기 위하여 p⁺ 마스크를 베리어(Barrier)로 사용하여 붕소(BF_2) 이온을 주입하는 공정(그림 5-32)이다.

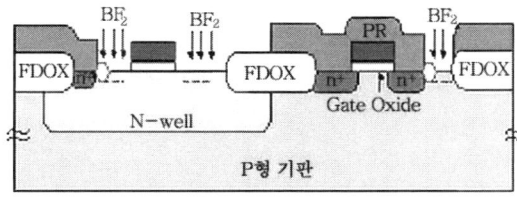

그림 5-32 p⁺ S/D 형성

연습문제

01. 이온주입 기술은 이온을 고에너지로 가속시켜 재료 표면에 주입하여 표면에 개질된 층을 만드는 대표적인 표면개질 기술 중의 하나이다. 이온주입 기술의 장, 단점에 대하여 설명하시오.

02. 비정질 내에서의 이온주입의 분포특성에 대하여 설명하시오.

03. 결정 내에서 이온주입시 발생된 손상영역과 격자결함을 제거하는 목적으로 사용되는 공정은 무엇인가?

04. 이온주입시 사용되는 이온소스 중 고전류용으로 사용되는 소스가 아닌 것은 어느 것인가?
    – BF_3, PH_3, AsH_3

05. n 및 p 웰의 이온주입시 사용되는 이온에 대하여 아는 대로 서술하시오.

06. 이온주입 장치에서 질량분석기의 용도는 무엇인지 설명하시오.

6 화학기상증착(CVD) 공정

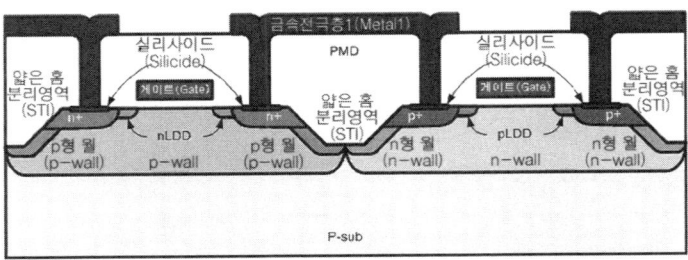

1. 기본특성

2. 박막형성 공정

제6장
화학기상증착(CVD) 공정

반도체 제조공정에서는 여러 종류의 물질들이 박막으로 증착되어 사용되고 있다. 소자에서 널리 사용되는 박막(Thin Film)은 절연막, 반도체막, 금속(도체)막 등으로 나뉘어 지며 이들 박막은 일반적으로 화학기상증착(CVD)과 물리기상증착(PVD) 방법으로 증착하게 된다. 이들 공정들은 금속, 실리콘과 다결정실리콘 및 이산화실리콘과 같은 유전체를 증착시키는 용도로 사용되며 이들은 웨이퍼 표면에 있는 물질을 이용하지 않고 주로 개스를 외부로부터 반응실로 인입하여 여러 온도와 압력 및 에너지원을 사용하여 증착하게 되며 여기서는 이러한 박막공정의 기본특성과 공정특성 및 세부공정 등에 대하여 알아보고자 한다.

1. 기본특성

1.1 박막의 특성

ULSI 소자에서의 박막공정은 여러 종류와 광범위한 응용이 진행중에 있으며 일반적으로 기체화합물의 열반응이나 분해를 이용하여 가열된 기판위에 안정된 화합물을 형성시키는 화학증착 방법이 사용되고 있다. 박막형성의 대표적인 방법으로는 CVD와 PVD

방법이 사용되고 있다. 에피택셜 성장은 화학기상증착의 일종이긴 하지만 기판의 결정구조가 증착층에 까지 확대되는 특수한 형태의 증착방법이라 할 수 있다.

박막은 사용되는 재질에 따라 여러 종류로 분류되며 일반적으로 절연막, 반도체막, 금속(도체)막으로 나눠지며 박막특성을 표 6-1에 나타내었다.

표 6-1 박막의 특성

특성 분류		막의 종류	생성법	용도
절연막	실리콘산화막	열산화막(SiO_2)	습식산화	게이트 산화막 Isolation Passivation
		CVD-SiO_2	건식산화	층간절연막(ILD) Passivation 이온주입 Mask
		PSG	APCVD/LPCVD	층간절연막 확산소스 Al 배선보호
		BPSG	APCVD/LPCVD/PECVD	층간절연막
		Plasma-SiO	PECVD	Passivation 층간절연막
		Sputter-SiO_2	Sputtering	층간절연막
		SOG	도포법	층간절연막 Passivation
	실리콘질화막	Si_3N_4	LPCVD	선택산화(LOCOS) NMOS
		Plasma-SiN	PECVD	Passivation
반도체막	단결정실리콘	단결정실리콘	Epitaxy	Epitaxy층
	다결정실리콘	다결정실리콘	LPCVD	게이트전극 배선
금속막	Al(Al-Si, AL-Cu-Si), MO, W, Cu, Ti, $TiSi_2$, $MoSi_2$, WSi_2		Sputtering CVD	전극 배선

- 절연막 : SiO_2, Si_3N_4, 유전막
- 반도체막 : 에피택셜막, 다결정 실리콘막, 비정질 실리콘막
- 금속막 : 알루미늄, 알루미늄 합금막, 금속막, 실리사이드막, 도전성 질화막

1.2 박막형성법의 분류

박막형성 기술의 대표적인 화학기상증착법(CVD)은 에피택셜(Epitatial Growth) 성장 기술을 바탕으로 발전한 방법이며, 대표적으로 화학기상증착법과 물리기상증착법(PVD)으로 나뉘어진다. 이들 박막의 증착원리는 그림 6-1과 같이 개스원을 사용하여 고체필름이나 파우더(Power) 재료로 증착하게 된다.

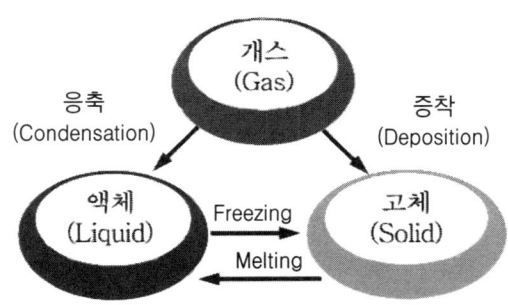

그림 6-1 박막형성법

화학기상증착(CVD, Chemical Vapor Deposition)법은 압력의 상태와 여기법의 종류에 따라 분류하며 이들은 개스의 화학반응에 의한 응용이다. 물리기상증착(PVD, Physical Vapor Deposition)법은 스퍼터, 진공증착, 이온 플레이팅 방법에 따라 나뉘어지며 이는 물리적인 현상들을 이용한 것으로 주로 금속층의 증착 등에 사용된다. 스핀 코팅(Spin Coating)법은 표면의 도포에 의한 코팅법을 이용한 것으로 주로 폴리머(Polymer)나 유전체의 형성에 이용된다. 도금법(Plating)은 막의 질(Quality) 향상과 생산성을 위해 전기적인 전류를 제어하여 금속박막을 입히는 방법으로 구리(Cu) 막을 증착할 때 주로 사용되는 방법이다.

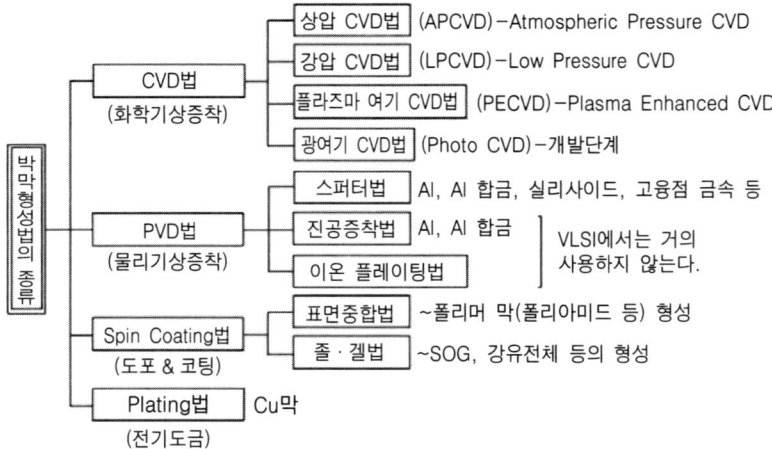

1.3 박막형성 장치의 분류

　박막형성법의 대표적인 방법은 PVD법과 CVD법으로 분류되는데 이들은 세부적으로 압력과 개스원 등에 따라 나눠진다.

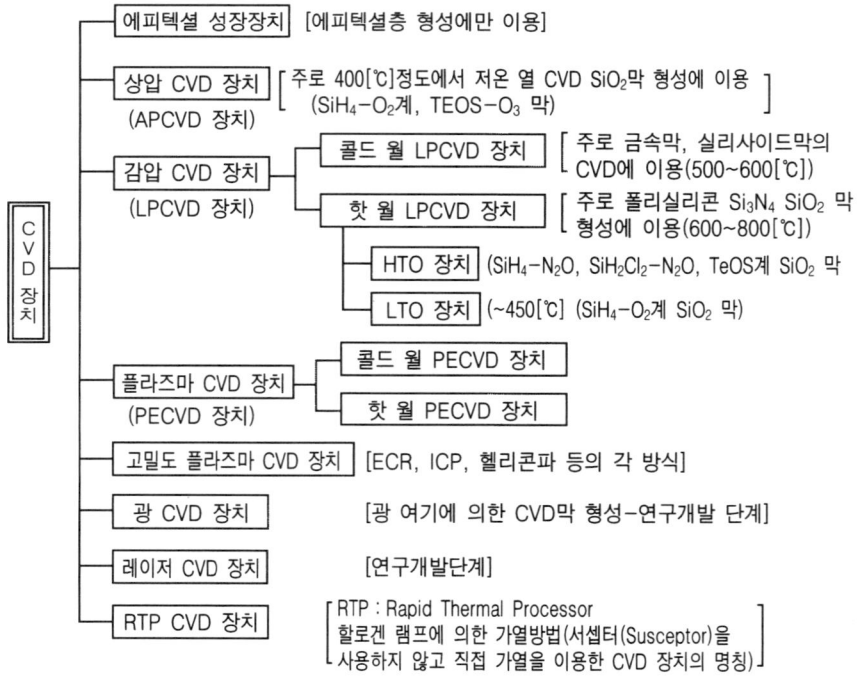

2. 박막형성 공정

2.1 화학기상증착(CVD)법

　박막형성 장치들을 이용한 박막공정은 증착하는 박막의 종류와 목적에 따라 여러 방법이 사용된다. 박막형성 기술의 대표적 방법으로 CVD(Chemical Vapour Deposition), PVD(Physical Vapour Deposition)법 이 있으며 CVD법에 의한 박막 형성은 PVD법에 비하여 고속입자의 기여가 적기 때문에 기판 표면의 손상이 적은 장점이 있으므로 주목받고 있으며, 국제적으로 기술 개발이 치열한 분야이기도 하다. CVD(화학기상증착)법은 기체상태의 화합물을 가열된 모재표면에서 반응 시켜고 생성물을 모재표면에 증착시키는 방법이다. 화학증착은 현재 상업적으로 이용되는 박막제조기술로 가장 많이 활용되고 있으며 특히 IC 등의 생산 공정에서는 매우 중요한 단위공정이다.

　집적회로 공정에 대표적으로 많이 사용되는 절연막과 반도체막을 성장하는 방법으로 화학기상증착법이 사용된다. 이러한 CVD 기술은 각각 용도 및 공정방법에 따라 LPCVD(Low Pressure CVD), PCVD(Photo CVD), MOCVD(Metal Organ CVD), APCVD(Atmosphere Pressure CVD), SACVD(Subatmospheric CVD), PECVD(Plasma Enhanced CVD) 등의 여러 종류로 나눠진다. 일반적으로 이용되는 CVD법은 다음과 같다.

- 일반적인 CVD법
    - 저압기상증착법(LPCVD, Low Pressure CVD)
    - 플라즈마 CVD법(PECVD, Plasma Enhanced CVD)
    - 상압 CVD법(APCVD, Atmosphere Pressure CVD)
    - 금속 유기 CVD법(MOCVD, Metal Organic CVD)
- ALD법(Atomic Layer Deposition)
    - 열 ALD법(Thermai ALD)
    - 플라즈마 ALD법(Plasma ALD)

1) 반응원리

CVD의 원리는 반응개스에 에너지를 가하여 고체 및 개스 부산물을 생성하고 이를 증착하는 것이며 공정상의 장점으로 인해 여러 부분의 응용에 이용되고 있다. 또한 박막의 특성은 증착되는 막의 종류(비정질, 다결정 등)나 증착조건(온도, 성장속도, 압력 등)에 따라 결정되게 된다. 화학기상증착이 많이 사용되는 이유는 화학증착이 높은 반응온도와 복잡한 반응경로 그리고 대부분의 사용기체가 매우 위험한 물질이라는 단점에도 불구하고 고유한 장점들을 가지고 있기 때문이다.

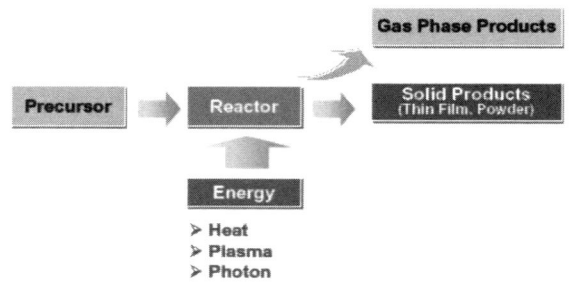

그림 6-2 CVD 반응원리

장점은 다음과 같다.
① 고순도 필름형성
② 융점이 높아 융점보다 낮은 온도에서 제조 용이
③ 대량 생산성
④ 공정의 자동제어 용이
⑤ 공정 제어범위가 넓어 다양한 박막제조 가능
⑥ 재료의 선택에 의하여 각종 필름의 증착이 가능

이러한 CVD의 반응은 열분해와 수소환원에 의하여 개스원으로 사용되며 그림 6-3과 같은 과정을 거쳐 증착하게 된다.
① 반응개스와 희석용 개스를 반응로(Reactor)에 주입
② 개스가 웨이퍼 표면으로 이동

③ 반응개스가 웨이퍼 표면에 흡착
④ 표면이동과 화학반응을 통하여 웨이퍼 표면에 필름 증착
⑤ 반응 부산물이 웨이퍼 표면으로부터 탈착한 후 반응로의 개스 스트림 안으로 증발된 후 배출

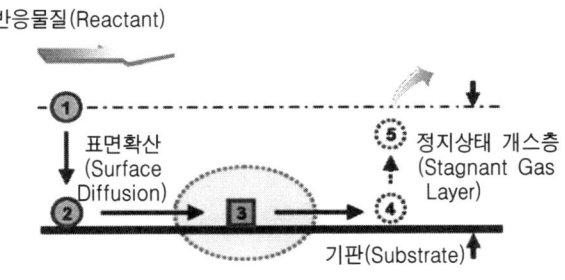

그림 6-3 CVD의 증착과정

2) 반응제어(Reaction Control)

CVD의 증착은 사용 개스의 열분해나 수소환원 반응에 의하여 이루어진다.

- 열분해 반응

  $SiH_2(g) \longrightarrow Si(s) + 2H_2(g)$

- 수소환원 반응

  $WF_6(g) + 3H_2(g) \longrightarrow W(s) + 6HF(g)$

  $SiCl_4(g) + 2H_2(g) \longrightarrow Si(s) + 4HCl(g)$

- 산화 반응

  $SiH_4(g) + O_2(g) \longrightarrow SiO_2(s) + 2H_2(g)$

- 암모니아 반응

  $3SiH_2Cl_2(g) + 4NH_3(g) \longrightarrow Si_3N_4(s) + 6HCl(g) + 6H_2(g)$

CVD 공정에서 필름의 증착율은 그림 6-4와 같은 온도 의존성을 가진다. 고온에서는 개스 전송제어 특성을 나타내어 증착율이 증가하고 저온에서는 반응개스 보다는 표면반응제어 특성을 나타내어 증착율이 낮은 특성이 있다. 그러므로 증착필름의 목적에 따라 개스 전송제어와 반응개스 제어특성을 이용하게 된다.

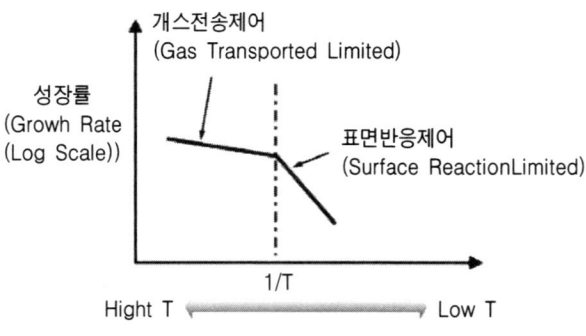

그림 6-4 개스제어 특성

- 개스전송제어 특성
  - 반응기체의 공급이 증착속도를 제어
  - 개스 확산비에 의존성

$$D \propto \exp[-\frac{E_{a2}}{kT}]$$

이때 E_{a1} : 가속에너지이다.

- 표면반응제어 특성
  - 반응속도가 증착속도를 제어

$$D \propto \exp[-\frac{E_{a2}}{kT}]$$

이때 E_{a2} : 가속에너지이다.

3) 분류

CVD의 증착 시스템은 다음과 같이 반응개스와 반응로내의 압력, 여기방식 및 가열방법에 따라 다음과 같이 나뉘어진다.

(1) 반응로내의 압력(상압, 저압, 초저압)

상압에 의한 CVD 기술이 초기에 개발 되었는데 최근에는 저압 분위기로 해서 압력 파라메터를 최적화하는 방법이 많아지고 있다. 저압상태에 있어서는 원료개스의 유속을 높이고 분자의 평균자유행정을 크게 고려함으로써, 표면반응에 의해 박막증착을 행하는 경우는 막 두께 균일성이 우수한 막을 얻는 것이 가능하다. 또한 원료가스의 공급량을 높이는 것이 가능하므로, 근접해서 다수 배열된 기판상에도 비교적 빠르고 균일성이 좋은 박막 증착이 가능하다. 예를 들면 에피택셜(Epitaxial) 막을 성장시키기 위해서는 반응성 성분의 분압을 저하시키고, 다결정막을 성장시키기 위해서는 분압을 증대시키는 등 막의 결정구조를 지배하는 인자중의 하나이고 플라즈마 CVD에 있어서, 압력은 플라즈마를 발생시키기 위해서 중요한 요소가 된다. 광여기 CVD에 있어서는 일반적으로 압력의 선택 범위는 플라즈마의 경우보다 넓은 범위에서 사용된다.

- 상압 : 760 [Torr](APCVD)
- 저압 : 0.25 ~ 2.0 [Torr](LPCVD, PECVD)

(2) 반응개스의 여기방식(열, 플라즈마, 광)

열화학반응에서 고체를 합성하는 것이 가장 광의의 CVD법이다. 프로세스의 저 온화를 목적으로 하여 반응을 고속전자나 광에 의해 여기한 것이 각각 플라즈마 CVD, 레이저 CVD 이다. 이것들은 물론 반응 과정중의 전자충돌이나 광흡수에 의한 이온의 발생, 분자의 여기들을 포함 한다. 그러나 이것들의 반응만 단독으로 진행하는 경우는 오히려 드물고, 동시에 순차적으로 열화학반응과정도 진행하고 있는 것이 일반적이다

- 열(APCVD, LPCVD)
  - 고온 : 500~900 [℃]
  - 저온 : < 450 [℃]
- 플라즈마 : < 400 [℃](PECVD)
- 광(Photon) : < 400 [℃](PCVD)

(3) 웨이퍼내의 가열방식(기상, 기재, 로벽, 노즐)

기상온도, 기재온도는 성막속도나 입자생성 속도에 가장 강하게 영향을 미치는 인자이다. 반응장치로 벽이 가열된 핫 월(Hot Wall), 내부가열을 위해 가열하지 않는 콜드

(Cold Wall) 형이 있으며 장치내 온도분포에 영향을 미치고, 게다가 입자의 발생·부착 등에 영향을 준다. 개스주입 노즐온도도 중요한 제어 인자이다.
- 핫 월(Hot Wall) : 방전가열
- 콜드 월(Cold Wall) : 무선 유도가열

(4) 원료가스(할로겐화물, 수소화물, 유기금속화합물)

증착하고자하는 박막의 종류에 따라서, 여러 원료가스를 선택할 수 있는 것이 CVD의 특징인데, 일반적으로는 취급을 용이하게 하기 위해서 상온에서 기체인 것 또는 충분히 높은 증기압을 가진 기체 또는 고체 원료를 쓰고 있다. 증기압이 높은 경우는 냉각, 반대로 낮은 경우는 가열해서 쓰는 것도 있다. 실용적으로는 고순도의 원료를 용이하게 입수 가능할 것, 독성이나 폭발의 위험성이 적은 것이 먼저 이용된다. 원료로서는 수소화물, 할로겐화물, 유기금속화합물이 쓰여진다. 박막의 고품질화, 증착온도의 저온화, 증착속도의 향상, 제어성의 개선 및 선택적 증착을위해 새로운 원료개스의 검토가 행해지고 있다. MOCVD(또는 OMCVD), HVD 등 원료명을 붙인 CVD법의 명명도 이러한 사정을 반영하고 있다.
- MOCVD법
- HVD법

4) 증착변수

CVD 증착의 경우 온도, 압력, 기체의 구성 및 성질, 반응로의 특성에 따라 달라지며 일반적으로 온도와 압력이 증가할수록 그리고 반응실 내의 축상의 웨이퍼 위치가 하류 방향에서 성장속도가 증가한다. 이러한 성장속도는 다음과 같이 나타낸다.

$$R = A\, e^{(\frac{E_q}{kT})} P_a\, P_b \cdots\cdots P_n$$

이때 R : 성장속도, A : 상수, E_a : 활성화 에너지,
$P_a, P_b \cdots\cdots P_n$: 반응기체분압이다.

5) 박막의 종류

CVD막은 비활성막, 층간 절연막, 게이트전극막 등의 고품질, 고집적이 요구되는 곳에 많이 사용되고 있으며, 한편 소자분리기술의 하나로도 중요시 되고 있다. 이러한 박막의 종류특성을 표 6-2에 나타내었다.

표 6-2 박막의 종류

박막의 종류	VLSI 소자응용
질화막(Si_3N_4)	소자분리영역내의 산화 게이트층의 형성
다결정 Si	게이트전극 배선용 확산산화막(SIPOS) 확산원(Doped Poly Si)
산화막 - SiO_2 - PSG(SiO_2/P_2O_5) - BPSG 　($SiO_2/P_2O_5/B_2O_3$)	층간 절연막(Poly Si/Al, Al/Al) 패시베이션(Passivation) 막 확산원(P, B, As)
금속층 - Mo, W - $MoSi_2$, WSi_2	게이트전극 배선용 홀내 주입(Through Hole) 낮은 접촉저항

CVD는 개스상의 화합물을 기판위에 주입시키고, 기상(Vapor)상태 또는 기판표면상에서 분해산화 등의 화학반응에 의해 박막을 형성하는 기술이며, 이러한 화학반응을 일으키기 위해서는 에너지가 필요하고 가하는 에너지에 따라 표 6-3과 같이 분류한다.

표 6-3 CVD 박막의 종류

구분 CVD박막	생성막	CVD 방법	반응개스
절연막	산화막(SiO_2)	열 CVD	SiH_4, O_2/SiH_4, N_2O SiH_4, CO_2/SiH_2Cl_2, N_2O $Si(OC_2H_6)_4$
		플라즈마 CVD	SiH_4, N_2O
		광 CVD	SiH_4, N_2O SiH_4, O_2
	BPSG(PSG)	열 CVD	SiH_4, O_2, PH_3 (상압 B_2H_6, 감압 BCl_3)
		플라즈마 CVD	SiH_4, N_2O, $PH_3(B_2H_6)$
		광 CVD	SiH_4, N_2O, PH_3
	질화막(Si_3N_4)	열 CVD	SiH_4, NH_3/SiH_2Cl_2, NH_3
		플라즈마 CVD	SiH_4, $NH_3(N_2)$
		광 CVD	SiH_4, NH_3
반도체막	단결정 Si	열 CVD	SiH_4, H_2/SiH_2Cl_2, H_2 $SiHCl_3$, H_2/$SiCl_4$, H_2
	다결정 Si	열 CVD	SiH_4, H_2
	비정질 Si	플라즈마 CVD	SiH_4, CH_4
	화합물반도체 (GaAs, GaAlAs, InP)	MOCVD	$(CH_3)_3Ga$, AsH_3 $(CH_3)_3Al$, AsH_3 $(C_2H_5)_3In$, PH_3
금속(도체)막	알루미늄(Al)	열 CVD	$Al(CH_3)_3$
		플라즈마 CVD	$(CH_3)_3$, $AlCl_3$
	텅스텐(W, WSi_x)	열 CVD	WF_6, H_2(or Si) WCl_6, $H_2(SiH_4)$ $W(CO)_6$
		플라즈마 CVD	WF_6
	몰리브덴 (Mo, $MoSi_x$)	열 CVD	$MoCl_6$, $H_2(SiH_4)$ MoF_6, H_2(or Si)

CVD법에 의한 반도체공정의 응용분야는 그림 6-5와 같다.

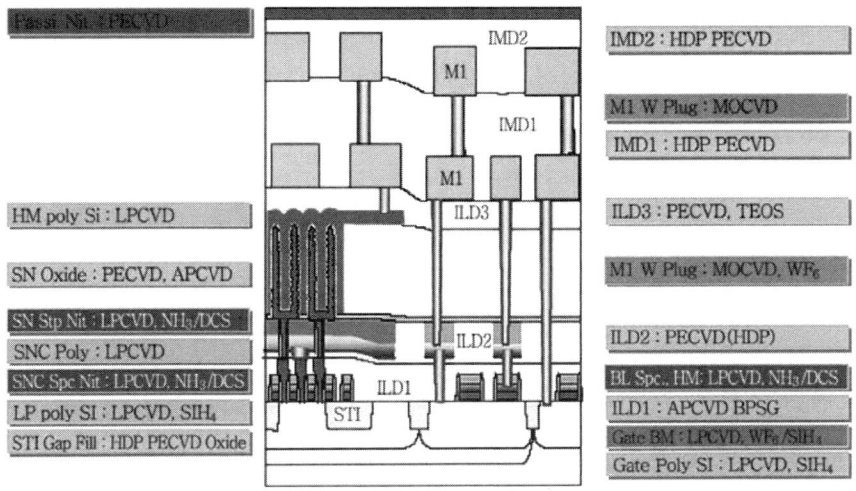

그림 6-5 CVD 공정의 응용

2.2 상압 CVD(APCVD)법

상압 CVD는 증착 압력이 상압 또는 상압 근처인 CVD 시스템을 의미한다. 일반적으로, 웨이퍼는 벨트로 움직이는 평평한 흑연열판(Susceptor)에 수평하게 놓여지며, 이 열판이 이동하여 증착 구역을 통과할 때 웨이퍼에 박막이 증착되게 된다.

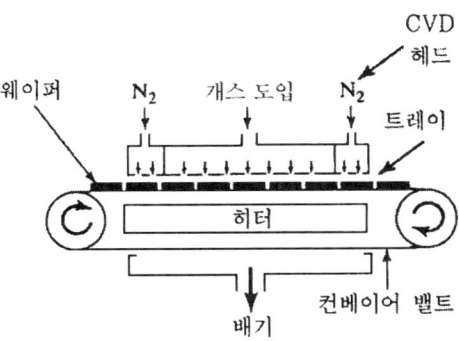

그림 6-6 인라인형 APCVD

APCVD는 공정온도 영역에 의해 다시 저온 CVD(LTCVD ; T< 500 [℃])와 고온 CVD (HTCVD ; T > 500 [℃]) 등으로 나눠지며 장치구성은 연속형인 인라인(In-line) 방식과 수평 및 수직형인 배치식으로 구분된다. 그림 6-6 연속형의 인라인 방식으로 웨이퍼를 가열한 후 트레이에 싣고 컨베이어 벨트를 통하여 CVD에 넣어 증착하게 된다.

상압 CVD법에서의 반응개스 흐름도(그림 6-7)는 다음과 같이 웨이퍼 전면에 균일하게 퍼져 증착속도가 빠르고 공정단계가 간단하게 진행되며 개스분자와 기판표면의 충돌에 의행 기판표면 가까이에서 개스흐름은 점성적인 이동(Viscous Movement)을 하여 거의 정지상태의 층이 형성되게 됨을 알 수 있다.

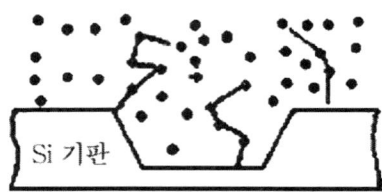

그림 6-7 CVD의 반응개스 흐름도

상압 CVD방법은 웨이퍼를 수평으로 뉘어 로딩(Loading)하므로 한번에 많은 수의 웨이퍼를 로딩 할 수 없으며 파티클(Particles)에 의한 오염문제가 큰 단점이다. 다음에 상압 CVD의 일반적인 특성에 대하여 요약 하였다.

- 일반적인 동작특성
  - 압력 : 760 [Torr]
  - 동작온도 : 400 ~ 500 [℃]
- 장점
  - 반응로 구조 간단
  - 큰 증착속도 및 저온동작
- 단점
  - 불량한 스텝 커버리지(Step Coverage)
  - 파티클(Particle) 오염 심각 및 큰 개스 소모

상압 CVD방법은 금속층간 절연막(IMD, Intermetal Dielectric)인 BPSG(Boro-phospho-silicate Glass) 및 PSG(Phospho-silicate Glass), 측벽 스페이서(Side Wall Spacer)인 LTO, 얇은 트랜치(STI, Shallow Trench Isolation) 형성 등에 사용된다. 다음에 주요 응용분야를 표 6-4에 나타내었다.

상압 CVD법을 이용한 트랜치(STI, Shallow Trench Isolation) 형성 개념도를 그림 6-8에 나타내었다.

표 6-4 상압 CVD의 증착필름

증착필름 \ 구분	화학반응	온도(℃)
BPSG	$SiH_4+O_2 \to SiO_2+2H_2$ $4PH_3+5O_2$ $\to 2P_2O_3+6H_2+2B_2H_6+3O_2$ $\to 2B_2O_3+6H_2$	400~480
PSG	$SiH_4+O_2 \to SiO_2+2H_2$ $4PH_3+5O_2 \to 2P_2O_5+6H_2$	
LTO	$SiH_4+O_2 \to SiO_2+2H_2$	400~450
Epitaxy	$SiH_4 \to Si+2H_2$ $SiCl_4+2H_2 \to Si+4HCl$	1100

※ PSG는 인(Phosphorus)으로 도핑된(P-glass, Phospho-silicate Glass) 것이며 PSG에 붕소(Bron)를 첨가하면 BPSG가 되며 PSG 보다 저온 상태에서는 유동성을 지니(BPSG : 850[℃]~950[℃], PSG : 950[℃]~1100[℃])고 다결정 실리콘에 충분한 산소를 첨가하여 반 절연체(Semi-insulating)로 만들어 회로 패시베이션(Passivation) 할 때 사용된다.

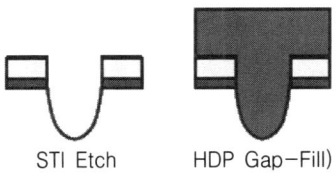

그림 6-8 CVD의 트랜치 형성

2.3 저압 CVD(LPCVD)법

저압 CVD(그림 6-9)는 보통 대기압(0.1~10 [Torr])에서 비교적 높은 온도(550~800[°C])하에서 기화상태의 화학물질의 반응에 의해 기층표면에 필수 성분을 함유한 비휘발성 고체막을 형성, 증착하는 방법이다. 이는 저압으로 인해 반응개스의 평균 자유행정거리가 길(1 [Torr]에서 대기압의 760배)고 확산속도가 빠른(1 [Torr]에서 대기압의 28만배) 특성이 있다. 또한 막의 균일성과 재현성이 우수하고 한번에 많은 양의 웨이퍼를 증착할 수 있다.

그림 6-9 LPCVD 시스템

(1) 일반적인 동작특성
① 압력 : 0.2~2.0 [Torr]
② 동작온도 : 300~900[°C]
③ 증착속도 : 반응속도 제한특성(Reaction Rate Limited)

(2) 장점
① 웨이퍼간의 두께 및 저항의 균일성 우수
② 저온공정으로 인해 미리 형성된 불순물 분포의 유지 가능
③ 스텝 커버리지(Step Coverage) 우수
④ 큰 웨이퍼 처리율
⑤ 수직공정에서 낮은 오염(Low Gas Phase Reaction)
⑥ 낮은 핀홀 밀도

(3) 단점
① 낮은 증착속도(APCVD의 1/3 ~ 1/5배)
② 고온공정
③ 진공펌프에 의한 오염 우려

저압 CVD법의 공정은 반응개스의 평균자유 행정거리에 영향을 받으며 개스흐름에 따라 증착율과 증착특성이 좌우되게 된다. 저압 CVD에서의 반응개스의 흐름도는 그림 6-10과 같이 이온의 이동(Atomic Movement)이 되어 거의 정지상태 층(Stagnant Layer)의 형성이 어렵게 됨을 알 수 있다.

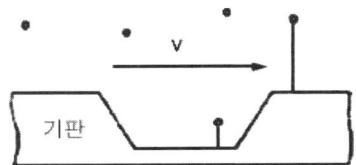

그림 6-10 저압 CVD 반응개스 흐름도

반응개스의 평균자유 행정거리는 다음과 같이 나타낸다.

$$\lambda = \frac{1}{\sqrt{2}} \frac{1}{C_g \pi \alpha^2}$$

이때 α : 개스분자의 직경이다.

저압 CVD법의 주요 응용분야는 표 6-5와 같이 다결정 실리콘막, 질화막, 산화막(LOCO용), HTO(High Temperature Oxide), 캐패시터 유전체(SiN) 등이며 일부 금속막(W), 실리사이드(WSi_2)의 적층에 사용된다.

표 6-5 저압 CVD의 응용

구분 증착필름	화학반응	온도(℃)
다결정 Si	$SiH_4 \rightarrow I + 2H_2$	550~650
CVD 산화막 (SiO_2)	$Si(OC_2H_5)_4 \rightarrow SiO_2 + 4C_2H_4 + 2H_2O$ $SiCl_2H_2 + 2N_2O \rightarrow SiO_2 + 2N_2 + HCl$ $SiH_4 + 2N_2O \rightarrow SiO_2 + 2N_2 + 2H_2$	700~750 850~900 800~900
BPSG	$SiH_4 + O_2 \rightarrow SiO_2 + 2H_2$ $4PH_3 + 5O_2$ $\rightarrow 2P_2O_3 + 6H_2 + 2B_2H_6 + 3O_2$ $\rightarrow 2B_2O_3 + 6H_2$	400~480
PSG	$SiH_4 + O_2 \rightarrow SiO_2 + 2H_2$ $4PH_3 + 5O_2 \rightarrow 2P_2O_5 + 6H_2$	
질화막(Si_3N_4)	$SiCl_2H_2 + 4NH_3 \rightarrow Si_3N_4 + 6HCl + 6H_2$ $SiH_4 + 4NH_3 \rightarrow Si_3N_4 + 12H_2$	650~850 700~900
금속층(W)	$WF_6 + 3H_2 \rightarrow W + 6HF$ $2WF_6 + 3Si \rightarrow 2W + 3SiF_4$	300~400
실리사이드 (WSi_2)	$WF_6 + 2SiH_4 \rightarrow WSi_2 + 6HF + H_2$	

2.4 플라즈마 CVD(PECVD)법

플라즈마 화학기상증착(PECVD, Plasma Enhanced Chemical Vapor Deposition)은 화학적인 반응을 일으키거나 유지하기 위해서 아크방전과 같은 열 플라즈마와 저압 글로우 방전과 같은 불평형 플라즈마로 구분된다. 일반적으로는 열에너지에 의지하지 않고, 무선 글로우방전(RF Grow Discharge)을 이용하여 반응 개스들에 에너지를 전달하여 필름을 형성하게 된다.

플라즈마를 이용한 CVD 시스템으로 200~400 [℃] 정도의 낮은 온도에서도 플라즈마의 도움에 의해 박막의 증착이 가능하며 PCVD나 LPCVD 공정에 비해 저온영역 대에서도 공정이 가능하며 동시에 증착속도가 빠른 장점이 있다. PECVD 시스템은 주로 산화 실리콘과 질화 실리콘 박막 증착에 사용된다.

(1) 일반적인 동작특성
① 압력 : 0.1~5.0 [Torr]
② 동작온도 : 200~500 [℃]
③ 증착속도 : 반응속도 제한특성(Reaction Rate Limited)
④ 무선 주파수 : 0.05~13.56 [MHz]

(2) 장점
① 저온공정(< 300 [℃]) 가능
② 빠른 증착속도
③ 우수한 스텝 커버리지
④ 낮은 핀홀 밀도
⑤ 접착도와 단차 피복성 우수

(3) 단점
① 낮은 성장온도로 인해 순수 물질의 증착 난이
② 화학류(H_2, N_2, O_2)와 파티컬(Partical) 오염
③ 생성되는 막과 플라즈마와의 강한 상호작용
④ 불균일한 증착특성

PECVD 필름의 형성절차는 저압 개스에 전계(RF Field)를 인가하여 이로인해 방전(Discharge) 영역내의 자유전자(Free Electron)를 발생시켜 그 자유전자들을 충분한 에너지로 개스분자들과 충돌시키거나 이온화시켜 그로 인해 발생된 중성자들(Radicals)이 필름표면에 흡착 및 이동(Migration) 과정을 거쳐 필름을을 형성하게 되는 원리(그림 6-11)이다.

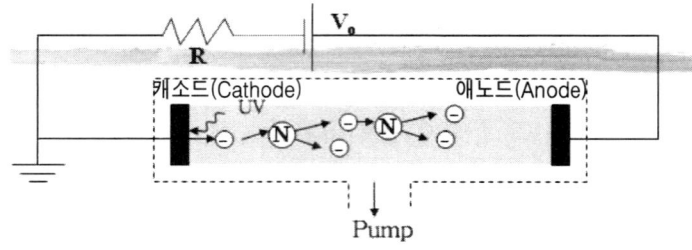

그림 6-11 플라즈마 방전원리

그림 6-12는 플라즈마 CVD를 이용한 다결정 실리콘의 증착과정을 나타내었다. 저압 개스에 전계(RF Field)를 인가하여 생성된 자유전자(e^-, Cl 등)를 충분한 에너지로 이온화시켜 그로 인해 발생된 중성자들(Radicals)이 필름표면에 흡착되어 실리콘을 증착하고 염소성분은 휘발되어 다결정 실리콘을 증착하게 된다.

플라즈마 CVD법은 증착온도가 낮아(< 300 [℃]) 회로상의 금속도선에 영향을 미치지 않아 금속, 화합물반도체, 폴리머 기판위에 증착이 가능하다. 주요 응용분야는 표 6-6과 같이 다결정 실리콘막, 질화막, 금속(Mo, W, Al) 또는 비정질 실리콘이나 에피택셜 실리콘막의 증착에 사용된다.

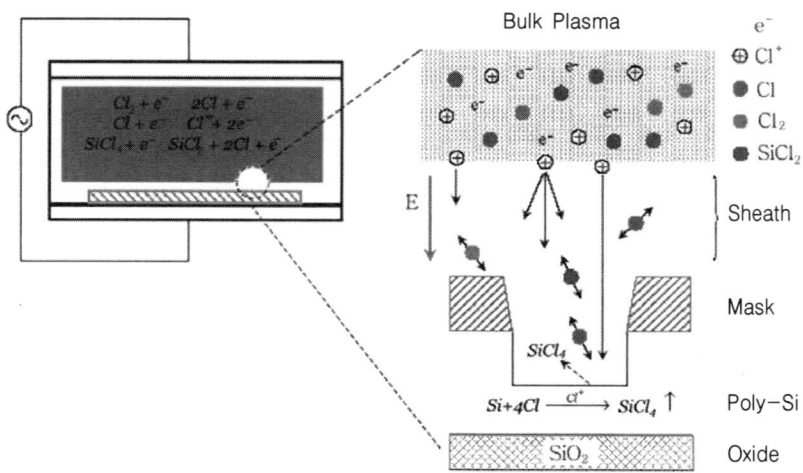

그림 6-12 플라즈마 증착원리

표 6-6 플라즈마 CVD의 응용

구분 증착필름	화학반응	온도(℃)
SiO	SiH_4+O_2 -> Si_xO_y+by product SiH_4+N_2O -> Si_xO_y+by product (x : y = 1 : 0.8~8.0)	350~400
SiN	SiH_4+NH_3 -> Si_xN_y+by product SiH_4+N_2 -> Si_xN_y+by product	250~300
BPSG	$SiH_4+PH_3+B_2H_6+O_2$ -> $SiO_2+P_2O_3+B_2O_3+H_2/H_2$	300~500
PSG	$SiH_4+PH_3+O_2$ -> $SiO_2+P_2O_5+H_2/H_2$	

2.5 스핀코팅 CVD(Spin Coating)법

박막 제조 방법은 액상법과 기상법으로 나누어지는데 기상법은 기상증착과 화학증착으로 나누어지고 액상법은 스핀코팅과 용액 코팅법으로 나누어진다. 스핀코팅은 물체를 회전 시켜서 물체 위에 올려진 액체를 원심력 때문에 밖으로 밀려나게 하는 방법으로 물체에 임의의 액체를 코팅하는 방법이다. 사용하는 액체의 점도가 적당히 있어야 한다. 순수한 물은 점도가 없어서 이러한 스핀코팅은 반도체는 기판이라는 결정(Crystal) 위에 다른 물질을 스핀코팅해서 박막을 만들어서 소자를 만드는데 많은 반도체 업계에서 사용되고 있다.

일반적으로 스핀코팅법에 사용되는 스핀코터는 약 1,000 [rpm]에서 10,000 [rpm] 정도 사이를 사용하고 가변저항으로 회전수를 조절하며 물체를 회전하는 동안 밖으로 이탈하지 못하도록 물체를 잡고 있는 진공 튜브가 있다. 스핀코팅의 원리는 그림 6-13과 같다.

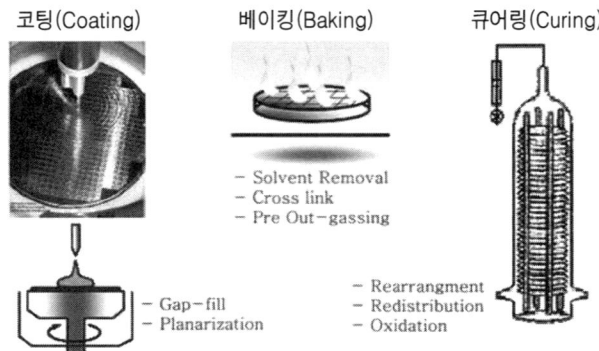

그림 6-13 스핀코팅 원리

스핀코팅의 공정순서는 다음과 같다.
- 시료를 척 위에 올려놓고 진공 상태로 만든다.
- 시료 위에 용액을 도포한다.
- 시료를 고속으로 회전한다.
- 용매를 핫 플레이트(Plate)에 올려놓고 증발시킨다.

스핀코팅을 이용한 주요 응용분야는 SOG와 SOD 층이며 화학적인 분자는 폴리실라젠(Polysilazane) 계열의 SOG 물질이나 저유전율(3.5~4.0) 특성이 있는 HSQ, SiO(시로키산) 재료에 메틸기(유기물)를 갖는 유기 SOD인 MSQ(Methyl Silsesquioxane)를 사용하여 코팅(Coating)하게 된다.

- 응용분야
  - SOG(Spin On Glass)
  - SOD(Spin On Dielectric)
- 화학분자
  - 폴리실라젠(Perhydro-polysilazane)

- 에이치에스큐(HSQ, Hydrogen SilsesQuioxane)

- 엠에스큐(MSQ, Methyl SilsesQuioxane)

이러한 스핀코팅법에서 저유전율(3.5~4.0) 특성이 있는 HSQ의 화학반응은 그림 6-14와 같으며 이를 이용하여 SOG 필름 등으로 증착하게 된다.

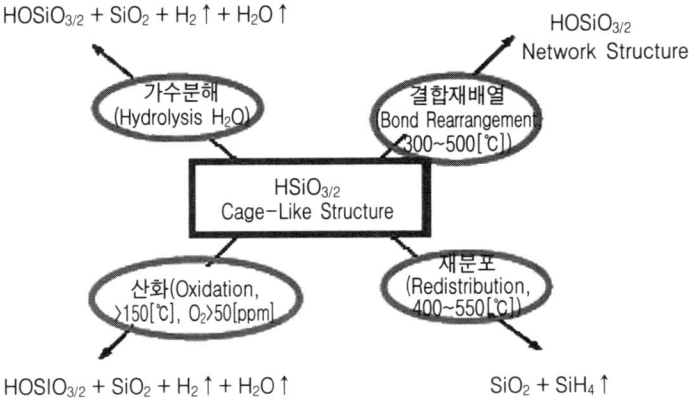

그림 6-14 HSQ의 화학반응

2.6 도금(Plating)법

이온 플레이팅법은 1963년 미국의 Mattox에 의해 개발된 방법으로서, 진공용기 내에서 금속을 증발시키고, 기판(모재)에 (-)극을 걸어주어 글로우방전(Glow Discharge)에 의해 이온화가 촉진되게 함으로써 진공증착보다 밀착력이 우수한 피막을 얻는 방법이다. 이는 이온화 시키는 데는 일반적으로 글로우방전이 사용되며, 방전되는 도중에는 매우 다양한 입자가 생성된다. 이온플레이팅의 효과를 향상시키기 위해서는 이온화율(기판에 도달한 증발 입자중 이온화된 원자의 비율)을 높이는 것이 필요하다. 이온 플레이팅법은 박막의 성질을 향상시키기 위하여 글로우 방전을 이용하는 물리증착과정의 총칭이라 할 수 있다. 이는 '증착전이나 증착과정 중에 고에너지의 이온으로 형성되는 유속에 의해 지배되는 증착법'이라고도 한다(Mattox에 의해 주장). 이온도금법은 그림 6-15와 같이 스퍼터링과 비슷하게 플라즈마를 사용한 증착공정이지만 스퍼터링과는 달리 보통 증착하고자 하는 물질을 증발법으로 기상화한 뒤 이온반응 개스나 불활성 기체들과 함께 이온화하여 음의 전압이 가해진 기판으로 가속하므로 기판의 표면이나 코팅 막은 생성된 이온들과 이온화 과정 중에 생성된 높은 에너지를 함유한 중성원자들과 충돌하여 증착하는 원리이다.

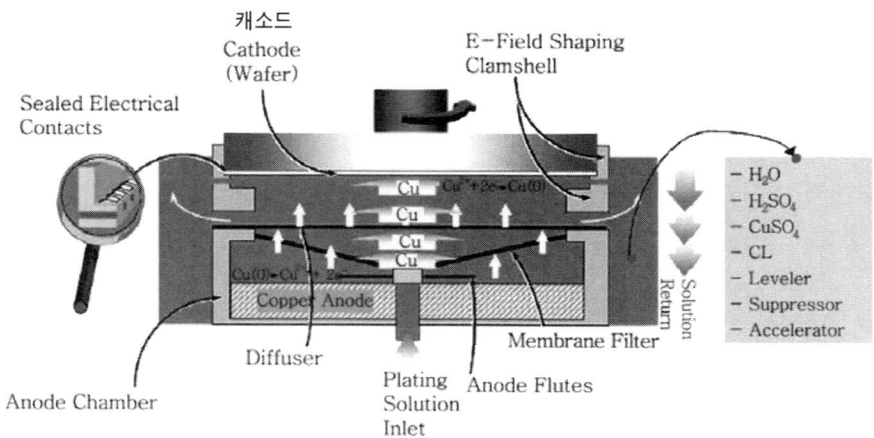

그림 6-15 도금법 원리

즉 진공용기내의 일정압력($1\times10^{-2} \sim 1\times10^{-3}$[Torr] 정도의 Ar가스 분위기)에서 기판에는 증발원 및 진공용기의 벽(접지전위)에 대해 (-)전압(-0.5~2[KV] 정도)을 걸어 기판과 주위의 사이에서 글로우 방전을 이용하는 원리이다. 이 때 기판 주위에는 강한 다크 스페이스(Dark Space)가 생성된다.

다크 스페이스가 생성된 상태에서 증발원으로부터 금속(또는 화합물)을 증발시키면 증발원자는 글로우방전의 플라즈마 중에서 전리(電離)되어 이온화되고 이온화된 증발원자는 가스이온과 함께 다크 스페이스에서 가속되어 기판에 충격적으로 입사하여 피복되게 된다. 이런 높은 에너지를 가진 입자와의 충돌 때문에 기존의 물리적인 증착공정에 비해 다음과 같은 장점을 가진다.

(1) 장점
① 이온과 중성입자의 충돌로 인하여 기판이 깨끗해지고 기판이 예열되기 때문에 접착력이 향상된다.
② 증착동안 기체의 산란효과와 기판의 회전에 의해 균일한 두께의 막을 얻을 수 있다.
③ 증착 후 기계가공이나 연마를 할 필요가 없다.
④ 이온의 충돌이 주 성장 조직의 성장을 방해하고 원자의 이동도를 높이기 때문에 코팅의 구조를 제어할 수 있다.
⑤ 부도체를 포함한 다양한 범위의 기판재료와 박막재료가 사용 가능하다.(보통 RF Bias를 사용함)
⑥ 다양한 증발원을 사용하기 때문에 증착율를 제어할 수 있다.(저항가열 E-beam 유도가열 Sputter Magnetron 등)
⑦ 오염물 유독성 용액을 사용하지 않고 해로운 부산물을 만들지 않는다.
⑧ 순수한 물질을 소스(Source)로 쓰고 진공환경에서 사용함으로 고순도 증착이 가능하다.
⑨ CVD법에 비해 낮은 증착온도이다.
⑩ 전기도금에서 문제가 되는 수소취성을 피할 수 있다.
⑪ 코팅의 성질(Morphology나 우선방위)을 제어할 수 있다.(=> 물리적 성질 항상 가능)

⑫ 다른 방법으로 얻을 수 없는 합금계 박막을 얻을 수 있다.(Compound Metastable Phase)

(2) 응용분야
① 금속층의 증착(Cu, TiN 등)

이러한 이온 플레이팅법의 이온화율은 0.1~0.3[%] 정도에 불과하다. 따라서 다음과 같이 이온화율을 증가시키는 여러가지 방법이 제안되고 있다.

① 다음극법(多陰極法)
  기판(Substrate) 근처에 열음극을 설치하여 이것으로부터 발생하는 열전자를 증발원자에 충돌시켜 이온화시키는 방법
② 고주파 여기법(高周波勵起法)
  증발원 바로 위에 고주파 코일을 설치하여 고주파 자계(磁界)로 이온화를 촉진하는 방법
③ 유도가열법(誘導加熱法)
  증발원의 가속에 고주파를 사용하여 누설자속(磁束)에 의해 이온화를 촉진하는 방법
④ 활성화반응증착법(ARE법)
  증발공간에 증발원자와 반응하기 쉬운 가스를 도입하여 화합물피복을 하는 반응성 증착법에 방전을 가해 화학 양론적으로 좋은 화합물을 얻는 방법
⑤ 클러스터법(cluster법)
  증발원에 밀폐형 용기를 사용하여 가는 노즐로부터 수~수백개의 원자 및 분자의 괴로서 얻어진 증발입자(클러스터)의 일부를 이온화하여 기판에 충돌시키는 방법
⑥ HCD법(Hollow Cathode Discharge)
  저전압대전류의 특수전자총(HCD 전자총)을 사용하여 플라즈마 전자빔에 의해 물질을 증발시키면서 동시에 이온화하는 방법

다음에 이온 플레이팅을 이용한 금속층(Cu)의 증착은 그림 6-16, 6-17과 같이 애노드(Anode)에 구리(Cu) 소스를 놓고 캐소드(Cathode)에 웨이퍼를 탑재한 후 반응로 내

에 반응개스($CuSO_4$, H_2SO_4, HCl 등) 첨가하고 에너지를 가하여 글로우방전의 플라즈마를 이용하여 증착하게 된다.

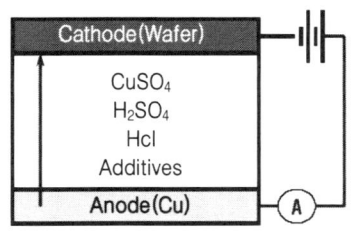
그림 6-16 이온 플레이팅의 원리

그림 6-17 이온 플레이팅

이온 플레이팅에 의한 증착은 그림 6-18과 같이 글로우방전에 의한 플라즈마 이온이 높은 에너지로 가속(Suppressor)되어 기판에 충격적으로 입사하여 피복되는 원리이다.

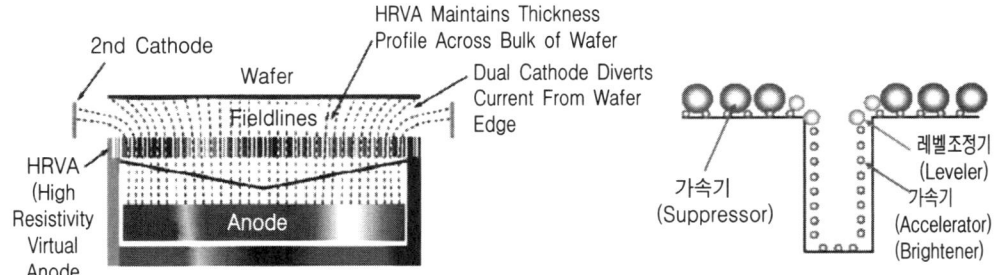
그림 6-18 이온 플레이팅의 개념도

구리를 이용한 콘택홀의 증착도(SEM)를 그림 6-19에 나타내었다.

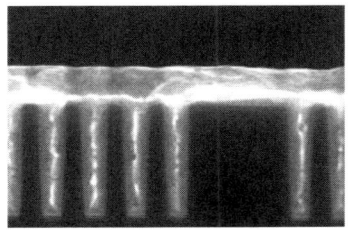
그림 6-19 이온플레이팅의 콘택홀 증착 SEM

연습문제

01. 박막형성법의 종류에 대하여 설명하시오.

02. 화학기상증착법의 반응원리에 대하여 설명하시오.

03. CVD 박막의 주요 응용분야는 어디인지 설명하시오.

04. 저압 CVD의 특성과 주요 응용분야에 대하여 상세히 설명하시오.

05. 플라즈마 CVD의 원리에 대하여 설명하시오.

06. 스핀코팅법은 액상법과 기상법으로 나눠지는데 여기에 대하여 설명하시오.

7 금속(Metalization) 공정

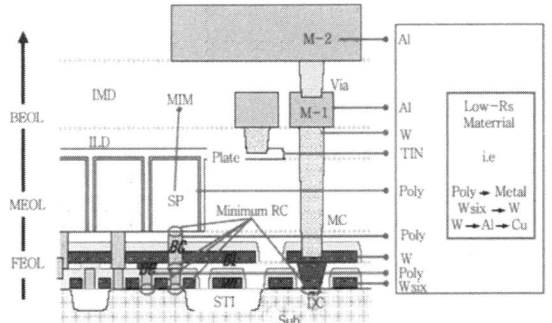

1. 기본특성
2. 금속공정의 특성
3. 금속공정

제7장
금속(Metalization) 공정

　반도체 공정에서는 소자의 제작이 완료된 후 이들 각 층의 연결(Contact 형성)을 통하여 전체적인 회로의 동작이 이루어진다. 이를 위하여 필요한 공정이 금속형성공정이다. 금속형성공정은 넓은 범위에서는 CVD법의 한 방법이기도 하나 CVD 외에 물리기상증착(PVD)법을 이용한 공정이며 주로 진공증착법과 스퍼터링법을 사용하여 증착하게 된다. 금속공정의 주요 응용으로는 고순도의 금속배선, 전극형성 및 베리어용의 보호막으로 사용되며 재료로는 여러 금속(Al, Mo, Au, Ni, Cu, Ta, W 등)이 사용된다.

1. 기본특성

1.1 금속층의 특성

　낮은 비저항값을 갖는 재료를 사용한 금속층은 상호접속을 위한 재료로 필요에 따라 단일층 또는 다층구조를 사용하며 여러 재료를 통하여 금속층의 형성이나 콘택(Contact)형성, 캐패시터의 전극형성, 트랜지스터 구동을 위한 비트라인(Bit Line) 및 워드라인(Word Line)을 형성하게 된다.

반도체 공정에서 전극층의 형성이나 각층의 연결을 위한 금속층은 다음과 같은 특성이 요구된다.
- 실리콘과의 낮은 전기적 접촉저항
- 전극 및 접촉 형성시 실리콘과의 무 반응
- 우수한 전기 전도도
- 절연체(Insulator) 및 산화막(SiO_2)과의 우수한 접촉성
- 전극형성 우수
- 우수한 표면의 평탄화
- 우수한 이온의 전기적 이동도(Mobility)
- 외부소자와의 용이한 접촉

이러한 특성을 만족시키는 단일층 재료로는 알루미늄(Al)이 보편적으로 많이 사용되며 낮은 비저항을 위한 구리(Cu)가 사용된다. 그 외에 다층구조로는 금(Au)이나 티타늄(Ti), 텅스텐(W)을 다층구조로 사용하기도 한다.

1.2 옴성접촉(Ohmic Contact) 형성

금속층은 전극이나 연결(Contact)을 위하여 반도체와 상호접속을 하게된다. 금속과 반도체와의 접합에서는 두 재료의 일함수(Work Function) 차에 의해 전류 및 전압이 달라지게 된다. 반도체와 금속간의 접촉에서는 반도체의 종류와 금속과 반도체의 상대적인 일함수 차이에 따라, 옴성접촉 또는 정류성접촉(Rectifying Contact) 특성을 나타낸다.

이때 정류성접촉(또는 Schottky Contact)은 I-V곡선이 옴의 법칙에서 벗어나, 특정한 방향으로만 전류가 잘 흐르는 경우를 말하며 전류 I는 전기장의 방향과 크기에 모두 의존하게 된다. 옴성접촉이란 비정류(Non-rectifying) 특성을 나타내기보다는 그림 7-1과 같이 I-V 곡선에서 선형적인 특성을 나타내는 것을 의미한다.

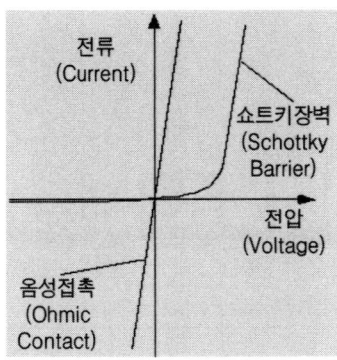

그림 7-1 옴성접촉 & 정류성 특성

즉 I-V 특성은 그림 7-2와 같이 반도체에서 도너가 도핑된 n형 반도체의 경우 일함수가 금속의 것보다 높아 I-V 곡선이 선형특성을 나타내(p형의 경우 정류성 접촉 특성이 됨)고 억셉터가 도핑된 p형의 경우 반도체의 일함수가 금속보다 낮아(n형의 경우 정류성 접촉 특성) 선형특성을 나타내게 된다.

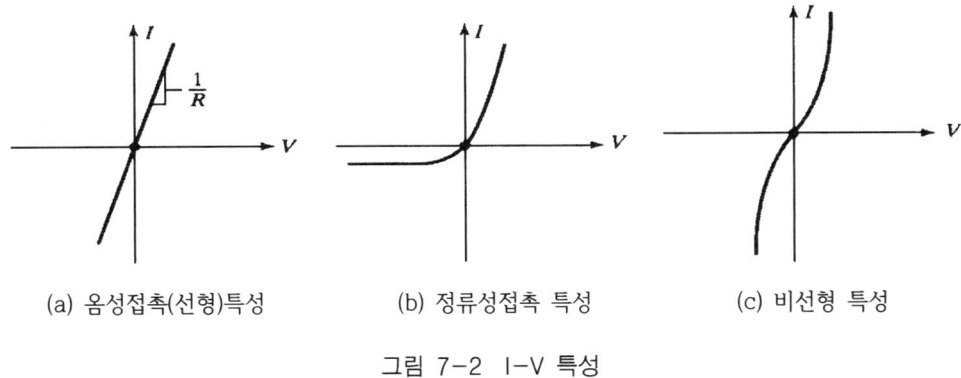

(a) 옴성접촉(선형)특성   (b) 정류성접촉 특성   (c) 비선형 특성

그림 7-2 I-V 특성

이러한 옴성접촉저항 특성은 금속층의 형성이나 연결을 형성할 때 접촉단면적의 증가나 다른 재료와의 접촉에서 발생하므로 이를 최소화하는 재료가 사용되거나 접촉단면적을 최소화하는 방법들이 요구된다.

옴접촉저항에 주로 사용되는 재료로는 알루미늄이나 구리 또는 실리사이드(또는 샐리사이드) 공정들이 사용되며 그림 7-3과 같은 층에 주로 이용된다.

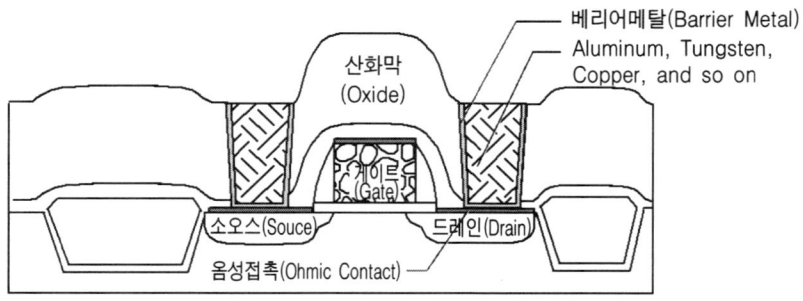

그림 7-3 옴성접촉저항

옴성접촉저항 특성을 얻기위하여 n(n⁺) 및 p(p⁺)에 대한 금속층의 증착 개념도를 그림 7-4에 나타내었다.

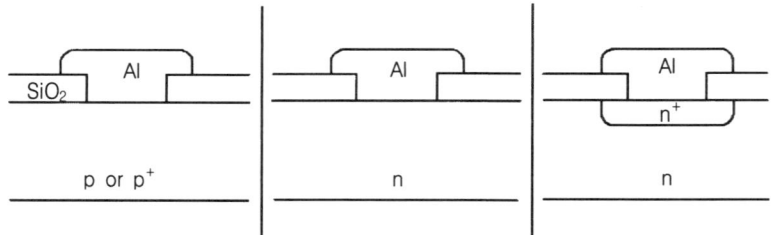

그림 7-4 n형 & p형에서의 옴성접촉 형성

1.3 비저항

저항(R)이란 도선에서 전류가 흐르는 것을 방해하는 것을 의미(R = 비저항 * (길이/면적))하며 비저항은 저항에 포함되는 값으로서 물체의 고유한 저항값(일종의 상수)을 일컫는 말이다. 이는 길이 1[m], 단면적 1[m²] 일 때의 저항값을 의미하며 다음과 같이 나타낸다.

$$\rho = RA\,[\Omega/\mathrm{Cm}^2]$$

이때 R : 저항, A : 접촉저항이다.

두물질 사이에서 옴성접촉저항을 유지 하려면 물질의 저항값을 낮추거나 금속층과의 접촉면적을 최소로 하여야 함을 알 수 있다.

1.4 금속 CVD의 종류

반도체 공정에서 사용되는 금속층은 반도체와의 접촉 및 전극 형성을 목적으로 사용되는데 금속층 형성에서는 CVD법 외에 주로 PVD(Physical Vapor Deposition)법이 사용된다. 금속층 형성에서는 금속층 형성목적과 재료에 따라 단일층 또는 다층구조로 형성하게 되며 이를 위해 그림 7-5와 같이 분류한다.

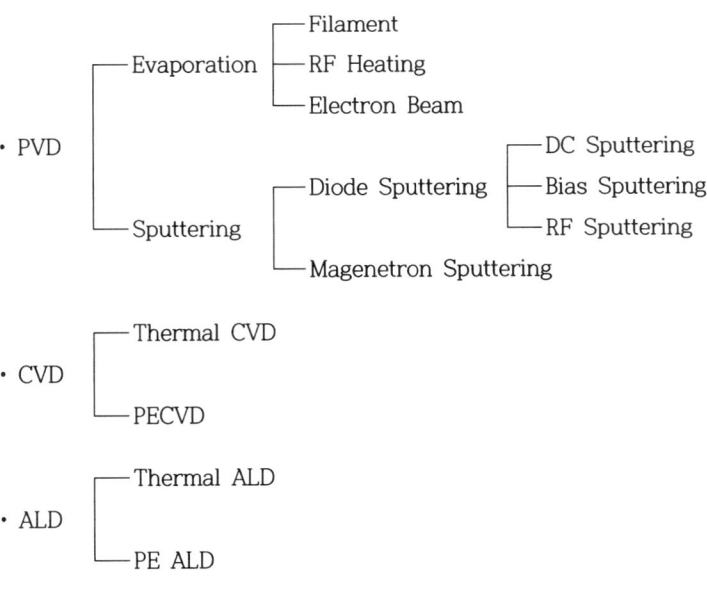

그림 7-5 금속 CVD의 종류

다음은 금속공정에 사용되는 주요용어를 정리 하였다.
① 상호연결(Interconnection Structure) : 칩의 다른부분에 전기적인 신호를 전달하는 전도성 배선(예, 알루미늄<Al>, 폴리실리콘(Poly Silicon) 등)
② 비아(Via) : 유전체층들을 통하여 한 금속층에서 근접한 다른 금속층으로 전기적

통로를 연결하는 공간
③ 플러그(Plug) : 두 개의 금속층 사이에서 전기적인 열결을 위한 홀(Via)을 채우는 것(예, 텅스텐(W), 알루미늄(Al), 구리(Cu) 등)
④ 층간 유전체(ILD, Inter Layer Dielectric) : 전기적으로 금속의 층들을 분리하는 절연체

표 7-1 금속 CVD의 종류

형성방법	재료	응용
PVD (Physical Vapor Deposition)	Ti	옴성접촉형성
	Co	옴성접촉형성 S/D의 낮은 저항
	TiN	Al을 위한 베리어 금속층
	TaN	Cu를 위한 베리어 금속층
	Al, Cu	Via 플러그 & 배선층
	TiAlN	전극층
CVD (Chemical Vapor Deposition)	Ti	옴성접촉형성
	TiN	Al을 위한 베리어 금속층 W을 위한 연결층(Glue Layer) 캐패시터전극층
	Al, Cu	PVD를 위한 Al, Cu의 증착 금속배선층
	W	DC & MC 플러그 비트라인층
	TaN	Cu를 위한 베리어 금속층
	Ru(Ruthenium)	캐패시터전극층
ALD (Atomic Layer Deposition)	TiN	Al을 위한 베리어 금속층 W을 위한 연결층(Glue Layer) 캐패시터전극층
	TaN	Cu를 위한 베리어 금속층

이러한 금속 CVD의 종류에 대한 응용은 표 7-1과 같이 금속 CVD 형성방법에 따라 사용되는 재료 및 응용분야가 다르게 된다.

1.5 금속 CVD의 특성

반도체 공정에서 사용되는 금속층 형성공정인 CVD법, PVD, ALD법에 대한 특성을 요약하면 다음이 된다.

1) PVD법

스퍼터링이나 진공증착 방법을 사용하는 PVD법은 소자에서 금속배선이나 전극 및 베리어용 보호막으로 사용되며 특성은 다음과 같다.

- 장점
  - 저온 증착가능
  - 적은 불순물
  - 모든물질 증착가능
  - 접착력우수
- 단점
  - 스텝커버리지(Step Coverage) 불량
  - 두께제어 난이
  - 물질의 조성조절 난이
  - 얇은 층(Thin Layer)의 증착 난이(Atomic PVD 설비 개발필요)

2) CVD법

집적회로 공정에 대표적으로 많이 사용되는 CVD법은 필요에 따라 여러방법(LPCVD, APCVD, SACVD, PECVD, MOCVD 등)을 통하여 절연막과 반도체막을 성장하는 방법으로 사용된다. 금속층의 증착에 대한 특성은 다음과 같다.

- 장점
  - 이온도핑(Doping)량 제어 용이
  - 물질조성 및 두께제어 용이
  - 스텝커버리지(Step Coverage) 우수
- 단점
  - 반응변수 복잡
  - 유해개스(Toxic Gas) 사용
  - 고온공정

3) ALD법

고 집적회로 공정에서 정확한 두께 조절이 가능하고 극박막을 증착할 수 있는 성장방법으로 박막을 원자층 단위로 증착하므로 박층내 불순물의 잔류를 방지할 수 있는 장점이 있는 반면 화학반응물 선택이 어렵고 온도가 낮아 막질특성이 나쁜 단점이 있다.

- 장점
  - CVD 대비 저온공정 가능
  - 우수한 스텝커버리지(Step Coverage)
  - CVD 대비 물질조성 및 두께제어 용이
- 단점
  - CVD 대비 낮은 생산성(Batch Type 설비개발로 개선)
  - 복잡한 반응변수
  - 유해개스(Toxic Gas) 사용

2. 금속공정의 특성

2.1 PVD 공정

금속공정은 실리콘 기판 위에 형성된 다양한 디바이스의 구조들을 전기적으로 서로 연결하는 금속층에 대한 공정을 다루는 작업이다. 대표적인 것으로 알루미늄(Al) 박막 공정이 사용되며 반도체공정에서 아주 중요한 공정 단계 중의 하나이다. 여기에서는 대표적인 금속공정인 PVD와 ALD에 대하여 알아보기로 한다.

금속배선, 전극 및 베리어용 보호막으로 사용되는 금속층을 형성하는 PVD법은 물리적인 메카니즘에 의해 소스물질을 개스 상(Gas Phase)으로 만들어 진공증착하는 공정이다. 여기에는 크게 진공증착(Evaporation)법과 스퍼터링(Sputtering)으로 나뉘어지며 주로 베리어메탈(Barrier Metal)이나 금속층(M1, M2, ……, Mn)을 위한 스텝커버리지(Step Coverage)용으로 사용된다. PVD막의 중요 응용은 표 7-2와 같다.

표 7-2 PVD 공정의 응용

종류 \ 구분	금속막	응용
절연막	SiO_2 Si_3N_4 Al_2O_3	절연막 표면안정화
금속막	단일층(Al, W, Mo 등) 합금층(Al-Si, Al-Cu 등) 규화물(TiSi, WSi_x 등) 다층금속(Ti/Au, Ti/Pt/Au 등)	전극용
반도체막	Si, Al, As, Ga 등	

1) 진공증착법(Vacuum Evaporation)

진공증착법은 그림 7-6, 7-7과 같이 진공상태(5×10^{-3}~1×10^{-7} Torr, N_2가스 분위기)에서 소스물질(AL, Mo, W 등)을 가열하여 용융상태로 만들어 증발되는 금속기체 분자를 증착원과 마주보게 설치한 웨이퍼표면에 증착되게 하는 방법이다.

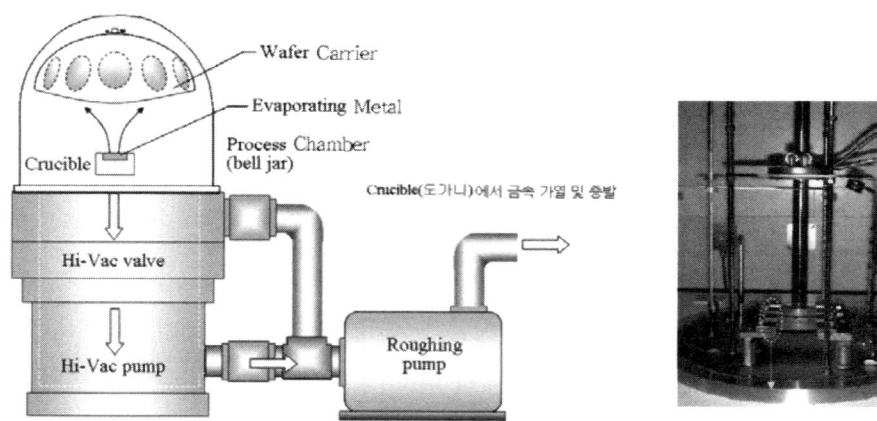

그림 7-6 진공증착 장치구성도   그림 7-7 진공증착 시스템 구성도

이때 고 진공상태는 금속재료의 평균자유행정 거리를 길게 하여 산화를 방지하고 불순물의 흡입을 피하는 목적이며 고 진공을 위하여 배기펌프가 필요하게 된다. 금속분자를 증발시키기 위하여 저항가열, 고주파가열, 전자빔 등이 사용되며 필요에 따라 웨이퍼 로딩장치, 압력측정 및 잔류개스 분석 등을 부착하여 사용한다. 진공증착의 특성은 다음과 같다.

- 장점
  - 고 진공으로 순수한 박막성장 가능
  - 재료의 연속적 사용 가능
  - 낮은 에너지를 사용하므로 웨이퍼에 미치는 영향이 최소
  - 적은 오염도
- 단점
  - 전자빔 발생시 2차방출(X선)에 의한 계면의 방사선 손상 우려
  - 반응로내의 세정(In-situ Cleaning)이 난이

이러한 PVD는 주로 베리어메탈(Barrier Metal)이나 금속층(M1, M2.......Mn)을 위한 스텝커버리지(Step Coverage)용으로 사용되며 스텝커버리지의 개념은 그림 7-8과 같다.

- 응용
  - 베리어메탈(BM)
  - 금속층(Metal Layer)

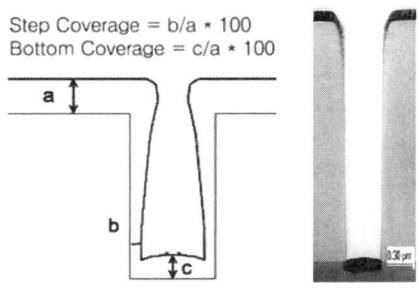

그림 7-8 스텝커버리지의 개념도 및 SEM 사진

(1) 필라멘트(Filament)

이는 여러 종류의 필라멘트를 이용하여 가열함으로서 금속박막을 증착하는 방법으로 증착 개념도(그림 7-9)와 필라멘트 소스(그림 7-10)를 나타내었다.

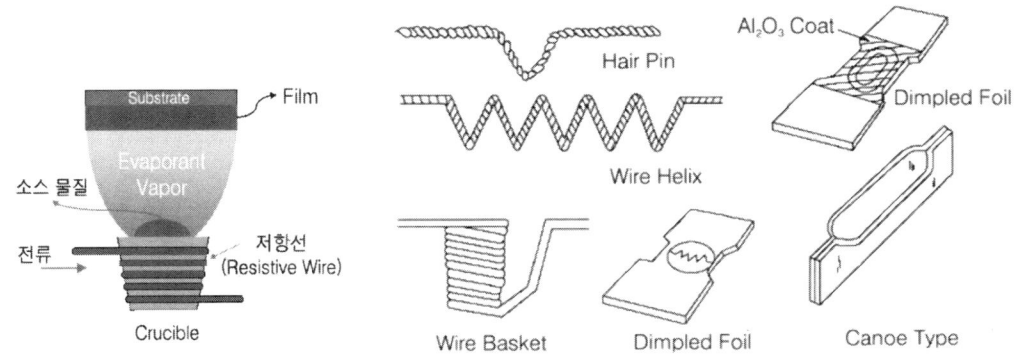

그림 7-9 필라멘트 증착 개념도   그림 7-10 필라멘트 소스

필라멘트 진공증착법의 특성은 필라멘트를 이용하여 증착율을 제어할 수 있다는 것이며 주로 고온에서의 금속증착이나 특정부분의 금속증착에 이용된다.

- 특성
  - 필라멘트의 종류에 따라 증착율 제어
  - 낮은 용해도
  - 열에 의한 높은 순도
- 용도
  - 고 용융 금속증착
  - W, Ta, Mo, Pt 등

(2) E-Beam(Electron Beam)

전자빔법은 그림 7-11과 같이 진공상태의 텅스텐 필라멘트에서 발생한 전자빔에 의해 대상 애노드(Anode) 쪽으로 충돌 형식으로 이온들이 충돌하여 증착되는 PVD의 일종이다. 전자빔은 대상 물질의 원자들이 개스상태로 이동하게 되며 원자들은 고체 상태로 응고되어 진공상태 챔버 내의 모든 곳에 있는 애노드 물질에 박막을 형성 시킨다. EBPVD에서는 챔버는 10^{-4} [Torr]의 진공상태를 유지하며 증착하고자 하는 물질은 잉곳(In-got) 상태로 제공되며 챔버 내에는 다수의 전자총(Electron Gun)이 있고 각각 수십~수백 [KW]의 전력이 공급되어 전자빔을 생성하여 높은 운동(Kinetic) 에너지까지 가속되고 잉곳에 조준되며 잉곳의 표면 쪽으로 충돌하여 잉곳의 표면 온도가 증가하고 나중에는 액체 상태로 녹아 내리면서 증기화 되어 증착되게 된다. 전자빔법 시스템은 그림 7-12와 같다.

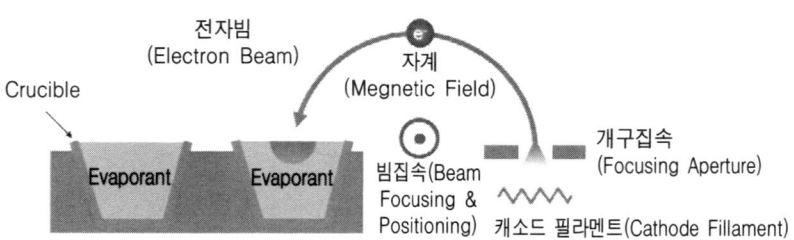

그림 7-11 전자빔 진공증착 개념도

그림 7-12 전자빔 진공증착 시스템

텅스텐 필라멘트에서 발생한 전자빔을 이용하는 전자빔법의 특성은 다음과 같다.
- 장점
  - 정확한 증착율 제어가능(1 [nm/min] ~ 수 [µm/min])
  - 높은 증착율
  - 낮은 오염도
  - 고순도 물질 & 고 융점금속 증착
- 단점
  - 복잡한 구조의 경우 증착 난이
  - 전자총의 필라멘트 성능에 따라 증착율 변화

2) 스퍼터링(Sputtering)법

스퍼터링법은 높은 에너지를 갖는 미립자들에 의한 충돌에 의해 소스물질의 표면으로부터 원자들이 떨어져 나오는 현상을 이용하는 박막 공정중의 하나로 스퍼터링 개념도 및 공정과정 개념도는 각각 그림 7-13, 7-14와 같다. 일반적으로 스퍼터링은 글로우방전(Glow Discharge)을 이용하여 먼저 이온을 형성하고 이를 전장으로 가속시켜 타겟 고체표면에 충돌시킨다. 이러한 작용을 받은 고체내부의 원자와 분자들은 운동량 교환을 통해 타겟 고체표면으로부터 떨어져 나와 기판 쪽으로 이동하게 된다. 이렇게 이동한 원자들은 기판 위에서 응축되고 결국에는 얇은 박막을 형성하게 된다. 스퍼터링법은 아르곤(Ar) 이온에 의한 소스물질을 스퍼터 현상을 이용한전기적인 충돌을 이용하여 고융점금속(Refractory Metal, W 등)이나 가열 증발하기 어려운 금속의 증착에 주로 사용된다. 이는 주로 평판적극을 이용한 다이오드(Diode) 스퍼터링과 마그네트론(Magnetron) 스퍼터링법으로 구분된다.

다이오드 스퍼터링은 음극에 소스물질(Target Material)을 놓고 양극에 증착할 웨이퍼를 적재하며 두 극 사이에 불활성 개스(Ar 등)를 넣은 후 전압을 걸어 저압력 방전이 일어나게 하여 아르곤 개스가 이온화되고 이온화된 아르곤 이온이 음극으로 대전된 소스물질에 충돌하여 소스를 방출시켜 양극의 웨이퍼 표면에 피복되게 하는 원리이다. 일반적으로 압력은 $2 \times 10^{-2} \sim 10 \times 10^{-11}$ [Torr], 양극과 음극 사이는 약 5 [Cm] 정도로 이격시키며 전압은 1,000~5,000 [V] 정도를 사용하게 된다.

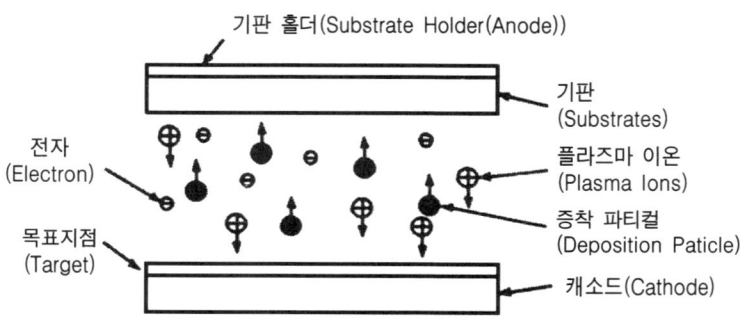

그림 7-13 다이오드 스퍼터링의 개념도

스퍼터링은 에너지를 가진 입자에 의해 표면을 충돌시켜 이때의 운동량 교환으로 고체표면으로부터 재료가 이탈되어 웨이퍼표면에 증착하는 원리인데 스퍼터링 공정과정은 다음과 같이 요약 된다.

- 스퍼터링 과정
  - (+)아르곤(Ar) 이온이 고 진공챔버의 플라즈마 상태에서 가속되어 (-)전위의 소스물질로 이동
  - 운동량을 얻은 아르곤이 소스물질체 충돌
  - 원하는 물질의 이온들을 스퍼터링
  - 스퍼터링된 이온들이 웨이퍼 표면으로 이동
  - 스퍼터링된 이온들이 핵을 형성하여 응축, 확산되어 웨이퍼 표면에 박막을 형성

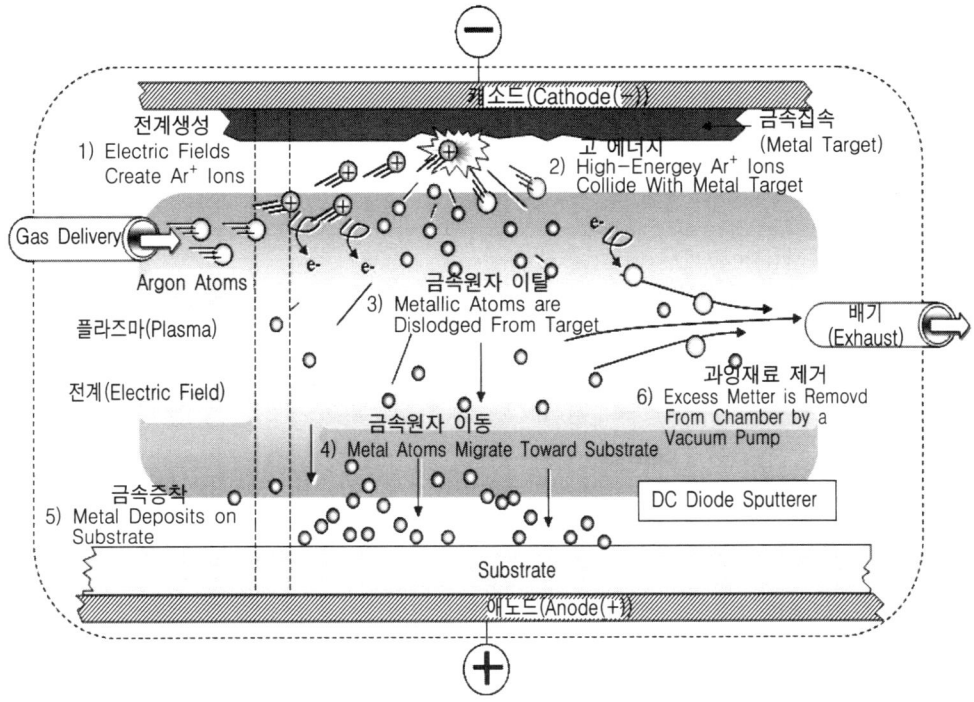

그림 7-14 스퍼터링 과정의 개념도

스퍼터링을 이용한 금속막의 증착은 주로 고품질의 실리사이드(Ti-W, Ri/RiN/Mo-Si, W-Si 등)나 고 융점 금속막의 증착에 응용된다. 스퍼터링 방법의 특성은 다음과 같다.

- 장점
  - 저온공정
  - 안정된 박막(Al-Si-Cu, Ti-W, Ti-TiN, Mo-Si 등)증착
  - 소스물질을 개스 상(Gas Phase)으로 만들어 증착
  - 우수한 스텝커버리지
  - 반응로내에서의 세정(In-site Cleaning) 가능
  - 박막두께 제어 용이
  - 타겟교체 없이 많은 공정(Run)진행 가능
- 단점
  - 낮은 증착율(예, SiO_2)

- 2차전자 방출에 의한 계면 손상
- 유기재료(Organic Material)의 증착 불가
- 높은 압력에서의 공정진행
- 이물질(Particle, Dust)의 반응로내 부착

(1) 글로우 방전(Glow Discharge)

글로우 방전은 기체의 압력이 $10 \sim 10^3$ [Pa] 정도의 진공내의 두 개의 전극간에 고전압을 걸어주었을 때, 양전극에 생기는 방전현상이다. 이는 방전중의 기체 입자의 이온은 $10^{-5} \sim 10^{-3}$ 정도의 분율로 존재하며 또한 전자와 기체분자와의 비탄성 충돌에 의해 여기상태에 있는 중성 원자도 존재한다. 전자의 질량은 이온의 질량보다 훨씬 작기 때문에, 플라즈마 중에서의 전자의 이동도는 이온의 이동도보다 크다. 따라서, 플라즈마에 밖에서 자장이 가해지면 전자만이 가속되고 이온은 그 만큼 가속되지 않는다.

글로우방전은 평판 전극구조 그림 7-15와 같이 음극층에 전압을 걸어 플라즈마 중 양이온이 전계에 가속되어 증착되는 방법으로 음극에 소스물질(Target Material)을 올려놓고 전계를 가하고 양극에 웨이퍼를 놓아 증착분자가 충돌하여 증착되게 되는 원리이다.

글로우방전에서의 증착율은 챔버내의 압력(P)과 음극과 양극 사이의 거리(L)에 반비례하는 특성을 나타내며 압력(P)과 거리(L)의 곱이 크면 유지방전 조건이 되고 작으면 높은 증착속도를 얻게 된다. 일반적으로 압력(P)은 > 50 [mTorr] 이상, 거리(L)는 약 10[Cm] 정도이다.

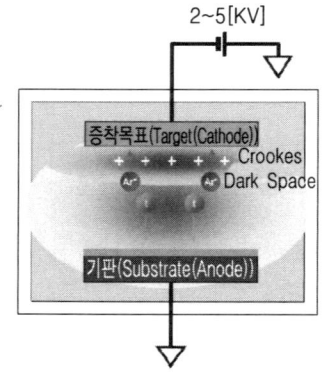

그림 7-15 글로우방전 개념도

$$증착률(R) \propto \frac{1}{L * P}$$

이때, P : 챔내 압력,
L : 음극과 양극 사이의 거리이다.

글로우방전을 이용한 증착에서 사용되는 파장은 다음과 같다.

$$\lambda \sim \frac{5 \times 10^{-3}}{P} \text{ (Cm)}$$

(2) 바이어스(Bias)

이는 진공증착 시 실리콘 기판에 직류 및 RF 전압을 인가하여 실리콘 기판위의 전위를 일정하게 조정함으로서 소스물질(Target Material)이 웨이퍼 위에 일정한 박막특성(스텝커버리지, 저항, 표면의 거칠기 등)을 나타나게 제어하는 방법이다.

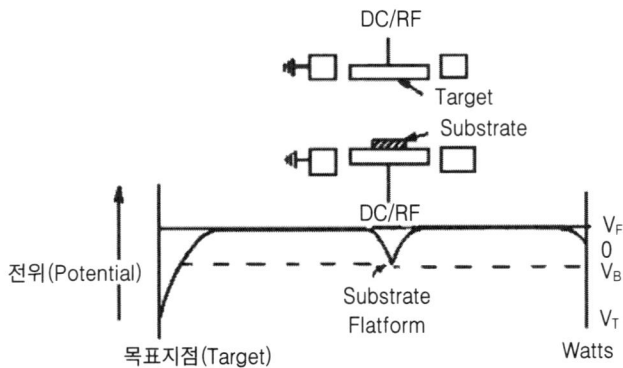

그림 7-16 스퍼터링의 바이어스 개념도

(3) RF(Radio Frequency)

RF 스퍼터링 및 증착은 그림 7-17, 7-18과 같이 AC전력 공급장치를 이용하여 플라즈마를 얻어 증착하는 것으로 이는 소스물질(Target Material)이 절연체인 경우 2차전자가 소스로부터 방출됨으로서 (+)전하가 절연체 표면에 축적되어 스퍼터링이 멈추거(DC 방전의 경우)나 소스가 금속인 경우 표면의 자연 산화막이 덮여 스퍼터링이 되지않는 단점을 보안하고자 챔버내에서 전자들이 진동(Oscillation) 하는 동안 약한 전계(Weak Electric Field)에 의해 충분한 에너지를 얻어 분자들을 이온화시켜 낮은 기압에서도 증착이 가능하도록 한 증착방법이다.

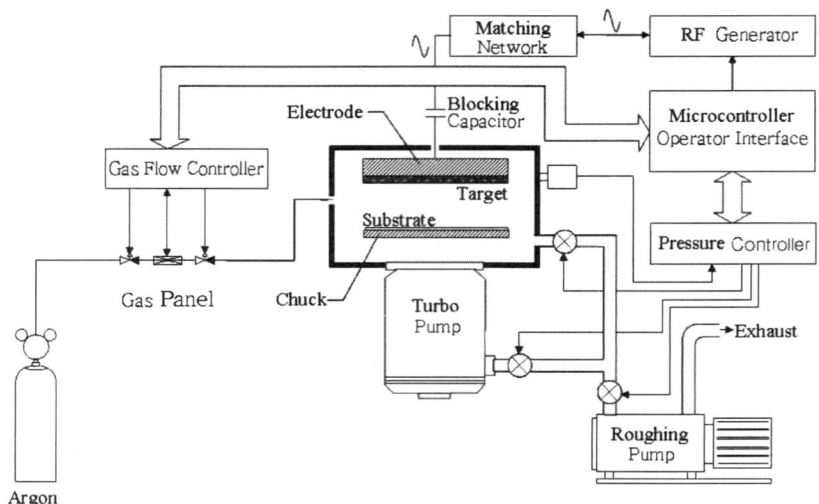

그림 7-17 RF 스퍼터링의 개념도

RF 스퍼터링 증착은 소스물질을 직접 가열하여 증착하는 특성이 있는데 그 특성은 다음과 같다.

- 장점
  - 소스물질을 직접 가열
  - 높은 효율
  - 낮은 오염
- 단점
  - RF를 얻기위한 고 비용
- 응용
  - Al 증착(in Boron Nitride & Titanium Diboride Crucible)

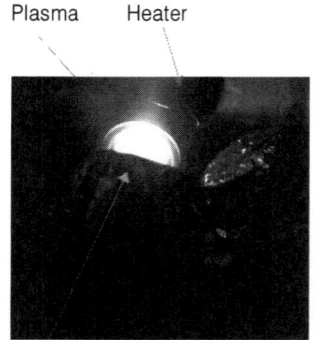

그림 7-18 RF 스퍼터링을 이용한 증착

(4) 마그네트론(Magnetron)

소스물질(Target Material)의 이온화를 증가시키기 위하여 마그네트론을 설치하여 발생된 플라즈마를 자석(최근 영구자석 사용)에서 발생하는 자속(Flux)에 의해 높은 밀도의 플라즈마를 형성, 집진하여 기판에 성막 시키는 방법(그림 7-19)이다. 이러한 집진이 이루어질 경우 전체가 발생한 플라즈마는 균일하게 되어 결과적으로 균일한 박막을 제조할 수 있는 특성이 있으며 전자가 소스물질 주위의 전기 및 자기장에 머무르게 하여 집중적인 이온화를 통하여 증착율이 증가되는 방법이다.

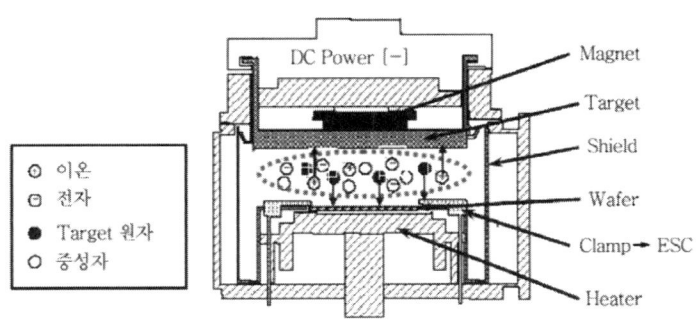

그림 7-19 마그네트론을 이용한 증착

이는 플라즈마내의 전자가 자장의 방향과 수직으로 나선운동을 하면서 소스물질 주위로 플라즈마를 집중시켜 증착하므로 증착율이 높은 특성이 있다.

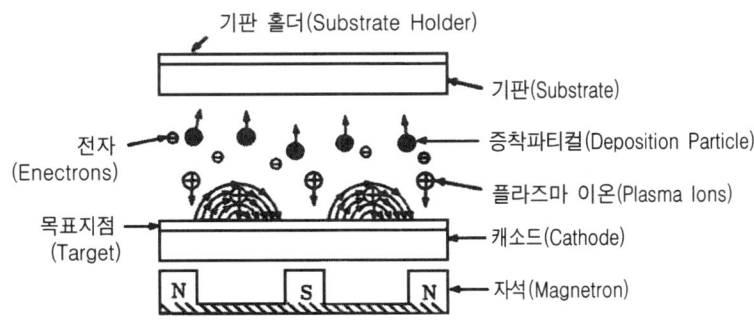

그림 7-20 마그네트론 스퍼터링의 원리

마그네트론 스퍼터링은 자석(영구자석)이 전기장과 결합한 전자장을 발생시키고 전자장이 웨이퍼 방향으로 전자를 이동시켜 증착하는 원리(그림 7-20)이다.

소스물질의 이온화 증대를 위해 제안된 마그네트론 스퍼터링법은 계속적인 이온화를 통하여 증착율을 크게 증가시키는 장점이 있다.

- 장점
  - 높은 증착율
  - 균일한 증착
- 단점
  - 음극의 마모 증대
  - 소스물질의 큰 소모

마그네트론 스퍼터링은 저압에서 높은 증착이 가능한데 이는 그림 7-21과 같이 자기장의 세기를 조정하여 높은 증착율을 얻을 수 있는데 자계인가 시 저압상태에서 소스물질 근처에 전자가 가해질 때 이온충돌에 의해 형성된 플라즈마가 웨이퍼에 가해지는 이온의 반경은 다음과 같이 계산된다.

$$r \sim \frac{1}{B}\sqrt{\frac{2m}{e}V_d}$$

이때, r : 자기장이 미치는 반경, B : 자기장의 세기이다.

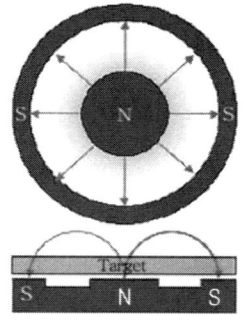
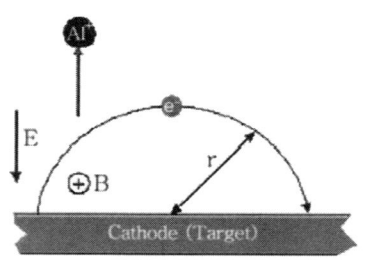

그림 7-21 마그네트론 스퍼터링의 전계

2.2 ALD 공정

원자층 증착(ALD, Atomic Layer Deposition) 공정은 1977년 Suntola 등이 원자층 증착에 대한 특허 출원 이후 1980년 Ahonen 등이 ZeTe의 적층에 성공하면서 반도체 공정의 절연체 및 금속물질의 박막증착 방법으로 사용하게 되었다. ALD법은 자기 제한적 반응(Self-limiting Reaction), 즉 반응물과 표면의 반응만 일어나고 반응물과 반응물간의 반응이 일어나지 않는 반응으로 원자단위로 증착을 가능하게 하는 원리이며 이러한 반응은 원자층 증착 방법의 가장 기본이 된다.

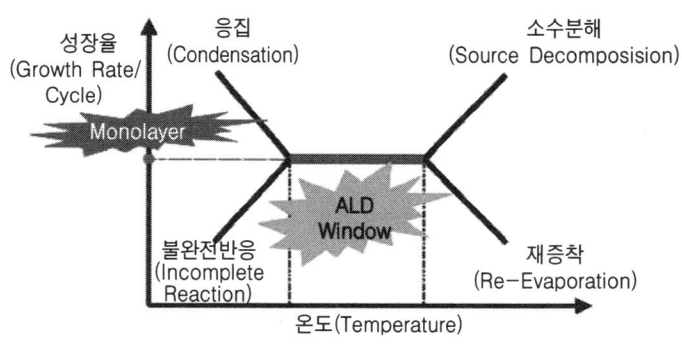

그림 7-22 자기제한적 반응

1) 구성

이 공정은 화학적으로 달라붙는 현상을 이용해 웨이퍼 표면에 분자를 흡착시킨 후 치환시켜 흡착과 치환을 번갈아 진행하기 때문에 초미세 층간(Layer-by-layer) 증착이 가능하고 산화물과 금속박막을 최대한 얇게 쌓을 수 있는 특징이 있다.

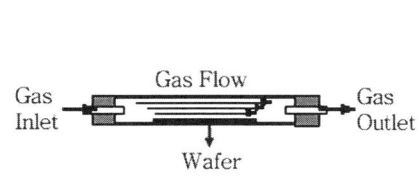

그림 7-23 Travelling Wave형

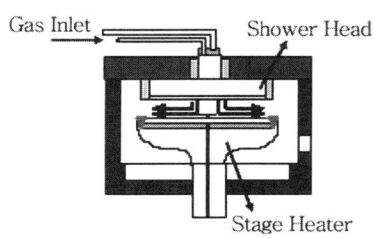

그림 7-24 Shower Head형

ALD법은 CVD에 비하여 장비부피가 작으며 하드웨어 구성방법에 따라 그림 7-23, 7-24와 같이 2가지로 나뉘며 소스물질에 따라 열원을 사용하거나 플라즈마를 사용하여 이온의 직진성을 향상 시키게 된다.

(1) 반응특성

ALD법은 CVD보다 낮은 온도(500[°] 이하)에서 우수한 막질을 형성할 수 있어 시스템온칩(SoC) 제조에 적합하다는 것이 큰 장점이다.
① 표면에서의 흡수반응(Adsorption Reaction)
② 자기제한적 반응
③ 온도 무 의존성
④ 반응물의 흐름 무 의존성
⑤ 시간 무 의존성

(2) 장점
① 박막의 균일화
② 고밀도 고성능화
③ 높은 신뢰도
④ 스텝커버리지 및 두께 조절능력 우수(cf. CVD)

(3) 단점
① 낮은 수율
② 낮은 증착율

2) 증착원리

ALD법의 증착과정은 그림 7-25와 같이 반응개스를 펄스(Pulse) 형태로 시분할 공급하여 기판(Substrate -> Wafer) 위에 화학흡착(Chemisorption)된 전구체(Precursor)를 통한 표면반응으로 증착하는 방식이다. 각 반응개스의 펄스공급 사이에는 불활성개스를 이용한 정화(Purge) 펄스를 삽입하여 기판표면에 화학흡착된 분자 외에는 박막증착 반응에 참여할 수 없도록 배제하여 표면반응을 유도하는 원리이다. 이러한 펄스조합을 반복하여 균일한 두께 조성이 가능하게 된다.

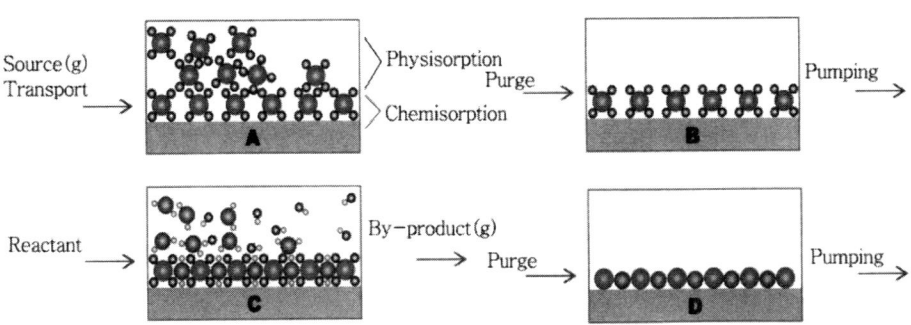

그림 7-25 ALD의 증착원리

CVD의 증착원리는 그림 7-26과 같이 혼합개스를 사용하며 흡착된 개스가 표면확산과 표면반응을 통하여 증착흡착(Desorption) 되는 반면 ALD의 경우는 그림 7-27과 같이 반응물질과 압력에 의해 생성된 반응개스가 표면 흡착반응을 통하여 증착되게 된다. 이들 CVD와 ALD의 증착특성 비교는 표 7-3 과 같다.

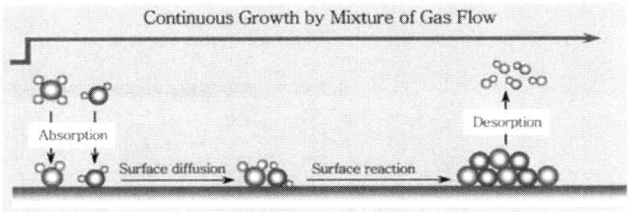

그림 7-26 CVD의 증착과정

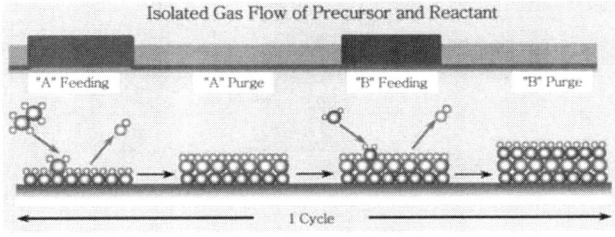

그림 7-27 ALD의 증착과정

표 7-3 ALD의 특성비교

특성 \ 구분	CVD	ALD
반응	개스위상 반응	표면흡수
증착온도	고온공정	저온공정(cf CVD)
개스흐름	소스 개스의 흐름	선택적 개스흐름
두께 파라메터	시간 및 흐름(Flux)	반복(Cycle)
증착율	높은 증착율	낮은 증착율
두께 균일도	제어 용이	제어 우수
스텝커버리지	제한된 스텝커버리지	우수
필름 밀도	중간 밀도	고 밀도

3) 응용

반응물질과 압력에 의해 생성된 반응개스가 표면 흡착반응을 통하여 증착되는 ALD는 금속간의 콘택 베리어나 전극 및 유전체 증착에 주로 사용되며 주요 응용분야는 그림 7-28과 같다.

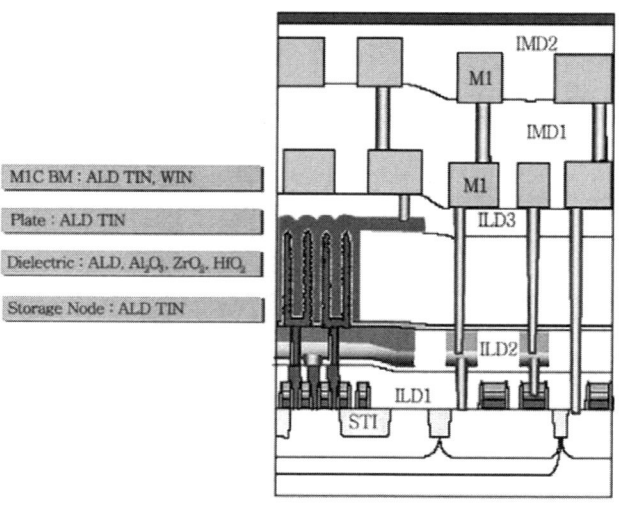

그림 7-28 ALD의 응용

• 응용분야
  - 유전체(Dielectrics) : Al_2O_3, ZrO_2, HfO_x, Ta_2O_2
  - 질화막(Nitride) : AlN, TiN, TaN, TiAlN, TiSiN, WN, WCN
  - 금속(Metal) : Cu, Al, Mo, Ti, W, Co, Ni

대표적으로 층간의 베리어 금속층의 증착에 사용되는 예를 나타내었다.

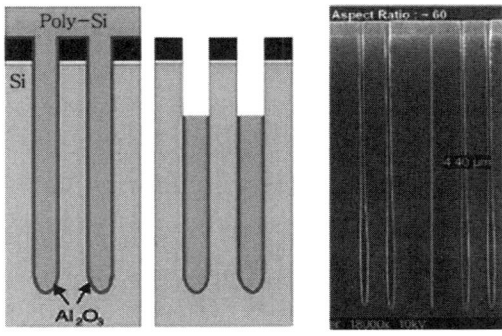

그림 7-29 베리어금속증착 개념도 및 SEM

2.3 스텝커버리지(Step Coverage)

반도체공정에서 금속층간의 열결이나 금속을 증착하기위하여 연결하는 콘택영역(Contact Layer)에 금속층을 적층하기위해 CVD법이나 PVD 법을 사용하며 이들 방법을 통하여 콘택홀 내에 금속층이 적층된 정도에 따라 금속층간 연결이나 베리어금속층 연결 특성이 좌우되게 된다. 콘택영역에서 이러한 적층정도를 나타내는 것을 스텝커버리지라 하며 그림 7-30과 같다.

> ※ 스텝 커버리지(Step coverage)란?
> 종횡비가 큰 홀이나 트랜치(Trench)에서 홀의 바닥과 벽면에도 균일한 두께의 막을 증착할 수 있는 능력을 의미한다.

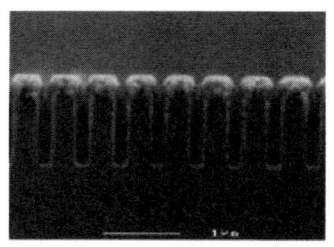

그림 7-30 스텝커버리지의 SEM

이러한 스텝커버리지는 반도체 공정에서 필수적인 요소로 실제 적층 구성도를 나타내었다.

PVD를 이용한 스텝커버리지의 경우 위(Top)나 아래(Bottom)에서 양호한 특성을 나타내며 일반적으로 Al, W이 사용되고 베리어금속(Barrier Metal)이나 금속전극(M1 ... M_n)용으로 Ti/TiN 등이 사용된다. PVD공정에서 우수한 스텝커버리지 특성을 얻기위하여 여러 가지의 방법들이 그림 7-31과 같이 사용되고 있다.

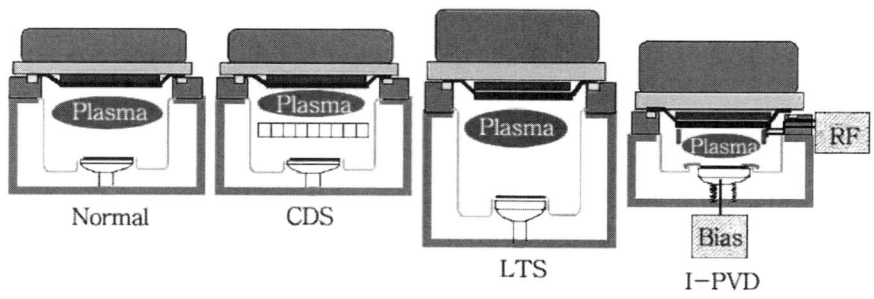

그림 7-31 PVD공정의 종류

1) CDS

스퍼터의 스텝커버리지를 향상하기 위하여 분광기(또는 시준기라고도 함, Collimator)를 사용하여 벌집모양의 필터를 사용함으로 에너지를 가진 입자가 퍼지게하여 스퍼터 입자의 직진성을 향상시키는 방법이다.

- 특성
    - 벌집모양의 필터 사용으로 입자의 직진성을 향상
    - 밑부분(Bottom)의 스텝커버리지 향상
    - 사용매수의 증가에 따라 증착속도 감소
    - 두께가 두꺼운 공정의 경우 적용 한계

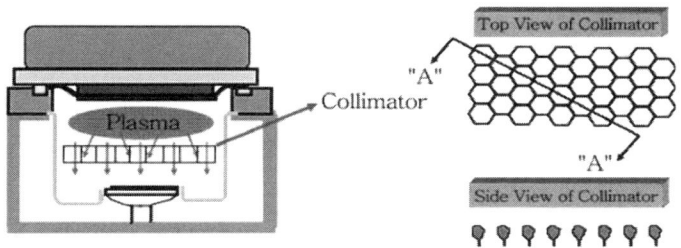

그림 7-32 CDS 법

2) LTS(Long Throw Sputtering)

이는 소스물질과 웨이퍼 사이의 거리를 증가시켜 가속입자의 평균자유행정(Mean Free Path)을 크게하여 직직선을 향상시키는 방법이다.
- 특성
    - 가속입자의 평균자유행정 거리를 증가시켜 입자의 직진성을 향상
    - 가장자리(Edge)에서의 비대칭 현상존재
    - 증착속도 감소
    - 두꺼운 공정의 경우 비 정렬(Miss Align) 발생우려

$$\lambda \sim \frac{1}{\sqrt{2 \cdot \pi \cdot d^2 \cdot n}}$$

이때 λ : 평균자유행정, d : 분자의 직경, n : 개스농도이다.

3) I-PVD(Ionized PVD)

이는 스퍼터의 입자를 이온화시켜 직진성을 향상시키는 방법으로 챔버내의 RF 코일이나, 자석을 일정형태 및 여러개로 나누는 방법을 사용하여 가속이온의 직진성을 향상시키는 방법이다.

(1) IMP™(Ion Metal Plasma)

이는 그림 7-33과 같이 챔버내부에 RF 코일을 이용하여 이온화 시키는 것으로 웨이퍼 기판에 RF 바이어스를 가하여 이온화된 입자의 직진성을 향상시켜 스텝커버리지를 향상시키는 방법이다.

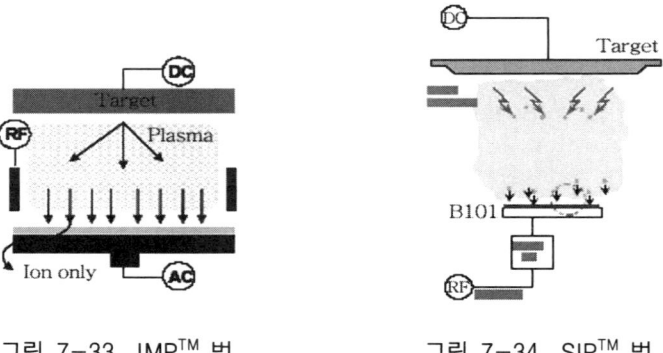

그림 7-33 IMP™ 법   그림 7-34 SIP™ 법

(2) SIP™(Self Ionized Plasma) or SIS™(Self Ionized Sputter)

챔버내부에 RF 코일을 제거하고 새로운 자석(Magnet)을 적용하여 이온주입(Implantation)과 동일한 효과를 얻는 방법이 그림 7-34이다.

(3) HCM™(hallow Cathode magnetron)

돔(Dome) 형태의 소스물질 주위에 강한 자석을 설치하여 전자의 나선운동을 이용하여 입자를 이온화시켜 직진성을 향상시키는 방법이다.

(4) PCM™(Point Cusped Magnetron)

자석(Magnet)을 작게 나누어 배열을 자유롭게하여 이온의 직진성을 향상시키는 방법이다.

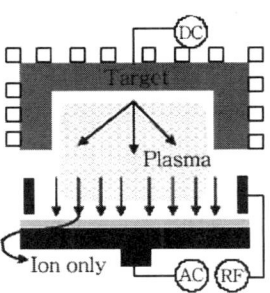

그림 7-35 PCM^TM 법

3. 금속공정

3.1 FEOL(Front End of Line) 공정 = 기판공정

반도체 공정에서 실리콘 기판 위에 형성된 다양한 디바이스의 구조들을 전기적으로 서로 연결(Interconnection)하거나 여러층을 상호접속하는 공정이 금속공정이다. 금속공정은 그림 7-36과 같이 전공정(FEOL), 금속공정(MEOL), 후공정(BEOL)으로 구분된다.

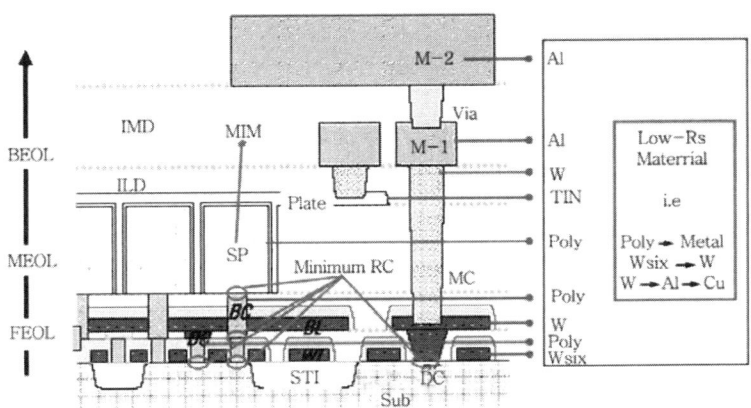

그림 7-36 금속공정의 응용

FEOL 공정은 그림 7-37과 같이 회로설계 후 매스크 제작부터 실리콘 기판위에 캐패시터와 콘택홀 형성 및 콘택 플러그 공정까지 진행되는 공정을 의미한다. 즉 이는 웨이퍼 위에 진행되는 공정으로 다음과 같은 공정단계를 거치게 된다. 이 공정에서는 소자의 특성 향상을 위하여 WSi나 W 등이 사용된다.

- FEOL 공정
  - 웰(Well) 형성공정 : Si 웨이퍼 -> 아이솔레이션영역(LOCOS & STI) -> 웰(Well)
  - 캐패시터 형성공정 : 게이트산화막 -> 게이트전극 -> 스페이서(Spacer)
  - 콘택플러그 형성공정 : S/D -> 층간 절연막 -> 평탄화(CMP) -> 콘택홀 & 플러그

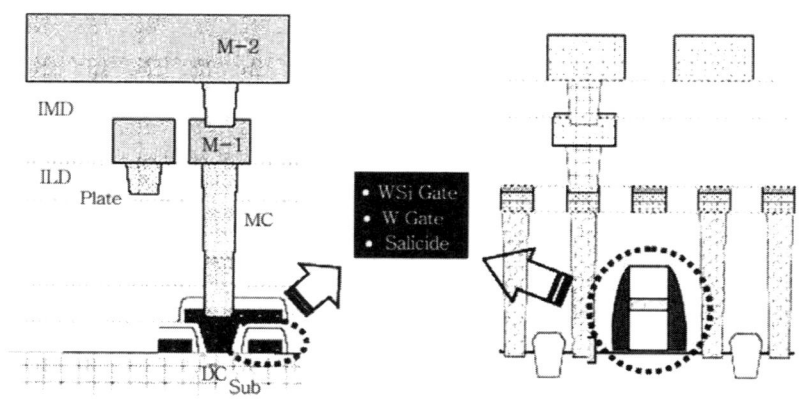

그림 7-37 FEOL 공정

1) WSi_x 형성

이는 캐패시터 동작을 위한 워드라인(Word Line) 형성목적으로 진행되는 공정으로 사일랜(SiH_4)이나 다이사일랜(Si_2H_6) 개스를 이용하여 약 400~500[℃]에서 형성하며 되도록 낮은 비저항값이 요구된다.

- Silane 개스
  - $SiH_4 + WF_6 + Ar \rightarrow WSi + SiH_4 + HF$
  - 비저항 : 800~1000 [$\mu\Omega \cdot Cm$]
  - 온도 : 400~500 [℃]

- Disilane 개스
  - $Si_2H_6 + WF_6 + Ar \rightarrow WSi + SiF_4 + HF$
  - 비저항 : 600 ~ 700 [$\mu\Omega \cdot Cm$]
  - 온도 : 600 ~ 700 [℃]

2) W 형성

이는 저저항의 워드라인(Word Line) 형성목적으로 진행되며 게이트구조가 적어(Stack Down)지고 소자 구성특성이 향상되는 특성이 있다.
- 낮은 스텍구조로 형성
- 일반적인 스퍼터링 방법으로 증착가능
- 파티클(Particle) 제어 필요
- 비저항 : 15 ~ 20 [$\mu\Omega \cdot Cm$]

텅스텐(W) 형성의 한 방법으로 WN(Tungsten Nitride)를 형성하기도 한다. 이는 PVD법으로 텅스텐에 N_2 개스를 반응시켜 스퍼터링 함으로서 형성이 가능하다.
- $W + N_2$
- 비저항 : 100 ~ 200 [$\mu\Omega \cdot Cm$]
- 온도 : > 600 [℃]

WN의 경우 과산화수소(H_2O_2)나 황산(H_2SO_4) 등의 화학물(Chemical)에서 급격히 산화하거나 작은 더미(Whisker)가 생성되는 단점이 있으며 이로 인해 선택적인 산화공정이 필요하기도 하다. 그림 7-38에 게이트 스텍의 산화를 나타내었다.

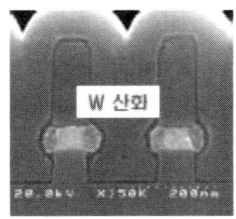 

그림 7-38 게이트 스텍의 산화(WN)

3) 샐리사이드(Salicide, Self Align Silicide) 형성

저 저항을 확보하기 위한 방법으로 게이트(Gate)나 소스/드레인(S/D) 영역에서 실리사이드를 형성하는 것으로 금속/TiN을 증착한 후 열처리를 통하여 금속실리콘($TiSi_2$, $CoSi_2$, NiSi, WSi 등) 형태의 층을 형성하는 방법이 그림 7-39이다.

- 게이트(Gate) & 소스/드레인(S/D)에 형성
- $TiSi_2$ & $CoSi_2$ & NiSi & WSi

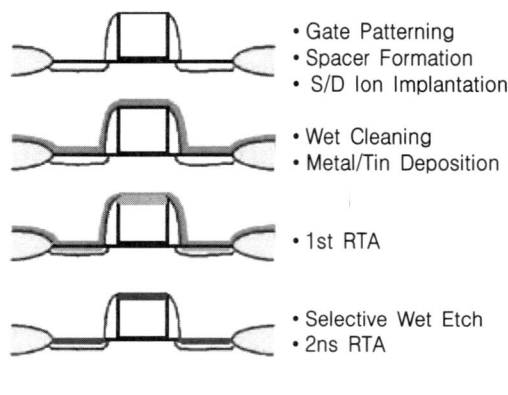

그림 7-39 샐리사이드 형성

그림 7-40에 $NiSi_2$에 대한 게이트 및 소스/드레인 영역에 대한 실리사이드 형성을 나타내었고 실리사이드의 종류별 특성에 대하여 표 7-4에 나타내었다.

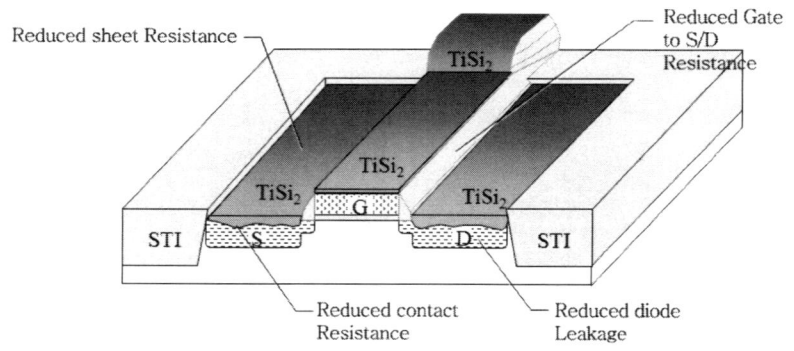

그림 7-40 실리사이 게이트 형성($NiSi_2$)

표 7-4 실리사이드 종류특성

	TiSi$_2$	CoSi$_2$	NiSi
저항률(Resistivity)	12~16	16~18	14~16
Si 소모(Si Consumption)	Ti : Si = 1 : 2.3	Ti : Si = 1 : 3.6	Ti : Si = 1 : 1.8
산화막 선택비(Sensitivity to Native Ox.)	Insensitive	Very Insensitive	Insensitive
선택 식각비(Etch Selectivity)	Bad	Better Than TiSi$_2$	Better Than TiSi$_2$
SiO$_2$, SiN 재반응(Reaction with SiO$_2$, SiN)	Interaction	No Reaction	NoReaction
불순물 재반응(Reaction with Dopant)	Strong Interaction	No Reaction	No Reaction
크기 의존성(Size Dependency on Rs)	Sensitive	Less Sensitive	Less Sensitive
실리사이드 스텝(Silicidation Step)	2-Step	2-Step	2-Step
열적 안정도(Thermal Stability)	Bad	Good	Worst

PVD/CVD 형성 ──────────────→   Only PVD 형성 ──→

3.2 MEOL(Metal End of Line) 공정

실리콘 기판위에 형성하는 전공정(BEOL) 이후 실리사이드 형성, 베리어메탈이나 플러그를 형성하고 콘택층을 형성하여 비트라인(Bit Line)으로 사용될 금속전극 형성전까지, 즉 폴리실콘 전극부터 후공정(BEOL) 전까지를 구성하는 공정으로 그림 7-41과 같다.

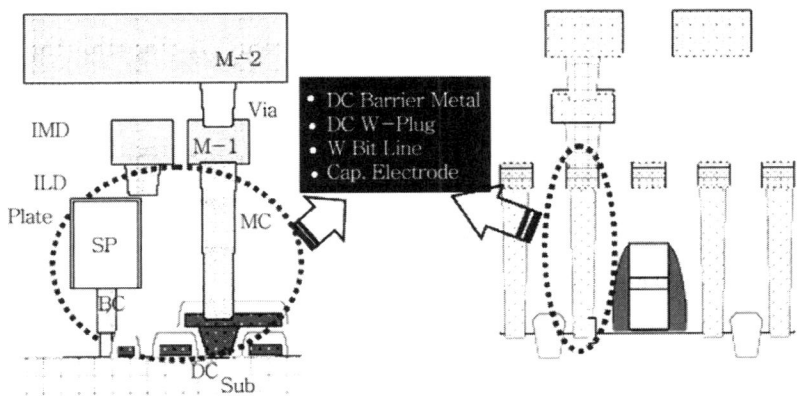

그림 7-41 MEOL 공정

- MEOL 공정
  - 캐패시터 전극(Capacitor Electrode) 형성공정 : 콘택홀 & 콘택플러그 -> 폴리실리콘 전극(Poly Si Electrode)
  - 비트라인(Bit Line) 형성공정 : 베리어메탈 -> 콘택층 -> 비트라인

1) 캐패시터 전극(Capacitor Electrode) 형성

캐패시터 전극은 그림 7-42와 같이 금속층위에 캐패시터 전극을 형성(그림 7-43)하기도 하며 캐패시터의 정전용량을 확보하는 것이 목적으로 유전막과 계면에 연결되어 낮은 저항값과 적은 누설전류 특성을 가져야하고 이를 위해 여러 방법들이 응용, 변화하고 있다.

$$C = \frac{\varepsilon_c \varepsilon_0 A}{t}$$

이때 ε_c : 재료의 유전율, ε_0 : 진공의 유전율
A : 캐패시터면적, t : 재료의 두께이다.

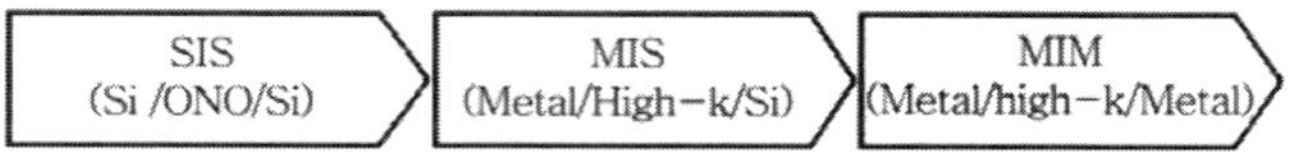

```
SIS (Si/ONO/Si)  >  MIS (Metal/High-k/Si)  >  MIM (Metal/high-k/Metal)
```

그림 7-42 캐패시터 전극의 공정변화

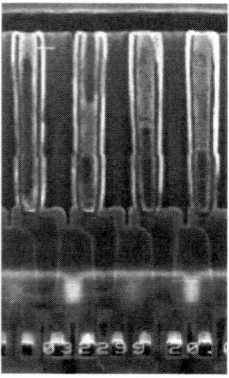

그림 7-43 캐패시터 전극의 형성

2) 베리어메탈(Barrier Metal) 형성

금속전극을 증착하기 전 캐패시터 전극과 금속전극 사이에 금속층(call "Barrier metal")을 형성하는 공정으로 실리콘과 직접 연결되는(Direct Contact) 베리어메탈과 캐패시터 전극위에 형성되는 금속콘택(Metal Contact)이 있다. 표 7-5에 금속 베리어의 종류 특성에 대하여 나타내었다.

실리콘과 직접 연결되는 베리어로는 그림 7-4와 같이 주로 알루미늄(Al)이나 텅스텐(W)이 사용되는데 실리콘과의 접촉저항을 낮추기 위하여 실리사이드를 형성(Ti) 하거나 베리어금속으로 TiN을 연속적으로 형성한다.

표 7-5 베리어메탈의 종류특성

종류 \ 구분	특성	재료
패시베이션 화합물(Passive Compound) 베리어	BM 상하부 물질의 확산억제 상하부 물질과 미 반응	TiN for Al & Si
희생(Sacrificial) 베리어	상하부 물질과 반응하면서 베리어 역할	Ti for Al
첨가(Stuffed) 베리어	BM에 소량의 다른물질이 첨가되어 특성 강화	O2 첨가(for TiN)
3원자(Ternary) 베리어	그레인 경계(Boundary)가 없어 물질의 확산 억제	TiSiN, TiAlN, TaSiN
구리(Cu) 베리어	Cu의 강한 확산을 제어하기 위한 BM 필요	TaN

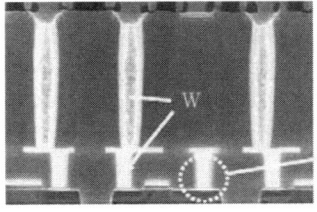 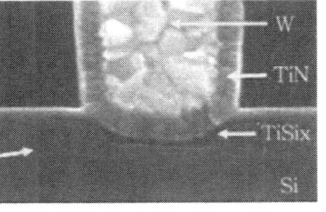

그림 7-44 DC 베리어 금속의 형성

3) 콘택층(Contact Layer) 형성

콘택층은 상, 하부를 연결하는 배선으로 실리콘과 금속간의 접촉저항을 낮추어 주는 것이 목적으로 형성하며 콘택층 형성 목적으로 그림 7-45와 같이 콘택홀을 뚫어 콘택층을 형성하게 된다.

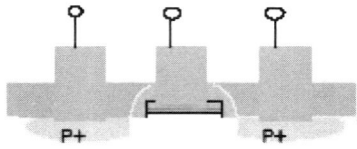

그림 7-45 콘택홀

(1) 콘택층

상, 하부를 연결하기위한 콘택층은 비아(Via) 및 연결부(Contact)로 설명되며 콘택층의 종류특성은 표 7-6과 같다.

- 비아(Via)
  - 하부 접촉부위가 알루미늄(Al) 또는 텅스텐(W)이 사용
- 콘택(Contact)
  - 하부 접촉부위가 실리콘 기판 또는 이온이 첨가된 실리콘(Doped Si)과 접촉되는 부분

표 7-6 콘택홀의 종류

종류 \ 구분	특 성
M1/Gate Poly	Tr.의 턴 온
M1/Plate Poly	캐패시터 바이어스 전압
M1/Bit Line	비트라인 신호전달
M1/N$^+$	S/D 신호전달
M1/P$^+$	S/D 신호전달

(2) 콘택층 형성

콘택층 형성은 금속전극과 게이트 및 전극 폴리, 비트라인, N^+ P^+ 등으로 형성되는데 다음과 같이 형성된다.

① 게이트 및 전극 폴리/금속전극의 콘택형성

이는 금속전극 형성시 실리콘과 직접연결(DC Contact)시 실리사이드(Ti) 및 텅스텐(W)과 안정된 베리어 역할을 위하여 진행하는 공정이다.

㉮ Ti/TiN 형성

일반적으로 TiN은 열적으로 형성하고 Ti의 경우는 플라즈마 CVD 공정으로 형성하게 되며 그림 7-46과 같다.

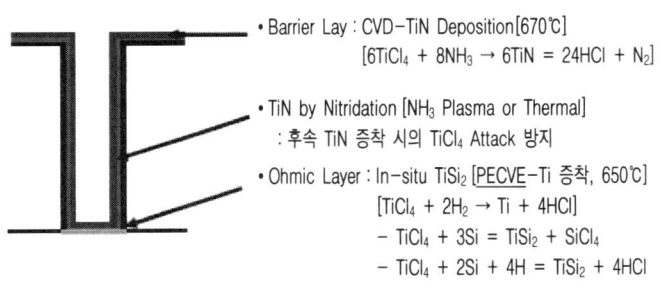
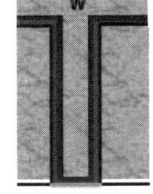

그림 7-46 Ti/TiN 형성   그림 7-47 W 형성

㉯ 텅스텐 형성

실리콘과 직접연결(DC Contact)시 완벽한 필링(Filling)과 비트라인 배선 목적으로 형성되므로 낮은 저항과 스트레스 및 내열성이 요구되며 그림 7-47과 같다.

• 핵형성 반응
  - $2WF_6 + 3SiH_4 \rightarrow 2W + 2SiF + 6H_2$
  - 반응개스 : SiH_4

- 벌크반응
  - $WF_6 + 3H_2 \rightarrow W + 2HF$
  - 반응개스 : H_2

② 비트라인 형성

금속전극을 연결하는 목적으로 사용하는 비트라인 형성은 그림 7-48과 같이 낮은 저항값이 요구되며 다음과 같은 특성이 있다.

- 개스반응
  - $Si_2H_6 + WF_6 + Ar \rightarrow WSi + SiF_4 + HF$
- 특성
  - 저 저항 비트라인 구현가능 및 동시 콘택형성(P^+ 형성)
  - 비트라인 스택구조 다운(Stack Down)
  - 후속 층간절연막(ILD, Inter Layer Dielectric) 형성 용이

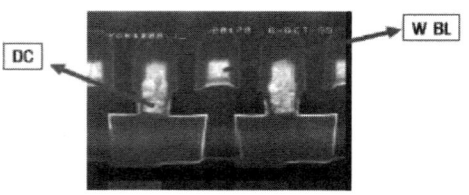

그림 7-48 비트라인 형성

③ N^+ & P^+ 콘택형성

비트라인으로 이용하느 금속전극 형성시 시리콘기판과 접촉영역을 형성하는 공정으로 이온이 첨가된(Doped/WSi_x) 텅스텐이 사용된다.

- 특성
  - 낮은 저항
  - N^+, P^+ 동시 형성(공정의 단순화) 가능

3.3 BEOL(Back End of Line) 공정 = 배선공정

배선공정은 그림 7-49와 같이 기판공정과 게이트 및 전극폴리, 비트라인, N^+ 및 P^+ 형성공정 이후에 금속전극이나 비아홀 및 금속콘택과 배선전극을 형성하는 공정으로 반도체형성공정의 마지막 공정단계이다. 이는 우수한 스텝커버리지가 요구되며 캐패시터의 열화를 방지하기 위하여 저온공정이 필수적이다. 비아홀, 금속콘택 플러그 및 베리어 금속으로는 주로 텅스텐(W)이나 알루미늄(Al)이 사용된다.

• BEOL 공정
- 금속전극형성 : 콘택 -> 층간 절연막 -> 베리어메탈 -> 금속층
- 비아홀형성 : 평탄화 -> 비아(Via) 홀 & 비아 플러그
- 금속전극(배선패턴) 반복형성 : 베리어메탈 -> 금속층의 반복공정 -> 패시베이션

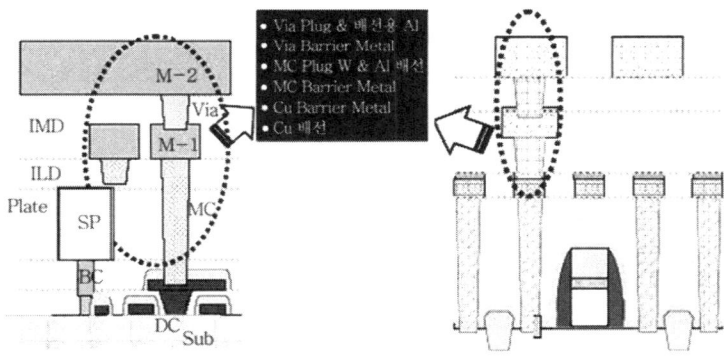

그림 7-49 BEOL 공정

1) Via 플러그(Plug)형성(by Al)

금속전극층 형성시 전단의 금속전극층과 후단의 금속전극층을 연결하는 목적으로 비아홀(Via Contact)을 형성(그림 7-50, 7-51)한 후 콘택영역 내부에 금속층을 채워 양호한 전도특성을 얻으려(비아플러그)는 공정부분이다. 이는 알루미늄을 증착한 후 고온, 진공상태에서 열처리를 통하여 콘택영역내에 알루미늄 원자가 확산하여 채워지는 방법을 사용하게 되며 비아플러그 SEM도는 그림 7-52와 같다.

- 비아 플러그형성(Al) 공정
  - CVD법으로 알루미늄 증착
  - 후속의 알루미늄 재 흐름(Reflow) 공정진행
  - 알루미늄 채움(Filling)

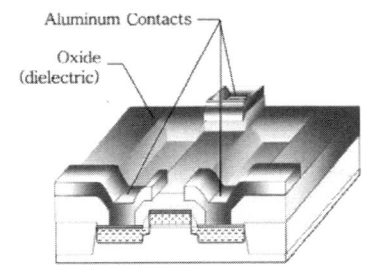
그림 7-50 비아 플러그(Al)의 단면도

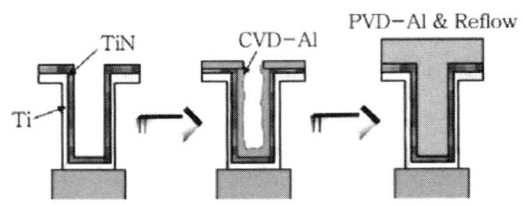
그림 7-51 비아 플러그 개념도

그림 7-52 비아 플러그 SEM

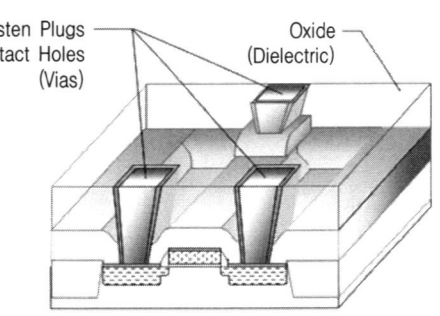
그림 7-53 텅스텐 플러그 단면도

2) 메탈콘택(MC) 플러그형성(by W)

비아 플러그를 형성 방법은 그림 7-53과 같이 텅스텐(W)을 사용하여 비아 영역내를 채우는 공정이며 개념도 및 SEM도는 각각 그림 7-54, 7-55가 된다.

- 텅스텐(W) 플러그 형성공정
  - 텅스텐 증착 : $2WF_6 + 3SiH_4 \rightarrow 2W + 2SiF + 6H_2$
  - 반응개스 : SiH_4
  - 콘택영역 외부의 텅스텐 식각(Etch) 및 CMP 공정으로 텅스텐 플러그 형성

- 배선용 알루미늄 증착하여 저 저항배선 형성

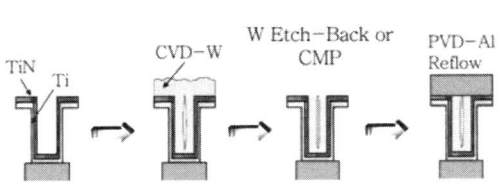

그림 7-54 텅스텐 플러그 개념도

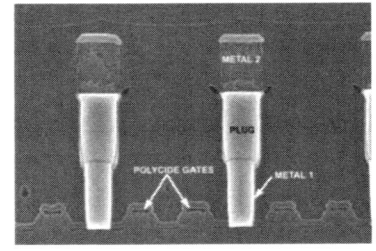

그림 7-55 메탈 플러그(W+Al) SEM

3) MC 알루미늄 배선

MC 플러그 형성(W)이후 알루미늄을 이용하여 배선영역을 형성하는 공정(그림 7-56)으로 전도층(Conduction Layer)에 증착하는 공정이다. 필드영역(Field Layer)의 인자(Precuser)의 소모없이 콘택영역내로 집중되어 스텝커버리지를 확보할 수 있는 특성이 있으며 SEM도는 그림 7-57, 7-58과 같다.

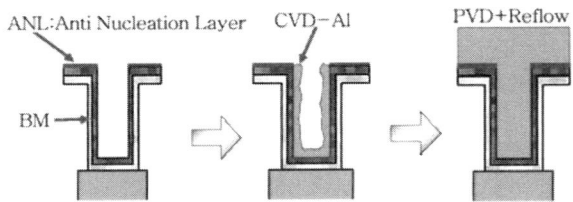

※ ANL은 Thin Insulating Layer를 나타낸다.

그림 7-56 알루미늄 배선의 개념도

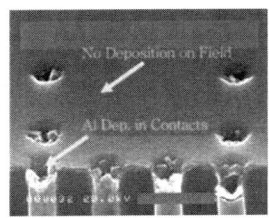

그림 7-57 ANL+알루미늄증착 SEM

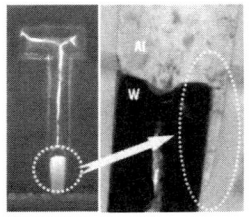

그림 7-58 ANL+알루미늄증착+Reflow SEM

4) MC 베리어메탈(Barrier Metal)

MC의 형성(그림 7-59)은 활성영역(Active Layer)의 콘택 또는 비트라인(BL)에 형성하는 공정으로 캐패시터의 높이의 증가로 깊은 금속콘택(Deep MC)의 형성이나 캐패시터의 열화를 방지하기 위하여 저온공정의 금속콘택 공정이 요구된다. 이러한 베리어메탈 공정에서 요구되는 특성은 다음과 같다.

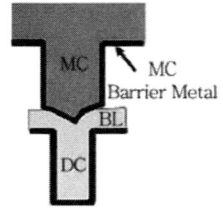

그림 7-59 MC 베리어메탈의 개념도

- 두 개의 서로다른 금속간에 우수한 확산 특성 제공을 위한 낮은 공정온도
- 낮은 옴성접촉저항 & 우수한 전기 전도도(Conductivity)
- 반도체와 금속간의 우수한 접착력
- 전자(이온)이동(ELectromigration)에 대한 저항성(Resistance)
- 저온 및 고온에서의 안정성
- 침식(Corrosion) & 산화(Oxidation)에 대한 저항성(Resistance)

(1) Ti/TiN 베리어메탈

금속콘택(Deep MC)의 형성시 Ti/TiN 베리어메탈 공정은 그림 7-60, 7-61과 같다. Ti/TiN의 경우 비아의 밑부분(Bottom)에 증착하여 상위 금속과의 상호연결 작용을 하게된다.

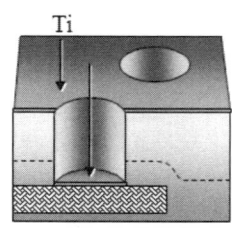

그림 7-60 Ti 베리어메탈

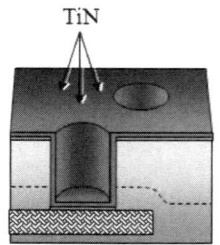

그림 7-61 TiN 베리어메탈

(2) Cu 베리어메탈

금속콘택(Deep MC)의 형성시 Cu 베리어메탈 공정은 그림 7-62와 같으며 다음과 같은 특성이 요구되며 이외에 TiN, Ta, TaN, WN 등이 사용되기도 한다.
- ILD를 통한 구리(Cu)의 확산을 방지
- 낮은 저항값에 의한 충분한 전도특성
- 열처리 공정에 대한 안정화
- ILD 영역과의 우수한 접착력
- 트랜치나 비아에서 우수한 스텝커버리지 확보
- 최소의 두께로 최대의 단면적확보

MC 베리어메탈 증착은 그림 7-63과 같이 Cu를 종자(Seed)로 사용하여 연속적인 종자층을 증착하므로 핀홀이 없는 균일한 MC 베리어메탈 증착이 가능하다.

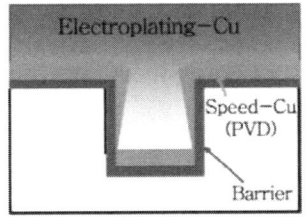
그림 7-62 베리어베탈(Cu) 증착개념도

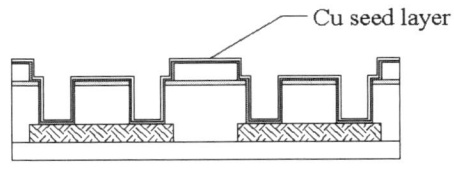
그림 7-63 MC 베리어메탈(Cu)의 단면도

(3) TaN 베리어메탈

금속콘택(Deep MC)의 형성시 Cu를 사용할 경우 금속콘택의 접촉성 저항을 낮게하고 스텝커버리지 특성을 양호하게 하기위하여 그림 7-64와 같이 Cu와 반응이 일어나지 않는 TaN을 사용하기도 한다.
- Cu와의 무 반응
- 고 밀도 베리어메탈 증착가능
    - Ta : 5.5×10^{22} [Cm^3]
    - TaN : $8.8 \sim 8.9 \times 10^{22}$ [Cm^3]

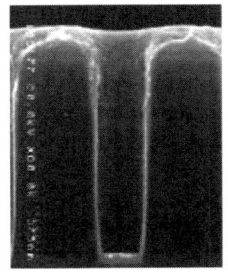
그림 7-64 Cu + TaN 베리어메탈 SEM

- Cu의 확산방지
- 스퍼터링법으로 제조용이(in N_2)
- 비저항
  - Ta : ~120 [$\mu\Omega \cdot Cm$]
  - TaN : ~120 [$\mu\Omega \cdot Cm$]

5) 배선(Interconnection)공정

배선공정 기술(Interconnection technology)은 반도체 집적회로(Integrated Circuit)를 완성시키기 위해서 평면공정으로 형성된 각 소자(Device)들을 전기적으로 서로 연결시켜 주는 공정기술이다. 이러한 배선공정 기술은 소자간 신호전달시 전기적 지연과 손실을 최소화하고 아울러 한층 빠르고 신뢰성 있는 소자를 만드는 역할을 하게된다. 배선공정에 대표적으로 사용되는 것으로는 알루미늄(Al)과 구리(Cu) 등이 사용된다. 다음에 대표적으로 사용되는 배선물질의 특성을 표 7-7에 나타내었다. 반도체소자의 금속배선 재료로서 알루미늄은 실리콘 산화막과의 부착성이 좋고 가공성이 뛰어나다는 점에서 저항율 특성이나 전자이동 등의 신뢰성 특성이 구리보다 약함에도 불구하고 현재 널리 사용되고 있다.

표 7-7 배선공정 특성

구분 특성	Al	Cu
저항[$\mu\Omega \cdot Cm$]	2.65(3.2 for Al-0.5[%] Cu)	1.678
전자이동 저항 (Electromigration Resistance)	low	high
부식성(Corrosion)	high	low
CVD 공정	가능	불가능
CMP 공정	가능	가능

(1) Al 공정

알루미늄(Al)은 낮은 저항(Resistivity)을 가지고 있고 산화막(SiO$_2$)과의 접착성이 우수하여 금속전극의 형성에 적합한 물질이다. 금속공정 물질로써 사용되는 Al은 주로 스퍼터링법에 의하여 증착되며 순수한 Al 이외에 다른 물질과 합금을 사용하기도 한다. Al의 단점은 660 [℃]의 낮은 용융점 특성(Al-Si 합금은 577 [℃])이며 이로 인해 도포된 후에는 최대 공정온도를 제한하게 된다. 또한 산소에 노출되는 정도에 따라 Al은 기판 표면에 얇은 알루미늄 산화막(Al$_2$O$_3$)를 형성하며 이는 접촉 저항성을 증가 시키고 스퍼터링과 식각(Etching)을 방해하여 공정진행에 어려움을 초래하기도 한다. Al공정에서 약간의 구리를 첨가하게 되면 잠재적인 전자이동(Electromigration Effect)를 감소시킬 수 있고 실리콘(Silicon)을 첨가하여 스파이크(Spike) 현상을 감소시킬 수 있다.

• 장점
  - RC 지연 감소
  - 증착 용이
  - 건식식각 가능
  - Si 기판과의 옴성접촉
  - 유전체와의 양호한 접촉
• 단점
  - 전자이동으로 적은 수명
  - 힐록(Hillocks) 발생

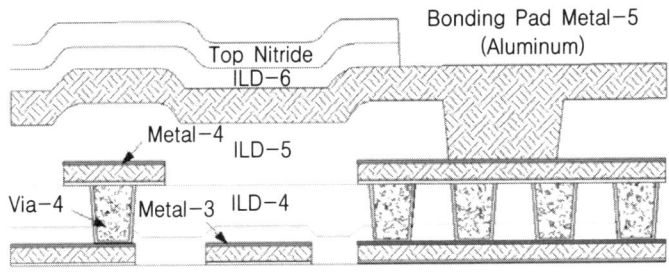

그림 7-65 알루미늄의 배선(M4) 개념도

이러한 Al을 이용한 금속배선은 금속 층의 개수에 따라 층간 유전체의 숫자에 따라 그 주조가 달라지며 다음에는 금속층이 4개로 구성되는 경우에 대하여 그림 7-65에 나타내었다.

알루미늄의 배선공정은 이러한 저온공정과 CVD법으로 증착이 가능한 특성이 있어 보편적으로 많이 사용되고 있으며 여러 가지 장점이 있으나 전자이동(Electromigration)에 의하여 금속배선에서 힐록(Hillock)이 발생(그림 7-66)하는 단점이 있다.

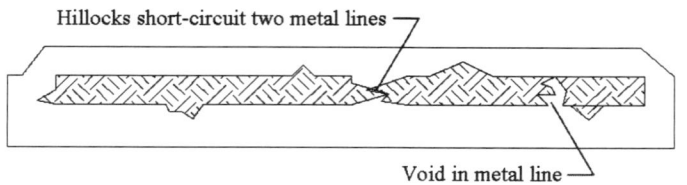

그림 7-66 힐록(Hillock)의 발생 개념도

즉 고 전류밀도에서 전자들의 이동으로 알루미늄 원자들의 이동이 발생하여 금속 도선상에 소멸(세선, 개방)과 축적(힐록, 합선)을 초래하게 되어 그림 7-67과 같이 금속배선상에 작은언덕(Hillock)을 발생시키게 된다. 반도체 배선공정에는 주로 값이 싸고 특성이 좋은 알루미늄을 사용하나 반도체소자의 더 빠른 신호전달 속도를 얻기위해 낮은 비저항값을 갖는 배선물질을 구리로 대체하여 사용하고 있다. 그러나 구리의 경우 높은 전자이동 저항값을 갖는 특성이 있다.

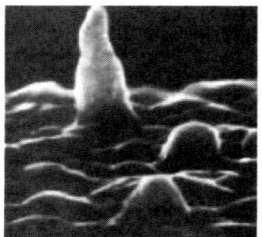

그림 7-67 힐록의 SEM

알루미늄을 금속배선으로 사용할 때 접합과의 배선연결 시 접합 스파이크(Junction Spiking) 현상이 발생하게 된다. 즉 온도가 상승하면서 Al에서 실리콘의 고체용해도(Solid Solubility)가 증가하여 실리콘 분자들이 격자경계(Grain Boundary)를 통하여 Al 막 내부로 확산해 가서 실리콘 분자들이 없어진 자리가 생성되고 여기에 Al이 채워지는 현상(call "Al Spiking")을 나타낸다.

- 고체 용해도(in 450 [℃])
  - Al의 고체용해도(in Si) : 0.001 [wt%]
  - Si의 고체용해도(in Al) : 0.5 [wt%]

이러한 스파이킹현상(그림 7-68)을 제거하는 방법으로는 AL-Si(보통 Al-1 [wet%] Si) 합금이나 여러층의 금속콘택층 증착 또는 콘택기판에 실리사이드형성과 확산 베리어메탈(W, TiN, TiWN, Ti) 증착후 알루미늄을 증착하는 방법들이 사용된다.

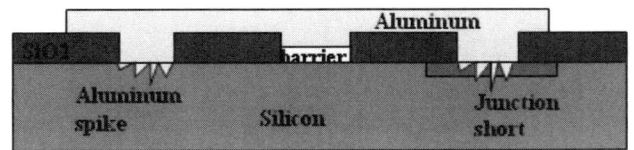

그림 7-68 알루미늄 스파이킹 개념도

전자이동현상은 그림 7-69, 7-70과 같이 직류전류의 흐름에 의해 전도체내의 금속이온이 이동하므로 열적, 전기적 영향이 복합적으로 나타나는 현상이다. 이는 온도가 높을수록 벌크의 경우보다는 박막의 형태의 전자이동 현상이 발생하게 된다.

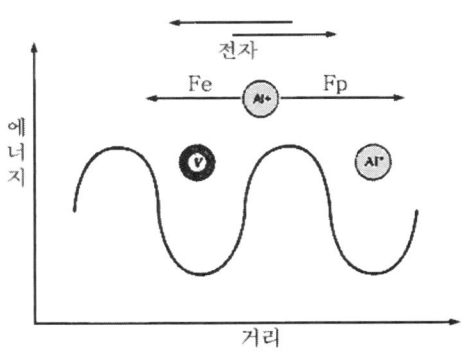

그림 7-69 전자의 이동도

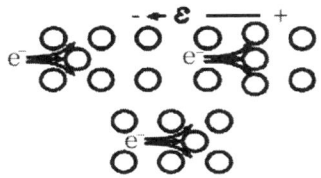 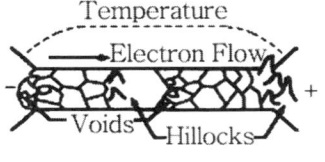

그림 7-70 전자이동의 개념도

• 전자이동도의 발생

$$F_P \gg F_E$$

이때 F_E : Al$^+$ 이온이 전기자에 의해 받는 힘, F_P : 전자의 이동변화에 의해 Al$^+$ 이온이 받는 전자력 힘(Electron Wind Force)이다.

이러한 전자이동은 주로 격자경계(Grain Boundary)에서 발생하며 Al 벌크에서의 Al 분자의 활성화(Across Activation) 에너지는 약 1.48 [eV]이다.

전자의 이동도는 온도와 스트레스 및 이동도 길이에 의하여 영향을 받게 되며 다음과 같이 나타낸다.

• 온도 불균일성이 없는 이상적인 금속에서의 이동도

$$F_m = \frac{ND_0}{kT}(Z^* qE)\exp(-\frac{E_a}{kT})$$

이때 F_m : 이온의 흐름, N : 원자밀도, D_0 : 확산상수, Z : 유효이온전하이다.

• 스트레스를 고려한 이동도

$$F_m = \frac{ND_0}{kT}[(Z^* qE - \Omega(\frac{d\sigma_n}{dx})]$$

이때 Ω : 원자의 크기(체적), σ_n : 격자경계에 대한 스트레스이다.

• 온도와 스트레스에 의한 이동도의 양이 같은 경우

$$\Delta x = \frac{\Delta \sigma_n \Omega}{Z^* qE}$$

전자이동현상을 제거하는 방법으로는 AL-Cu(0.5~4 [%])의 사용, Al의 스텝커버리지 향상과 평탄화공정(CMP), 다층금속배선에 Al-Si의 사용금지, Al대신에 Cu, W, Mo등을 사용하는 방법이 있다. 배선단락의 예를 그림 7-71에 나타내었다.

그림 7-71 전자이동현상에 의한 배선단락 SEM

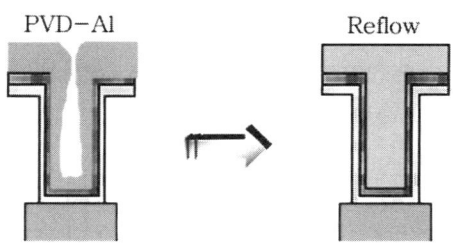
그림 7-72 Al Reflow 개념도

Al을 이용한 금속배선공정은 Al 박막을 콘택위에 증착 후 고온이나 열처리를 통하여 콘택내부로 확산하고여 잘 채워(Contact Fill)지고 표면적을 줄여 옴성접촉저항 특성이 나타나게 하여야 한다. 이를 위해 진행하는 것이 Al 플로러(Reflow) 공정으로 그림 7-72와 같다.

- Al Reflow 공정
  - 비아의 플러그 채움에 사용
  - 스퍼터링법으로 증착
  - 고온, 진공상태에서 열처리를 통하여 확산을 이용한 채움(Filling)
  - 금속표면의 표면적 최소화

양호한 Al 플로러를 위해 대표적으로 사용되는 방법은 2단계 증착공정(2 Step Deposition)법(그림 7-73)이나 고온(> 400 [℃]) 및 고압(> 700 [기압])에서 공정하는 방법(그림 7-74)이다.

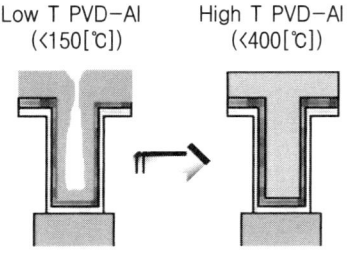
그림 7-73 2단계 증착공정

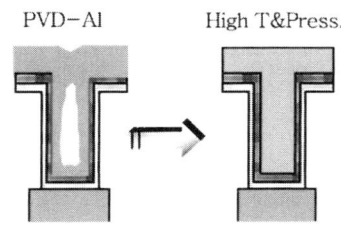
그림 7-74 PVD법에 의한 Al 증착

- 2단계 증착공정
  - 저온에서 종자층(Seed Layer) 증착
  - 고온에서 채움공정
- 고압 증착공정
  - PVD법으로 Al 증착(< 400 [℃])
  - 고온 & 고압공정에서 채움

(2) Cu(Copper) 공정

구리는 현재 주로 사용되고 있는 금속배선 재료인 Al(Aluminum) 또는 W(Tungsten)보다 비저항이 작아 차세대 집적회로의 배선금속으로 사용(그림 7-75)하고 있으며 Cu를 배선금속으로 사용할 경우 비저항이 작아 동일한 저항값을 갖는 금속선에 대해 보다 미세한 패턴 제작이 가능하고 또한 RC 지연시간이 작아 집적회로의 고속화가 가능하며 전자이동에 대한 저항이 크다는 장점도 있다. 그러나 기존의 금속 배선 패터닝 기술은 주로 금속을 식각하는 것으로, Cu의 경우 식각 후 생긴 반응물인 Cu 할로겐 화합물의 휘발성이 낮아 응용에 어려움이 있다. 구리의 공정은 건식식각으로서 에칭이 매우 어렵기 때문에 다마신(Damascene) 공정을 사용하게 되었다.

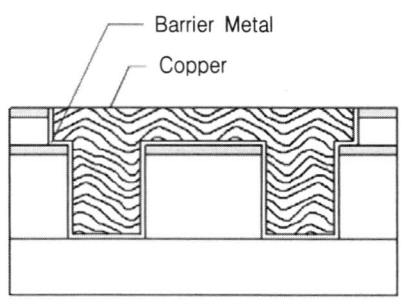

그림 7-75 Cu 배선도의 개념도

다마신공정(상감기법)은 그림 7-76과 같이 미리 실리콘 웨이퍼에 패턴을 형성해 놓고 전해도금법등을 이용하여 구리를 증착시키고 필요없는 부분은 CMP공정으로 제거하는 공정으로 단일 또는 이중 다마신 공정(또는 상감공정이라함)이 사용되기도 한다. 즉 상감이란 절연막 내부로 배선라인 트랜치 및 비아 등을 먼저 식각한 후 배선물질인 구리를 채우는 방식을 의미한다. 이중 다마신(Dual Damascene) 공정은 비아(Via)와 같은 연속된 홀이 있을 때 비아 홀을 채우는 공정에 주로 사용된다.

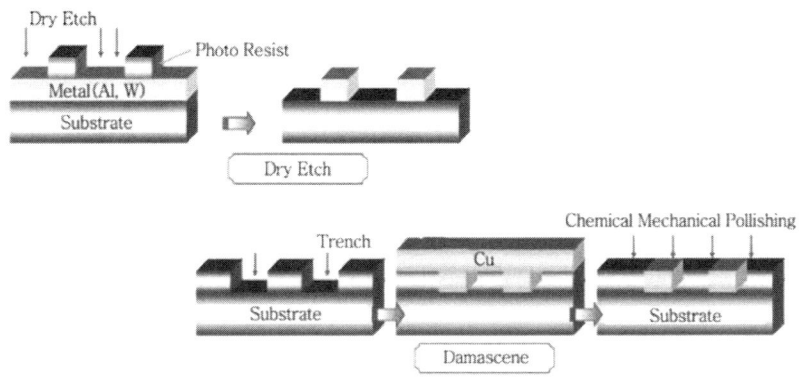

그림 7-76 다마신공정 개념도

즉 반도체소자의 고속실현을 위해서는 한계가 있는 알루미늄배선의 문제점을 해결하기 위해 알루미늄에 비해 저항이 작아 전자신호를 더욱 빨리 전송할 수 있는 구리를 사용하게 되었다. 구리를 사용하면 알루미늄에 비해 40 [%] 가량 성능을 높이는 반면 제조비용은 30 [%]까지 낮출 수 있다. 칩 집적도 향상과 단가인하가 반도체 생산업계의 최우선 목표인 것을 생각하면 구리배선의 이러한 장점은 대단한 것이라고 할 수 있다. 구리배선의 이러한 장점에도 불구하고 반도체 분야에서 알루미늄배선이 사용됐던 이유는 구리배선은 알루미늄과는 달리 식각이 잘 되지 않아 원하는 패턴으로 만들어 내기가 곤란한 공정기술의 어려움과 구리물질이 지닌 유독성 문제라고 할 수 있다. 그림 7-77, 7-78에 트랜치 및 비아 등의 연속된 공정에 사용되는 단일 및 듀얼 다마신공정 개념도를 나타내었다.

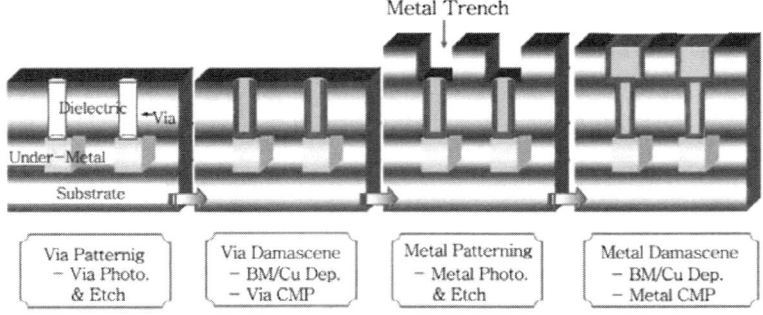

그림 7-77 단일 다마신공정 개념도

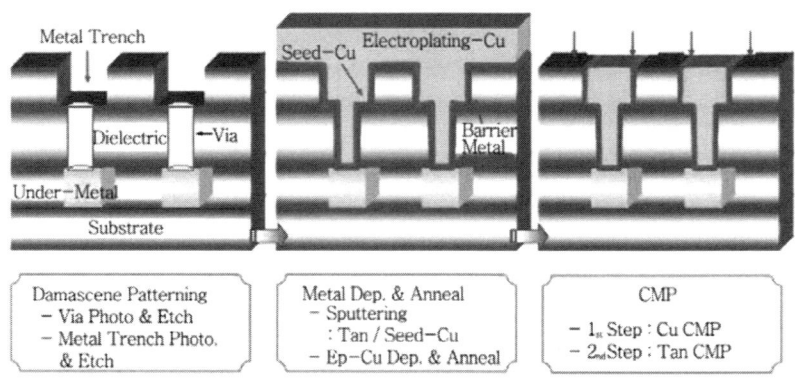

그림 7-78 듀얼 다마신공정 개념도

연습문제

01. 반도체와 전극을 연결하기 위하여 금속공정이 사용되는데 두 재료의 접촉으로 발생되는 일함수차에 의하여 전류 및 전압이 달라지는 옴성접촉저항 개념을 상세히 설명하시오.

02. PVD 금속막의 종류와 응용에 대하여 설명하시오.

03. PVD 공정은 크게 진공증착법과 스퍼터링법으로 나눠지는데 금속공정의 스퍼터링법에 대한 공정과정에 대하여 설명하시오.

04. 금속공정중 반응물과 표면의 반응만 일어나고 반응물과 반응물간의 반응이 일어나지 않는 증착방법을 무엇이라고 하는가?

05. 금속공정중 스텝커버리지를 개선하는 목적으로 사용되는 공정방법에 대하여 설명하시오.

8. 반도체 측정(Test) 및 분석(Analysis)

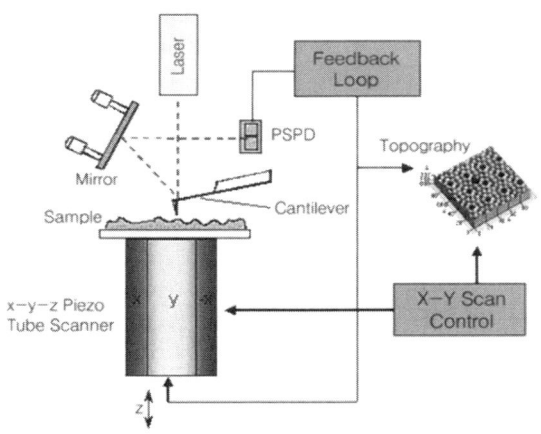

1. 두께측정
2. 프로브 스테이션
3. 면저항 측정
4. 전자 분광법(Auger)
5. 투과 전자현미경 TEM
6. 원자력간 현미경 AFM

제8장
반도체 측정(Test) 및 분석(Analysis)

 박막이란 모재 혹은 기질의 표면에 형성시킨 매우 미세한 두께를 가지는 층으로서 일반적으로 두께가 수 [nm] ~ 수십 [μm]의 범위를 말한다. 이들 박막을 특정한 용도로 응용하기 위해서는 박막의 두께, 조성, 거칠기 및 기타 물리적·광학적인 특성을 알 필요가 있으며 고집적 반도체 소자를 개발하기 위해서는 박막의 두께를 포함한 막의 물성을 정확하게 제어하여야 한다.

1. 두께측정 – Ellipsometer(타원측정계)

 엘립소메터는 입사광과 반사광의 편광 변화량을 측정하여 막두께(d), 복소굴절율(n, k)을 산출하는 장치이다. 이는 재료의 파괴 없이 두께 및 굴절율값의 측정이 가능하고 얇은 막에 대한 감도가 우수하나 두꺼운 막의 경우 측정이 난이한 특성이 있다. 일반적으로 이는 기판위에 형성된 산화막의 두께를 측정하는 방법은 웨이퍼 위에 4점을 프로브(4 Point Probe)로 측정하여 평균값을 측정하는 방법으로 두께를 측정(그림 8-1)한다.

그림 8-1 4 포인트 프로브 시스템

    이는 헬륨이나 네온 레이저(632.8 [nm] 파장)를 이용하여 반도체 투명층 내에 조사된 빛이 유전체와 기판 사이에서 빛의 편광(Polarization) 현상에 의해 반사되는 빛의 양을 측정하여 투명필름(Transparent Film)의 굴절율(Refractive Index)과 두께(Thickness)를 측정하는 원리를 이용한 것으로 일반적으로 두께 1 [nm] ~ 수 [μm] 범위까지 측정할 수 있다. 이는 편광기(Polarizer)와 분석기(Analyzer)의 각도를 변화시켜 선형에서 타원형으로 각도를 변화시키면서 최소의 신호 즉, 하나의 빛이 검출될 때까지 각도를 변화시켜 동작한 원리이다. 이렇게 하나의 빛이 조사되고 여기에 수직인 하나의 빛이 설정되어 하나의 반사된 빛이 검출 되므로서 두께를 측정(그림 8-2)하는 방법이다.

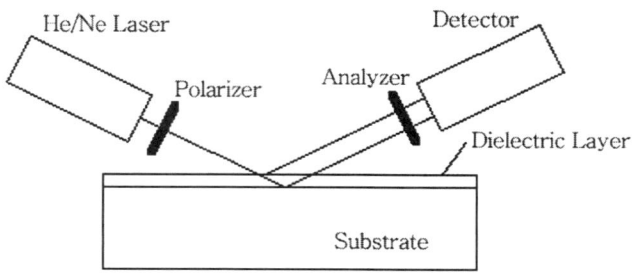

그림 8-2 Ellipsometer 개념도

2. 프로브 스테이션(Probe Station)

프로빙(Probing) 공정은 웨이퍼상의 다이들의 정상동작여부와 전기적 파라미터들을 충족 시키는지 체크하는 장치로, 그림 8-3과 같다. 프로브는 대부분 웨이퍼를 스테이지에 로딩하고 정확한 지점에 바늘(Needle) 모양의 프로브를 내려 특정지점의 다이 상태를 자동으로 측정하는 장치이다. 이 시스템은 일반적으로 ATE(Automatic Test Equipment)에 연결되며 프로브 카드(Probe Card)를 사용하여 통신하게 된다.

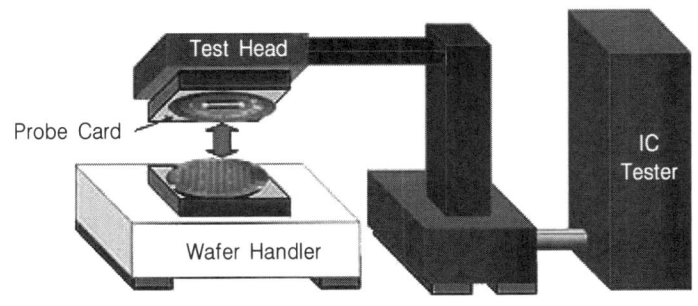

그림 8-3 프로브 시스템

프로브카드는 정밀하게 조립된 탐침바늘(Probe Needle)이 장착되어 있는 PCB(Printed Circuit Board)들로 구성된다. 검침바늘은 끝이 뾰족한 매우 얇은 핀 모양으로 테스트 공정 중에 표면에 접촉므로 전기 전도성이 매우 우수한 하고 물리적으로 내구성이 강한 물질로 만들어진다. 검침 바늘간의 간격은 20~30 마이크론으로 머리카락(80마이크론)의 절반 정도의 크기이며, $1[Cm^2]$ 당 수천 개의 검침 바늘이 장착될 수도 있다. 이는 대부분 테스트 해드부분에 장착되며 IC 테스터와 케이블로 연결되어 전기적인 신호를 전달하게 된다.

3. 면저항 측정(Sheet Resistance Measurement)

면저항[Ω/□]은 두 개의 탐침으로 임의의 거리에 대한 저항을 측정하는 선저항과는 달리 4개의 탐침을 사용하여 전류와 전압을 측정하여 저항값을 구한 후 면저항 단위인 [Ohm/sq]로 계산하기 위해 보정계수(C.F.)를 곱하여 구하게 된다. 즉 면저항 측정은 동일한 크기를 갖는 4개의 금속전극을 선형의 일정간격으로 배열하고 탐침 A, D에 전류(I_{AD})를 공급하고 각 전극사이에 발생하는 전압강하량, 즉 탐침 B, C에서 전압(V_{BC})을 측정하여 오옴법칙에 의하여 저항값($R_G = \dfrac{V_{BC}}{I_{AD}}$[Ω])을 구한 후, 면저항($R_S = \kappa_a \times R_a$ [Ω/sq.])과 비저항($\rho = R_s \times t$ [Ω.Cm])을 측정(그림 8-4)하는 시스템이다.

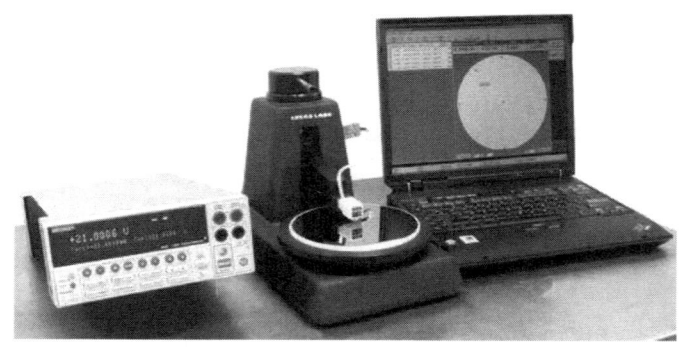

그림 8-4 면저항 측정 시스템(Lucas Labs사 Pro4-44ON)

여기서, $k_a = F(D/S) \times F(t/S) \times F_{SP} \times F(T)$, $F(D/S)$: 탐침 간격에 대한 시료의 크기 보정계수, F(tX/S) : 탐침 간격에 대한 시료의 두께 보정계수, F_{SP} : 탐침 간격에 대한 보정계수, F(T) : 온도 보정계수 이다. 일반적으로 F_{SP}의 보정계수는 FPP 프로브(Probe)의 성적서에 탐침 간격에 대한 오차가 없는 경우 1.0으로 취급한다.

이때, 면저항값은 보정계수와 전압 및 전류값으로부터 다음과 같이 계산된다.

$$R_s = \frac{\rho}{t} = \frac{V}{I} C.F. \ [\Omega/\square]$$

이때 R_s : 면저항
ρ : 비(고유)저항
t : 두께
$C.F.$: 면저항 보정계수이다.

측정원리는 4개의 텅스텐 탐침(Probe)이 반도체 표면에 접촉하여 전류가 바깥쪽 바늘에 가해진 상태에서 안쪽 바늘에서 전압(at the open circuit)을 읽어 저항을 측정하는 원리(그림 8-5)이다.

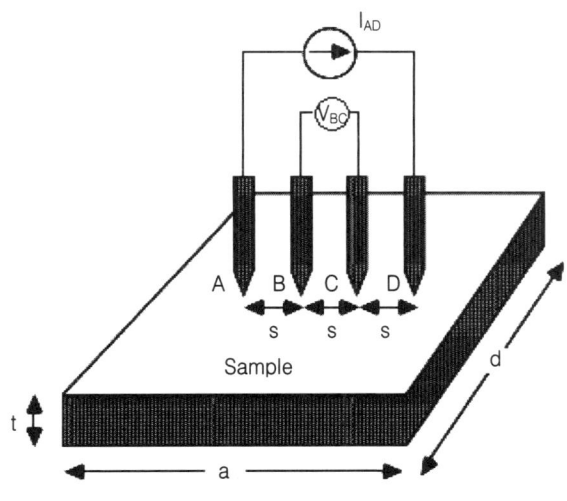

그림 8-5 면저항 측정 원리도

4. 전자 분광법 Auger(Auger Electron Spectroscopy)

Auger 전자 분광법(그림 8-6)은 Auger가 발견한 Auger 현상을 이용하는 것으로 1960년대에 출현한 정밀한 전자 에너지 분석기로 스펙트럼을 짧은 시간 내에 얻을 수 있어 시료 표면에 있는 원소의 농도를 빠른 시간 내에 측정하기에 매우 편리하다.

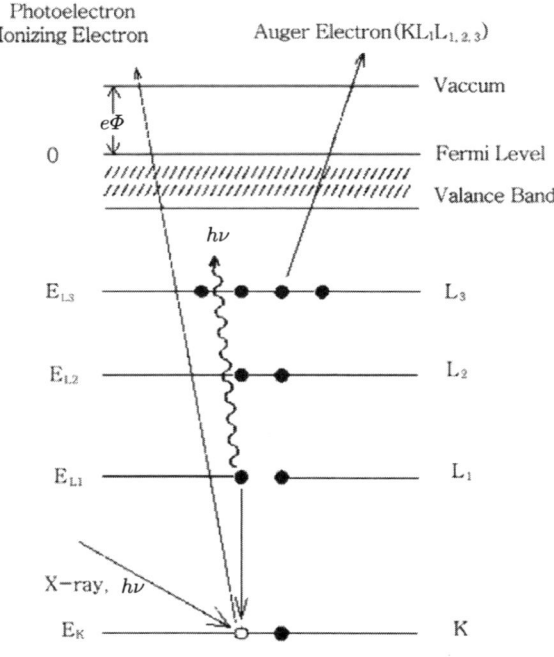

그림 8-6 Auger 전자분광법의 측정원리도

Auger 전자를 방출하기 위한 에너지원은 X선이나 전자빔을 사용하나 X선은 전자빔처럼 빔크기(Beam Size)를 쉽사리 작게 할 수도 없고 또한 주사도 안 되기 때문에 특별한 경우 외에는 이용되지 않는다. 반면에 전자빔의 크기는 수백 [Å]까지 쉽게 줄일 수도 있고 간단한 전자 광학을 동원하여 주사할 수 있기 때문에 Auger 전자 스펙트럼을 얻으려면 거의 모든 경우에 전자빔이 사용된다.

Auger 전자란 에너지원(X선, E-빔)을 사용하여 시료표면에 조사하면 재료의 표면에 입사된 전자는 재료를 구성하고 있는 원자들을 이온화 및 여기 시키면서 에너지를 잃고 멈추게 되면서 시료에 구멍을 생성하게 되고 이 과정에서 형성되는 여기원(Excitation Volume)은 직경 1-2[㎛]에 달하게 되며 그 안에서 전자 및 2차 전자, X-ray가 발생한다. 이때 발생되는 전자(call "Auger 전자")를 의미한다.

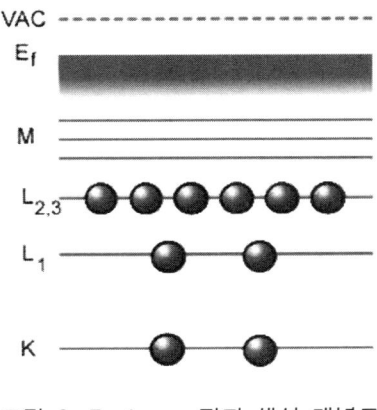

그림 8-7 Auger 전자 생성 개념도

이 Auger 전자는 투과거리 때문에 표면 가까이서 발생한 것만 초기의 에너지를 보유한 채 표면 밖으로 나올 수 있게 되며 이 Auger 피크(Peak)를 이용하여 원소의 농도 등을 분석하게 된다.

또한 주사 장치장(Scanning Mechanism)까지 부착시키면 원소의 표면에서의 이차원적인 분포 상황을 알 수 있으므로 Auger 전자 분광법은 반도체 산업에 이용되는 분석 기술로 절대적으로 필요한 존재가 되었다. 그러나 최근에는 이미지 XPS나 주사 이차 이온 질량 분석법(Scanning Secondary Ion Mass Spectroscopy) 등이 개발되어 사용되고 있다.

Auger 스펙트럼(그림 8-8)은 봉우리들이 양(+)의 봉우리와 음(-)의 봉우리로 구성되어 있으며 이는 Auger 전자 분광법에서 주로 쓰이는 여기원(Excitation Source)이 전자빔인 것에 기인하며 전자빔이 시료 표면에 충돌하면 그림(a)에 같이 표면으로부터 운동 에너지가 낮은 이차 전자(Secondary Electron)들이 넓은 에너지 구간에 분포되어 다량으로 방출되며 Auger 전자들은 이차 전자들의 바탕 위로 약간씩 나타나는 조그만 봉우리를 형성하게 된다. 이러한 이차 전자들의 운동 에너지에 따른 분포는 비교적 구조가 없이 단조롭게 변하므로, 전자의 계수율을 운동 에너지에 대하여 한 번 미분하면 흔히 볼 수 있는 평평한 바탕에 양의 봉우리와 음의 봉우리가 두드러지게 나타나는 그림 (b)와 같은 미분 스펙트럼이 얻어진다.

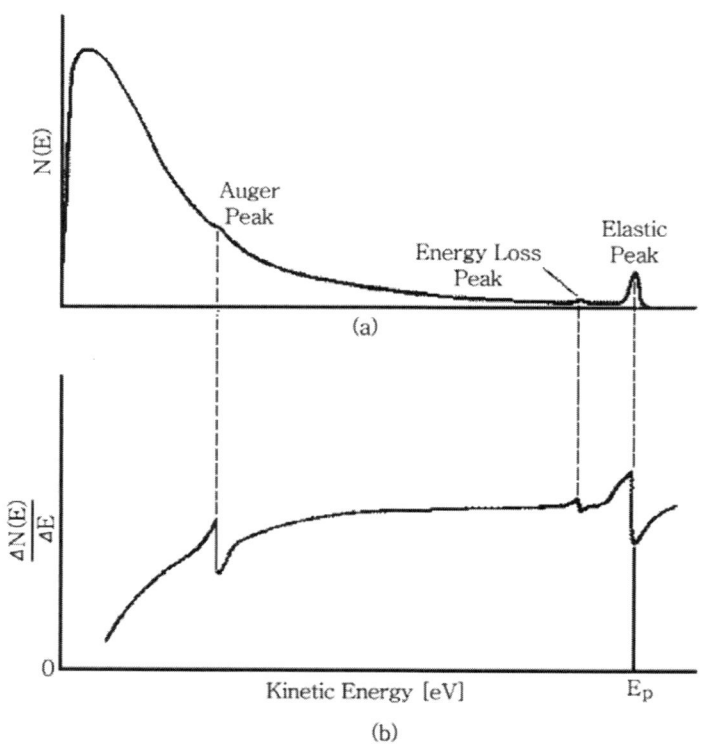

(a) 고체표면에 대한 분석도 (b) Auger 피크

그림 8-8 Auger 분석결과도

5. 투과 전자현미경 TEM(Transmission Electron Microscopy)

투과 전자현미경 원리구조(그림 8-9)는 기본적으로는 광학현미경과 비슷한데 광선 대신 전자빔을 사용하고, 유리렌즈 대신 자기 렌즈(자기 Coil)을 사용하여 전자총에 의해서 발생된 전자들이 시료를 향하여 가속되어 시편에 입사되는 전자들과 시편 내의 원자 및 전자들의 상호작용(Interaction) 결과를 이미지로서 스크린에 형성하는 것이다. 즉, 관찰하고자 하는 재료의 파장보다 작은 가속 전자를 발생하여 매질에 투과시키면 결정면이나 결함 등의 정도에 따라 투과할 수 있는 전자빔의 강도차가 발생하게 되며 이때의 투과된 빔강도 차이가 형광스크린에서 명암으로 나타나는 원리이다.

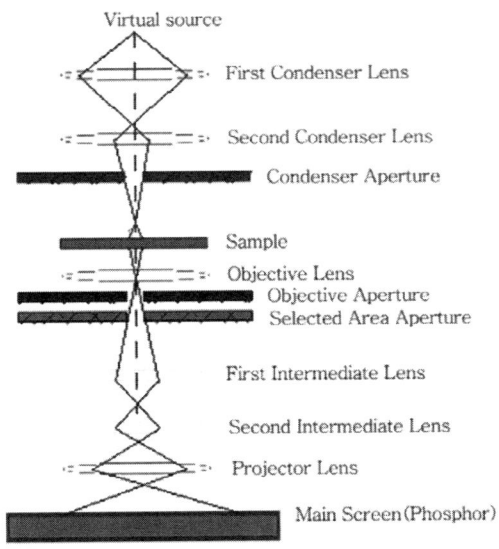

그림 8-9 TEM의 원리 개념도

투과 전자현미경은 시편에 전자 빔(Beam)을 투과시킨 후 자계 렌즈를 이용하여 백만배 이상으로 확대하여 형광판이나 사진 필름에 초점을 맞추어 상을 맺게 하여 원자 배열, 미세형상, 결정립, 전위, 쌍정, 석출물, 적층결함, 계면 등의 크기와 형태를 수 [Å] 단위로 눈으로 직접 관찰할 수 있으며, 육안으로 보는 아주 미소한 영역의 전자 회절상

(x-ray의 회절상과 근본적으로 같음)을 얻을 수 있어 결정성, 격자상수 및 결정면 간격 측정, 대칭성 분석을 하여 결정 구조 분석을 할 수 있다. 또한 전자 빔을 시편에 쪼일 때 나오는 x-선이나 전자를 분광 분석기를 사용하여 그 에너지의 크기와 세기를 분석하면 전자 빔이 쪼이는 미소 영역의 구성 원소의 종류와 그 농도를 측정할 수 있다.

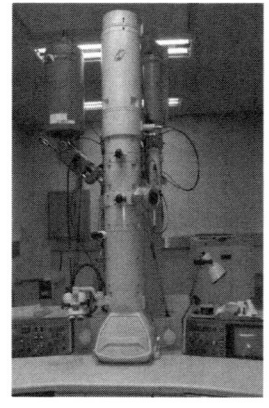
그림 8-10 TEM 장비

그림 8-11 AFM 사진

6. 원자력간 현미경 AFM(Atomic Force Microscope)

원자력 현미경은 그림 8-11과 같이 주사선 프로브 현미경(Scanning Probe Microscope)의 일종으로 STM의 가장 큰 결점은 전기적으로 부도체인 시료는 볼 수 없다는 것이었는데 이를 해결하여 원자현미경을 한층 유용하게 만든 것이 AFM이다. 이는 대기중이나 액체 및 고온, 저온 등의 환경에서도 측정이 가능하며 시료의 전처리가 불필요하고 주로 분해능력은 탐침의 선단반경에 의존한 원자 분해능력에 좌우된다.

AFM에서는 텅스텐으로 만든 바늘 대신에 마이크로머시닝으로 제조된 캔틸레버(Cantilever)라고 불리는 작은 막대를 쓴다. 캔틸레버는 길이가 100 [μm], 폭 10 [μm], 두께 1 [μm]로서 아주 작아 미세한 힘에 의해서도 아래위로 쉽게 휘어지도록 만들어졌다. 또한 캔틸레버 끝 부분에는 뾰족한 바늘이 달려 있으며, 이 바늘의 끝은 STM의 탐침처럼 원자 몇 개 정도의 크기로 매우 날카롭다. AFM의 원리는 그림 8-12와 같이 중앙의 받침대에 시료를 놓고 받침대를 x, y축 방향으로 이동하면서 그 위에 올려져 있는 탐침(Cantilever)에 레이저를 조사하여 반사광의 변화에 대하여 좌측의 피드백용 회로를 이용하여 받침대를 z축 방향으로 상, 하 이동시켜 x, y, z축 방향의 움직임으로 상(Phase)을 관찰하게 된다.

이 탐침을 시료 표면에 접근시키면 탐침 끝의 원자와 시료표면의 원자 사이에 서로의 간격에 따라 끌어당기거나(인력) 밀치는 힘(척력)이 작용한다. AFM의 측정에는 접촉모드와 비접촉모드, 태핑모드, 강압모드가 있다.

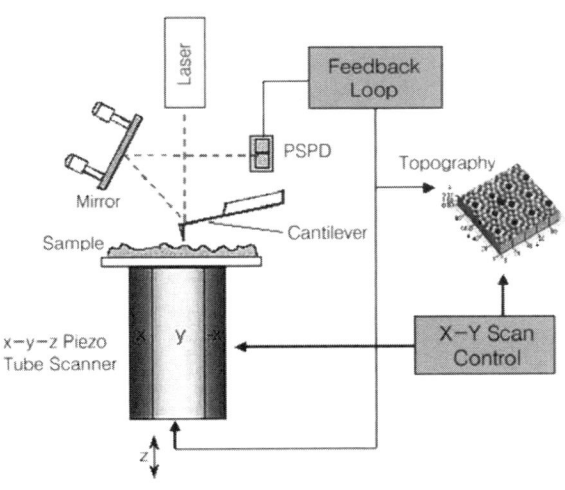

그림 8-12 AFM의 측정원리

AFM은 선단의 탐침(Cantilever)을 이용하여 시료표면을 촬영하고 시료표면과 일정한 간격을 가지고 세밀하게 스캔하여 원자와 원자간의 인력이나 반발력을 이용함으로 탐침 상, 하 방향에서의 변위를 측정하는 것으로서 시료표면의 형상을 측정하는 것이다. 여기에는 몇 개의 측정모드가 있다.

1) 접촉모드(Contact Mode)

AFM에서는 척력을 사용하는데 그 힘의 크기는 1~10 [nN] 정도로 아주 미세하지만 탐침 역시 아주 민감하므로 그 힘에 의해 휘어지게 된다. 이 탐침이 아래위로 휘는 것을 측정하기 위하여 레이저 광선을 탐침에 비추고 탐침 윗면에서 반사된 광선의 각도를 포토다이오드(Photodiode)를 사용하여 측정한다. 이렇게 하면 바늘 끝이 0.01 [nm] 정도로 미세하게 움직이는 것까지 측정해낼 수 있다. 바늘 끝의 움직임을 구동기에 피드백(Feedback)하여 AFM의 탐침이 일정하게 휘도록 유지시키면 탐침 끝과 시료사이의 간격도 일정해지므로 STM의 경우에서와 같이 시료의 형상을 측정해 낼 수 있다.

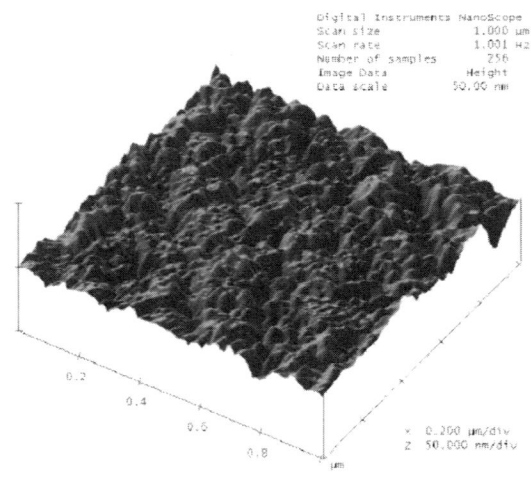

그림 8-13 AFM 측정 결과

2) 비접촉모드(Non-contact Mode)

비접촉의 경우에서도 원자사이의 인력을 사용하는데 그 힘의 크기는 0.1~0.01 [nN] 정도로 시료에 인가하는 힘이 접촉모드에 비해 훨씬 작아 손상되기 쉬운 부드러운 시료를 측정하는데 적합하다. 원자간 인력의 크기가 너무 작아 탐침이 휘는 각도를 직접 잴 수가 없기 때문에 비접촉모드에서는 탐침을 고유진동수 부근에서 기계적으로 진동 시킨다. 시료표면에 다가가면 원자간의 인력에 의해 고유진동수가 변하게 되어 진폭과 위상에 변화가 생기고 그 변화를 록인 증폭기(Lock-in Amp.)로 측정한다. 원자간에 상호작용하는 힘은 시료의 전기적 성질에 관계없이 항상 존재하므로 도체나 부도체 모두를 높은 분해능으로 관찰할 수 있다.

3) 테핑모드(Tapping Mode)

이는 간헐적 접촉모드(Intermittent Contact Mode) 또는 동력현미경(DFM, Dynamic Force Microscope)이라고도 하며, 비접촉모드와 같이 진동시킨 탐침이 시료표면을 밟는 것처럼 상하로 진동시켜 표면상태를 측정하는 방법이다. 이는 주로 표면의 물질이 약하고 흡수되는 경우와 같이 깨지기 쉬운 시료에 대하여 측정하는 방법으로, 분해능이 높고 정밀한 측정이 필요할 때 사용하게 된다.

4) 강압모드(Force Mode)

프로브를 시료에 접촉시켜 그 때 발생하는 탐침의 휘는 정도를 모니터링하여 탐침에 걸리는 부하의 힘을 측정하는 원리이며, 생체 분자 등을 끌어당김으로서 발생하는 힘의 변화에서 분자 내 구조 등의 해석과 시료에 프로브 선단에 구멍을 뚫어 시료의 특성이나 표면상태의 분포를 측정하는데 사용된다.

찾아보기

【한글】

ㄱ

가우시안(Gaussian) ·················· 153
간섭(Interference) ···················· 167
감광막 형성공정 ······················· 188
감광제(PR) ······························· 182
감광제 도포공정 ······················· 189
감응물질(PAC) ·························· 183
건식식각 ··································· 212
결정의 방향 ······························ 120
고온산화 ··································· 135
고체용해도 ······························· 145

ㄴ

노광공정(Exposure) ·················· 191
노광장치 기술 ·························· 163
농도분포 ··································· 150

ㄷ

도펀트(Dopants) ······················· 134
두께측정 ··································· 361
드레인 이온주입 ······················· 270

ㄹ

리소그래피(Lithography)공정 ············ 97

ㅁ

매스크(Mask) ···························· 176
메탈콘택(MC) ··························· 344
면저항 ······································ 364

ㅂ

박막형성 ····································· 96
반도체 디바이스 제조 ················· 91
반응성 이온식각 ······················· 216
배선(Interconnection)공정 ········· 348
분리영역 ··································· 100
비저항 ······································ 308
비트라인 ··································· 342

ㅅ

산화(Oxidation) ·························· 94
산화방법 ··························· 123, 127
상보오류 ··································· 148
샐리사이드 ······························· 336
선택적인 산화 ·························· 136
세정공정 ··································· 229
세정방법 ··································· 231
소오스 ······································ 103
스텝커버리지 ··························· 329
스퍼터링(Sputtering)법 ············· 317
습식식각 ··································· 209
식각공정 ··································· 197
식각모드 ··································· 199

식각비 ·· 205
실리사이드(Silicide) ······························ 103

ㅇ

알루미늄 배선 ······································ 345
양성감광제 ·· 186
얼룩 식각 ·· 202
열처리 ·· 138
옴성접촉 ·· 306
원자력간 현미경 ··································· 370
웰(Well) ·· 99
이미지형성(Imaging) ····························· 164
이온주입 ·· 95
이온주입장치 ·· 261

ㅈ

재 산화 ·· 136
재분포(Redistribution) ························· 125
전자 분광법 ·· 366
제조공정 ··· 13, 92
증착확산(Predepositon)공정 ··············· 150

ㅊ

초점심도 ·· 174

ㅋ

콘택(Contact) ·· 104
클로린 산화 ·· 132

ㅌ

텅스텐 형성 ·· 341
투과 전자현미경 ··································· 369
트윈(Twin) ·· 270

ㅍ

패드산화막 ·· 99
평탄화(Planarization)공정 ····················· 97
프로브(Probe) ······································· 363
프리베이크(연화건조) ·························· 190

ㅎ

해상도(Resolution) ······························· 171
현상공정(Development) ······················· 191
화학기상증착법(CVD) ·························· 277
확산 ··· 143
확산공정 ·· 149
활성영역 ·· 99
회절(Diffraction) ··································· 165
힐록 ··· 350

【영문】

4 Point Probe ····································· 361

A

Acceleration ··· 264
AFM ·· 370
Agitation ··· 192

A

- AI 공정 ··· 349
- ALD 공정 ··· 325
- ALD법 ··· 312
- APCVD ··· 287
- Auger ··· 366

B

- Barrier Metal ··· 339
- Beam Focusing ··· 266
- BEOL ··· 343
- BPSG ··· 104

C

- CMOS ··· 105
- CMOS 제조공정 ··· 98
- Contact Layer ··· 340
- Critical Feature Dimension ··· 206
- Cu(Copper) ··· 354

D

- Deal & Grove ··· 114
- DOF ··· 174

E

- E-Beam ··· 316
- Ellipsometer(타원측정계) ··· 361
- Extraction ··· 262

F

- FEOL ··· 333

G

- Gate Oxide ··· 102

H

- HMDS ··· 188

I

- IMP ··· 332
- IPA Dryer ··· 239
- I-PVD ··· 332

L

- Lattice Defect ··· 258
- LDD ··· 102
- LPC 식각 ··· 227
- LPCVD ··· 290
- LTO ··· 104
- LTS ··· 331

M

- MEOL ··· 337

N

n웰 형성 269

P

PECVD 292
Photoresist Lift Off 204
Piranha(=SPM) 236
Plasma Oxidation 133
Plasma Rtching 213
Plating 298
PVD 313
PVD법 311

R

Reaction Control 281
RF 321

S

SC-1(=APM) 234
Si 격자구조 255
Si 단결정성장 93
Solid Solubility 145
Spin Coating 295
Spin Dryer 239
STI 101

T

TEM 369

U

UV/O3 242

V

Via 343

참고문헌

1. W. Kern et al., RCA Review, Vol.31, p187, 1970
2. B. Smith, "Ion Implantation Range Data for Si & Ge Device Technologt, Research studies", Forest Grove, Oregon, 1977
3. L. Pauling & R. Hayward, The Architecture of Molecules, W. H. Freeman, San Francisco, 1964
4. K. Kanehori and K. Matsumoto, Solid State Ionics, Vol. 91, p445, 1983
5. W. H. S. Chang and D. M. Schleich, J. Electrochem Soc. Vol. 141, p1418, 1994
6. S. R. Narynan, D. H. Shen and S. Surampudi, J. Electrochem Soc. Vol. 140, p449, 1993
7. D. W. Murphy, F. A. Trumbore and J. N. Carides, J. Electrochem Soc. p124, 1977
8. J. T. scheuer, M. Shamin, and J. R. Conrad, "Model of Plasma Source Ion Implantation in planar, Cylindrical and Spherical Geometries", J. Applied Physics, Vol. 67, p1241, 1990
9. P.V. Zant, Microchip Fabrication, McGraw Hill, 2000
10. R. C. Jager, "Introduction to Microelectronic Fabrication, Addison Weslery", 1993
11. P. Burggraaf, 2000 Begins with a Revised Industry Road, Solid State Technology, 31, Jan., p53, 1999
12. P. Burggraaf, "Optical Lithography to 2000 and Beyond", Solid State Technology, vol. 42, no. 2, p31-41, 1999
13. K. P. Muller, B. Flietner, C. L. Hwang, R. L. Kleinhenz, T. Nakao, R. Ranade, et al., "Trench Storage NOde Technology for Gigabit DRAM GEnerations", IEEE IEDM Technical Digest, p507-510, December 1996
14. M. Nandakumar, A. Chatterjee, S. Sridhar, K. Joyner, M. Rodder and I-C. Chen, "Shallow Trench Isolation 랭 Advanced ULSI CMOS Technologies", IEEE IEDM Technical Digest, p133-136, December 1998

15. B. Stine et al., "Rapid Characterization and Modeling of Pattern Dependent Variation in Chemical Mechanical Polishing", IEEE Trans. Semiconductor Manufacturing, 11, no. 1, February, 1998
16. A. Agarwal et aal., "Boron-enhanced Diffusion of Boron : The Limiting Factor for Ultrashallow Junction", IEEE IEDM Technical Digest, p467-470, December 1997
17. S. M. Sze, Ed., Semiconductor Devices Physicals and Technology, McGraw Hill, New York, 1985
18. S. A. Campbell, The Science and Engineering of Microelectronic Fabrication, Oxford University Press, NEw York, 1996
19. M. Finetti, P. Ostoja, S. Solmi, and G. Soncini, "Aluminium SIlicon Ohmic Contac on Shallow n+/p Junction", Solid State Electronic, 23, 255-262, March 1980
20. C. E. T. White & J. Slatery, Circuit Manufact., p78, March, 1978
21. J. R. Howell, "Reliability Study of Plastic Encapsulated Copper Lead Frame Epoxy Die Attach Packging System", Proceedings of the Reliability Physics Symposium, IEEE p104-110, 1981
22. T. S. Liu, W. R. Rodgrigues de Miranda, and P. R. Zipperlin, "A Revies of Wafer Bumping for Tape Automated Bonding", Solid State Technology, 23, p71-76, March, 1980
23. J. W. Stafford, "The Implication of Destructive Wire Bond Pull and Ball Bond Shear Testing on Gold Ball-Wedge Wire Bond Reliability", Semiconductor International, p82, May, 1982
24. Semipark. co. kr의 기술자료정보, 반도체자료실, Assembly 자료들, 2009
25. K. Siegbahn, C. Nordling, A. Fahlman, R. Nordberg, K. Hamrin, J. Hedman, G. Johansson, T. Bergmark, S.-E. Karlsson, I. Lindgren, and B. Lindberg, "ESCA Atomic, Molecular and Solid State Structure Studied by Means of Electron Spectroscopy", Almqvist &Wiksells, Uppsala, 1967
26. K. Siegbahn, C. Nordling, G. Johansson, J. Hedman, P. F. Heden, K. Hamrin, U. Gelius, T. Bergmark, L. O. Werme, R. Manne, and Y. Baer, "ESCA Applied to Free Molecules", North-Holland Publishing Company, Amsterdam-London, 1969

27. C. D. Wagner, W. M. Riggs, L. E. Davis, J. F. Moulder, G. E. Muilenberg, "Handbook of X-ray Photoelectron Spectroscopy", Perkin-Elmer Corporation, Physical Electronics Division, Eden Prairie, 1979
28. Jang J. Feng T. ceg X, Dai L. cao G. Jijang B. et al., Nucl Instrum Methods Phys Res., pb244-327, 2006
29. G. Y. Eom et al., "The Enhanced growth of Multiwalled carbon Nanotubes using Atmospheric Pressure Plasma Jet", J. of materials Letters, Vol. 62, p3849-3851, 2008
30. G. Y. Eom, "A Study on the Electrical Characteristics of Ultra Thin Gate Oxide", KIEE, Vol. 5, No. 5, p169-172, 2004
31. G. Y. Eom, "A Study on the Electrical Characteristics of N2O Gate Oxide 30Å", JKPS, Vol. 1, No. 5, p102-104b, 2004
32. G. Y. Eom, "Carbon Nanotube Growth Technological Using Ni for future ULSIs by Atmospheric Pressure Plasma Jet(APPJ) SYstem" ICAMD, Vol. 1, Nol. 04-PO-11, 2007
33. G. Y. Eom, "A Study on the Electrical Characteristics of Ultra Thin Gate Oxide", KIEE, Vol. 5, No. 5, p169-172, 2004
34. G. Y. Eom, "Improvement of Electrical Properties in sub-0.1μm MOSFETs with a Novel Shallow Trench Isolation Structure", JKPS, Vol. 43, No. 1, p102-104, 2003
35. 엄금용, "MOS 구조에서 실리사이드 형성단계의 공정특성 분석" JKPS, Vol. 18, No. 1, p13-131, 2005
36. 엄금용, "티타늄 샐리사이드 공정을 이용한 0.1 CMOSFET의 전기적특성 개선", 전자공학회, Vol. 25, No. 1, p9-12, 2002
37. 엄금용, "얇은 게이트 산화막 30Å에 대한 박막특성 개선 연구", 전기전자재료학 회, Vol. 5, No. 1, p421-424, 2004
38. 이종덕, 직접회로 공정기술, 2000
39. 한국반도체산업협회, http://www.ksia.or.kr, 300mm 반도체 공정기술, 2003
40. 이형옥, "반도체공정 및 장치기술", 상학당, 2008
41. 경북대학교 반도체 공정교육 및 지원센터, "반도체공정교육", 2007

42. (주)Semipark 반도체자료실, http://www.semipark.co.kr//semidoc/반도체기초
43. 충북대학교 반도체공정기술의 개요, http://bandi.chungbuk.ac.kr/~khpark/courses.htm
44. LG 상남도서관, 반도체공정기술, http://www.lg.or.kr
45. 머신인포, 반도체패키지기술, http://www.machineinfo.co.kr/dictionary/dic/
46. 한국화학연구원, 박막표면분석기술, http://www.krict.re.kr/~tfml/XPS_AES.html
47. 김학동 저, 반도체공정, 홍릉과학출판사, 2008
48. 이상렬 외 2, 반도체공정개론, 교보문고, 2005
49. 엄금용, 디스플레이인쇄, 학교법인 한국폴리텍대학, 2009
50. 엄금용, 반도체공정기술, 한국폴리텍대학, 2009
51. G. Y. Eom, "The Enhanced growth of Multiwalled carbon Nanotubes using Atmospheric Pressure Plasma Jet", J. of materials Letters Vol. 62, p3849-3851, 2008
52. ITRS Report 2011 Edition

[저자와 협의
인지 생략]

반도체공학
(반도체공학과 공정실무)

2012년 9월 7일 제1판제1발행
2017년 9월 7일 제1판제3발행

저　자　엄　　금　　용
발행인　나　　영　　찬

발행처 **기전연구사**

서울특별시 동대문구 천호대로4길 16(신설동 104-29)
전　화 : 2235-0791/2238-7744/2234-9703
FAX : 2252-4559
등　록 : 1974. 5. 13. 제5-12호

정가 15,000원

◆ 이 책은 기전연구사와 저작권자의 계약에 따라 발행한 것이
　 므로, 본 사의 서면 허락 없이 무단으로 복제, 복사, 전재를
　 하는 것은 저작권법에 위배됩니다.
　 ISBN 978-89-336-0860-9
　 www.kijeonpb.co.kr

불법복사는 지적재산을 훔치는 범죄행위입니다.
저작권법 제97조의 5(권리의 침해죄)에 따라 위반자는 5년
이하의 징역 또는 5천만원 이하의 벌금에 처하거나 이를 병
과할 수 있습니다.